西方审美现代性的确立与转向

张政文 著

黑龙江大学出版社

图书在版编目（CIP）数据

西方审美现代性的确立与转向 / 张政文著 . —哈尔滨：
黑龙江大学出版社，2008.10（2010.7 重印）
（黑龙江大学学术文库）
ISBN 978-7-81129-037-0

Ⅰ. 西… Ⅱ. 张… Ⅲ. ①审美分析－文化－研究－西方
国家－近代②审美分析－文化－研究－西方国家－现代
Ⅳ. B83-095

中国版本图书馆 CIP 数据核字（2008）第 007641 号

西方审美现代性的确立与转向
XIFANG SHENMEI XIANDAIXING DE QUELI YU ZHUANXIANG
张政文　著

责任编辑　安宏涛
出版发行　黑龙江大学出版社
地　　址　哈尔滨市南岗区学府三道街 36 号
印　　刷　三河市春园印刷有限公司
开　　本　720 毫米 ×1000 毫米　1/16
印　　张　17.5
字　　数　243 千
版　　次　2008 年 10 月第 1 版
印　　次　2022 年 1 月第 2 次印刷
书　　号　ISBN 978-7-81129-037-0
定　　价　49.00 元

目录

导　论

　　西方的审美现代性既是历史性的概念，又是批判性概念。近代以前，传统哲学只承认理性认识的知识性。18世纪，德国哲学家鲍姆加登表述了一种新的见解：认识过程实际有理性认识和感性认识两个方面，且两者都具有知识性。关于理性认识的知识叫做逻辑学，关于感性认识的知识前人未有发现，也就无名可冠。鲍姆加登借用拉丁语中aesthetics为之命名，中文直译为感性学。鲍姆加登相信，感性认识中最为完善的形态是包括艺术在内的审美。鲍姆加登关于aesthetics的理解只是他独特的哲学认识论观点，却成为德国古典哲学构造其庞大美学理论的直接契机。众所周知，欧洲自古希腊德谟克利特以来，历史上出现的哲学大师几乎都谈论过美、审美或艺术问题，但却没有人在自己的哲学体系中建构完整的美学理论，直到德国古典哲学才真正将美、审美或艺术问题组织成完整的理论体系并将之视为哲学不可缺少的有机部分，aesthetics才最终被确立为美学。这既是德国古典哲学对美学发展的巨大贡献，也是人们将aesthetics译为美学而不是感性学的根本原因。然而，德国古典哲学鼻祖康德和德国古典哲学集大成者黑格尔对美学所涉及的一些基本问题的理解有很大差异，存在着争论。

　　第一，美学研究对象之争。鉴赏判断力是一种以单称方式对具体存在实施普遍判断的主体判断能力。康德立足鉴赏判断力，将鉴赏判断力能够实施判断的对象和实施鉴赏判断的主体都视为美学研究的对象。换句话说，美学研究的对象极其广泛，关涉自然、社会、心灵。黑格尔相信世界的客观存在不是先验公理，需要一代又一代人在其认识活动中给予证实、确认。证实、确认世界的客观存在必有一个前提，即人必须要有认识世界的意识。正是在人的意识中，世界的客观存在才能逐渐被证实、确认。没有人的意识，世界的客观存在就无法被证实，世界是否存在就不能为人所确认。因此，黑格尔将人类的共同意识称之为"绝对理念"，并视为哲学的研究对象。作为人类共同意识的绝对理念不以个人感知和意志为转移，是客观的、普遍的、必然的。在黑格尔看来，艺术是全人类的，与个人的审美爱好、感知不同，艺术的产生、发展是客观的，它必然地传达着人类的普遍精神，所以艺术是绝对理念的一部分，属于人类心灵的展开。黑格尔坚持认为美学作为哲学的有机方面，只能研究作为绝对理念的艺术。

康德、黑格尔对美学研究对象的不同理解昭示了他们对美学在各自哲学体系中的不同地位，也蕴涵着他们给予美学的不同理论分量的认识。

第二，美的本质之争。美的本质是最具哲学性质的美学基本问题。对美的本质的不同回答不仅表示出不同的美学观，而且显现出不同的美学方法论。康德用鉴赏判断力为美立法。他认为，美不是纯客观物质存在，也不是纯主观意识，美不能简单用主客观统一来描述。美源自人的鉴赏判断力。鉴赏判断力既是人的物质生理能力，又是人的意识功能，它是主体的能力。鉴赏判断力对存在之物实施判断时，对象的形式便成为美，而实施判断的主体所获得的主观感受即为美感。黑格尔则视美为绝对理念的某种存在方式和发展过程，认为绝对理念的存在有感性、理性、感性与理性统一三种基本方式，其发展经历着正、反、合三个阶段。当绝对理念用感性来表现自身并处于发展的第一阶段中，美就出现了。黑格尔明确地给美下定义为："美是理念的感性显现。"康德与黑格尔对美的本质的不同阐释凸现了他们哲学思想的巨大差异。在康德那里，美源自于主体能力。人的主体能力符合人类生存发展之需要，关涉人的目的性，关涉人的选择性。美源于鉴赏判断力，真源于知性力，善源于理性力，真、美、善三者相关却各自独立。这样，美成为人类主体多元存在的一个重要领域和方式。黑格尔的绝对理念不受个人的意识支配，是客观的。美源自绝对理念使美具有了客观精神性。绝对理念的发展是必然的，美的产生、发展也就是必然的。可见，黑格尔对美的把握具有巨大的历史主义性质。不过，也正是这种客观性、必然性和发展性使美在绝对理念中处于从属地位。绝对理念的本质是真，美是绝对理念的显现，美从属于真。对美的把握就是对真的认识。所以黑格尔从不谈论美感而只说对美的认识，美在黑格尔那里成为认识真的一个阶段。

第三，艺术生命力之争。对艺术的态度与对美的理解密切相关。康德将艺术诠释为以理性为基础的意志创造活动。这就意味着艺术是不同于认识活动、实践活动和一般审美活动的特殊文化活动，艺术关乎认识、实践、审美又完全独立。艺术以理性为本，以审美为属性，以想象为形态，以意志自由为目的，成为人类生存不可或缺的主体活动，并伴随着人类发展而发展。黑格尔则视美与艺术为同一，美的完善形态就是艺术。如此，艺术是绝对理念的感性阶段。这个阶段的特点是绝对理念尚不能以概念方式表达自己而只能借助感性的形式来显现理念。这样，形式在本质方面决定着理念的何种内容在何种程度以何种方式被显现。可见，被艺术显现的绝对理念不是完善、全部的绝对理念。艺术只是绝对理念发展的低级阶段。所以，黑格尔断言：艺术最终要消亡，被宗教、哲学取代。康德、黑格尔艺术生命力之争直接表明了他们对艺术功能和价值的不同文化态度。显然，康德对艺术的态度更为当代人所赞赏，亦更符合艺术的历史与现实。

20世纪开始，当代哲学文化或明或暗地显露出康德主义对黑格尔主义的颠覆和黑格尔主义对康德主义的反颠覆。康德、黑格尔对美学问题之争对当代哲学文化产生了深刻影响。其一，康德、黑格尔美学之争推进、加剧了当代哲学文化人本主义和科学主义的分野。人本主义哲学文化在很大程度上汲取了康德关注人的哲学视野、从主体出发的研究方法和试图解释现实人生存方式的哲学精神，并将这种哲学精神贯注于美学研究之中。当代人本主义哲学家们几乎都在自己的理论系统中构造了美学体系，从而在

20 世纪形成了庞大多样的非理性主义美学文化景观。而当代科学主义哲学文化则更多地受到黑格尔的启发，强调哲学的客观精神，追求普遍性与必然性，并将此种品格渗透于艺术研究之中，使科学主义艺术理论与当代科学技术文化相互辉映，成为 20 世纪人类精神文化的一大特色。其二，当代美学，特别是文学艺术不断地影响着当代审美文化的变化、发展。甚至可以说，当代美学的许多重要学说和文学艺术意蕴已成为当代哲学文化的一部分。对此，康德、黑格尔美学之争意义重大。康德从主体的立场出发，对美学艺术所进行的诠释影响了整个西方现代文学艺术。20 世纪各种现代主义文学艺术不论流派、风格如何迥异，究其理论底蕴皆与康德有关。而黑格尔的美学艺术理论通过别林斯基的宣传，早在 19 世纪末就对俄罗斯、东欧产生了广泛的影响。20 世纪伴随着马克思列宁主义的东播，前苏联、东欧和中国的美学、文学艺术理论浸润着黑格尔的客观主义原理、普遍性原则以及对认识性的重视，显示出惊人的理论生命力，并以某种意识形态方式进入当代审美文化之中，成为其当代审美文化的重要组成部分。可以说，举学人皆知的康德、黑格尔美学之争为例，就可知在历史性与批判性两个维度中理解西方审美现代性的确立与转向是何其难的一种反思、考量。

面对 21 世纪，东西方审美文化在经历了巨大的碰撞、对抗后开始走向同构和融合的历史之途。西方现代审美文化无疑在很大的程度上受到了东方传统文化的启示，东方美学的智慧启迪了海德格尔、马蒂斯等许多西方当代审美文化的建造者。同样，在 21 世纪之际，东方的审美文化亦应勇敢地迎接西方审美文化，自觉而自主地与世界接轨。因而，在我们论述西方现代审美文化的时候，不可回避地要触及当代中国审美文化的理论范式转型的问题。

当代中国美学的转型是一项文化战略工程，换句话说，只有在重释当代文化战略之中，我们才能最终达成改造当代中国美学之任务。

从广义说，人类自身的创造性自由活动所实现的自然人化过程的全部内容就是文化。作为人类的自我设计以及人与自然关系的构成，文化是具

4

体的。具体的文化境遇、文化目的、文化手段和文化过程之间有着极大的差异。在人类历史发展的每一个阶段，这种差异都曾造成不同性质和样态的文化悖反，处在世纪之交的当代中国文化亦是如此。如文化失控样态，表现为改革开放的原动机与客观效果的相左，文化怀旧样态，表现为在商品经济大潮冲击下，思想、艺术、伦理等精神价值的困惑与失落。文化的悖反是客观的，不可回避的，对文化悖反的消解是文化发展的契机，而使这种契机现实化的最佳途径就是：建立具有高度自觉意识与可操作性的文化战略。

所谓文化战略，就是在一定的历史发展阶段，对自然人化过程的理性阐释和规划，对自然人化过程与社会合理化过程目标的设定，创造或寻找有效的工具手段的一项总体工程。文化战略既是物质力量的重聚、社会组织方式的重构，也是包括思想方式、情感方式、语言方式在内的全部精神价值的动态整合。所以，不应将文化战略当名词理解，将它释读为某种具有定在性质的单向度实存。文化战略是个动词，是可操作、具有功能意识的实践过程。它既内含着对当下生存状态的认识，对未来社会发展的评估，又包容着人类物态化的劳作。我们完全有理由将文化战略视为被时代要求所规定了的并且必须完成的历史任务。当前，我们所要建立的跨世纪文化战略的主要特征是：（1）以科学技术为第一生产力，并促使其成为社会的普遍价值核心；（2）将改革生产关系作为调整社会结构的突破口，使社会结构的多元互损变成多元互补；（3）以科技为手段，重新建构人与自然的关系，将生态意识彻底物化为日常行动，缓和人与自然的紧张关系；（4）全面进行当代思想启蒙，在市场经济和日常实践中整合包括传统价值在内的全部思想意识，使之更合理、更具有功能作用；（5）文化战略中各子系统的运作都指向一个终极方向：发展社会经济。由以上五点可以看出，跨世纪文化战略是 21 世纪文化战略的前奏，是处于世纪之交的当代中国所必须完成的一项总体性的历史工程。

在任何一种文化战略中，美学都处于十分重要的地位。美学面对的是文化主体的感性存在。美学（aesthetics）本意就是感性学，它阐发作为文化意识的感性显现的艺术活动的价值。同时，作为理论活动，美学自身又是理性的、逻辑的，它是感性与理性、物理与心理、现实与历史的联系中介。美学具有极大的文化整合作用，它是现实的文化战略中不可缺少的功能子系统。全面审视我国当代传统美学，我们发现，尽管在某些方面当代传统美学还具有存在的合理性，但在根本上它已失去了作为系统的整合作用，不能满足跨世纪文化战略的总体要求。

中国当代传统美学系统的建立受到西方近代美学体系的极大影响。可以说，中国当代传统美学系统是西方近代美学体系在东方的延伸。18世纪，德国人鲍姆加登为完善西方古典认识论感性认知理论，提出了一整套关于研究感性现象的观念、方法和概念、范畴，并将之建构为一门独立的认识学科，称为 aesthetics（感性学）。由于鲍姆加登把感性认识的完善视为艺术和审美经验，aesthetics 也就逐渐成为研究美、审美、艺术的学科，称为美学。可见，美学在西方近代是作为认识论的一门学科被建构的，而且一开始就显露出极大的局限性。尽管在《判断力批判》中，康德极力将美学深入到本体论、理性领域中，声称美学是研究感性与理性、现象与本体、必然与自由的联系方式，但近代西方美学集大成者黑格尔最终还是皈依鲍姆加登的传统，将美学视为对理念的感性显现。黑格尔哲学曾是马克思主义产生的基础之一，当代中国理论界对黑格尔始终高度关注。而20世纪50年代以后的特殊文化境遇所造成的对西方现代文化的拒绝和批判，又使当代中国文化建设者们对西方美学的了解仅限于西方近代美学。因此，西方近代美学影响中国传统美学直至今天。可以毫不夸张地说，现在已被西方现代美学所扬弃的西方近代美学的基本特征仍被当代中国传统美学作为传统保留、发扬着。

如果说西方近代美学对中国当代传统美学的影响更多还在理论旨趣、思维方式和美学品格上，那么苏俄美学则在理论目标、美学观念等方面更深刻地影响了当代中国传统美学。苏俄美学是黑格尔美学、俄国民粹美学和苏联斯大林政治模式的混合体。俄国民粹主义思想家站在平民立场，运用黑格尔式的理论方式批判旧俄贵族统治，其美学有着很大的现实针对性，而且更多的是一种政治针对性。因而十月革命成功后，民粹美学就成为苏联美学系统的理论基础之一。斯大林时期，旨在批判现实的民粹美学的政治针对性逐渐演变成一种代表官方意识形态的社会学美学方法和观念，美学成为一种对国家政治和现行政策的图解方式。苏联美学的这种特征一度为中国美学界所接受，并渗透在当代传统美学的各个方面，也成为当代中国传统美学的特色之一。

西方近代美学的狭隘认识性质与苏俄美学的社会学方法、观念，被当代中国传统文化战略强化整合，生成了中国当代传统美学的独特样态。这表现在以下几个方面：

首先，中国当代传统美学高度理智化，注重其美学的哲学意味与逻辑构成。翻开任何一本系统的美学原理著作，都是从美的产生、美的本质推演到艺术创作、艺术鉴赏。设定抽象的逻辑起点，从抽象范畴运动到具体概念。而具体概念并不要求与现实审美活动保持一致，却必须恪守与抽象起点的同一性。所有具体美学概念在展开之前就早已包容在预定的逻辑起点中。这种黑格尔式的美学建构，使当代中国传统美学始终在美的本质、审美的本质、艺术的本质和诸如悲剧、崇高这样的古典范畴中兜圈子，整个美学体系日趋封闭，以致几十年来的几次重大美学争鸣均未能取得理论上的重大突破。

其次，中国当代传统美学高度定性化，整个美学系统通过元素的分析、归纳、组合而构成。在美学理论上，缺乏极限意识，对所有美学问题都企图作出终极回答，使美学问题成为一个单纯的、静态的认知对象。每一个美学问题的阐释者都以真理在握自居，这是美学争鸣中时常出现相互攻击现象的原因之一。同时，这也使中国当代传统美学成为玄学的代名词，美学研究不再是挖掘潜藏在美学概念符号下的流动着的价值意义，而成为范畴游戏、概念轰炸，美学研究越来越远离审美现实。

最后，中国当代传统美学政治学、社会学色彩极其浓重。许多人直接把美学理解为政治需要在审美、艺术理论中的体现，视美学为社会意识形态的传声筒，这使中国当代传统美学成为一种少数人的"精英文化"，美学与普通人的日常生活处于隔离状态。

中国传统美学在理论上的形而上，直接导致了其在具体审美活动中的功能丧失。它既不能对审美问题作出有力的阐释，也不能够满足艺术活动的合理要求；既不能根据真实的文化、制度、符号形式去理解活生生的审美、艺术，也不能迅速地对具体审美、艺术活动进行现实的建构、诠解和提升。因此造成了一种文化悖反。即：当代传统美学自视为现实审美、艺术活动的救世主，但对纷繁复杂的审美、艺术活动又无能为力，只能愤世嫉俗，而现实的审美、艺术活动则又对当代传统美学敬而远之。这样，当代传统美学已异化为一种制度，通过具体的文化活动显示出权力的威慑力量，并主宰文化选择的趋向。譬如，审美活动对社会文化的价值，特别是对经济基础、上层建筑的表达常常是主观的、偶然的、直觉的，甚至是无意义的，但当代传统美学却命令所有的审美、艺术活动一定要反映社会本质，迫使其介入、操纵社会生活，塑造出体现社会本质的典型。而为维护其权威，无视和拒绝描述当下的日常艺术情致，否定流行艺术，冷淡民众趣味。凡此种种，都说明了当代传统美学对现实的审美、艺术的背离，它从根本上已不能适应跨世纪文化战略总目标的要求，只有彻底扬弃。

跨世纪文化战略旨在总体性地整合、重构20世纪末21世纪初当代中国文化系统，以消解种种困难，控制日益增长的负值趋势。它要求作为战略子系统的美学具有灵活的对策性。所以，新的美学应是功能性美学，它不是运用超现实的理想来营构现实的审美、艺术，而是根据日常的实践需要阐释审美、艺术的真正意义，解决审美、艺术的具体问题。它迥异于当代传统美学借助意识形态进行操作的特点，而是直接切入形而下的现实生活进行操作。如果说当代传统美学是独断的、本体意义的、贵族式的，新的功能美学则应是民主的、操作性的、民众式的。与传统美学关心对象的性质、元素构成不同，功能美学把对象的存在和对象的过程机制放在首位。传统美学将自己的体系建构在美的本质的基础上，功能美学则以现实的审美、艺术活动为前提，一方面回到美学（aesthetics）的真正起点，以把握感性的审美艺术存在为己任，另一方面，又超越单纯的认识局限，凸现现实的审美、艺术活动的本质。总之，功能美学与现实的审美、艺术活动的真实关系应是对话关系。

功能美学与现实的审美、艺术活动的对话关系蕴含着这样一种意义：交流的每一方对所表达的真理都不认为是总体性的，都需要作出进一步的探求，任何一方都不可能垄断真理。这样，就使功能美学在对待现实的审美、艺术活动以及建构自己的体系时，摒弃了当代传统美学那种集中控制的方法，而采用了多层次参与的方式，审美艺术实践与功能美学之间、功能美学内部各部门之间有着多途径的双向信息交流与控制，成为一个典型的文化生态系统。这个系统对现实的审美、艺术的解释绝不是根据概念、逻辑给审美下定义，而是从历史、社会的特定情势出发，在当下的情境和现实功能关系中把握审美、艺术。所以，跨世纪文化战略中的功能美学不仅要研究经典艺术与美学概念，而且更关注日常生活中的各种审美、艺术现象，真正将审美推向生活。

将审美推向生活，就是对日常艺术现象的高度关注与崭新理解。这里所说的日常艺术现象首先是指被当代传统美学所忽视或轻视的各种流行艺术、亚艺术。日常艺术现象存在于一切文化样态之中。从一个角度讲，任何文化都具有审美的属性，它像一面镜子，显现出人们的自由本质，表达着人们对美的经验和审美理想。文化历史地形成人的存在状态与能力方式，它与每一个时代相对应，又与人们的审美评价相适应，流行艺术和各种亚艺术正生成于上述的关系之中。可以说，流行艺术与各种亚艺术体现了人们在现实中最直接的价值意义。与经典艺术相比，流行艺术和各种亚艺术更富于经验性。经验虽不能像理性认识那样成为普遍原则，但它所得到的个别性、特殊性使它在某种意义上比理性更有意义，并昭示着生活的真理。

与流行艺术和各种亚艺术相比，在自由化、个性化方面经典艺术显得更纯粹。但是，我们没有忘记艺术原本具有两种本质功能。其一是通过自由的、个性化的形式树立与现实相对立的原则，通过提升人们的精神境界来超越现实，一般由经典艺术来完成。艺术的另一本质功能则是使远离生活的人们返回生活，使孤独的个体皈依群体，为人们追寻相互之间的联系，为回归情感家园架设通途，这正是由流行艺术和各种亚艺术来承担的。可以说，经典艺术是一种升华的艺术、个性的艺术、距离的艺术、形式的艺术，流行艺术与各种亚艺术则是回归的艺术、同位的艺术、内容的艺术，它是人类社会文明的一种重要补充。各种流行艺术把爱情、孤独、青春作为主题，各种亚艺术把感觉的愉快、官能的舒适作为目的，正是最好的说明。当代传统美学对流行艺术和各种亚艺术的指责之一，就是缺乏思想性。的确，流行艺术与各种亚艺术带有很强烈的思想虚无性。也许正是这种虚无性，才使人完成着对自身的超越。在这其中，艺术主体不再是自我独立的实体，而是融入客体的主体。艺术客体反过来也向艺术主体致意，从而形成一种功能形式：一种艺术存在只肯定与承认那直接参与与之对话的主体是真实的，而对于主体而言，作品不再是一个以分离、对立为根据的描述对象，而是围绕着自身、支配着自我的生存表达方式。

跨世纪文化战略中的功能美学还必须对日常生活中的审美问题实施对策，通过自身理论的价值整合，满足人们的审美需求。譬如，在社会文化相当发达的今天，社会的文化知识结构呈现为多元层次样态，处于不同知识层的人们有着很不相同的审美品味和艺术能力，对艺术品的需求也呈现出极大的差异。高级知识层需要相对专门化、雅化、有个性、质量上乘的作品；中级知识层对艺术品的需求虽与高级知识层有许多相似之处，但以系统性、雅俗共赏、个性与共性、易接受性、可参与性为特点；而初级知识层则更需要实用性、通俗性、有感染力的艺术品。对此，功能美学就应作出不同的对策性描述，以指导、分析和规划当下的艺术实践。时下的中国逐渐步入老年社会，老年人的生存状态与青年人极不相同。他们已结束养育子女的责任，多数离退休在家，处于人生第二大"成熟"阶段。他们精力充沛，相对富裕，寻求社会上的存在感，个人志向多样化，对艺术的一般要求是轻松。功能美学就应以轻松为切入点，使老年人摒弃高龄意识，在轻松愉悦中为自己的生活划上圆满的句号。还如，在市场经济生活中，商品在具有使用价值的同时也获得了不同程度的审美价值，这种审美价值是商品使用价值的展示与许诺，成为促进商品交换的功能承担者，从而在深层消解了交换价值和使用价值之间的分离与对立，使人们对商品的适用性和功能意义获得一种直观的把握，在满足物质性需求时又得到一种精神享受，功能美学对此也应作出深入的研究。总之，跨世纪文化战略中的功能美学是理论美学、实践美学和所有边缘美学的综合。

马克思在《1844年经济学哲学手稿》中指出，感性世界是一切科学的基础，整个人类的工业史是揭示人类奥秘的心理学，而翻开这部心理学的则是技术。技术是人体的延伸，工具的开发、发明、制造、使用都是人体的直接对象化、外化。在这个意义上，技术是人体工程学。技术不只是减轻了人体的负担，完成了许多由于人体的生物极限而无法企及的事，而且缓解了人类的精神能力的负担，使人类精神可以自由地向更广阔的方向迈开。因而技术是人类操作活动的物态积淀。它意味着人体中长期隐藏的、效力巨大的潜能的引发，借助技术，人不像动物那样禁锢在环境中而可以超越环境。从这个角度来说，人的生物进化依然存在，但这种进化以技术方式存在着，技术成为人类器官的另一种形式。技术还表现为人的精神的一种功能。它不是自在之物，而总是同人类文化的总体背景相联系，成为体现着人类肉体与精神内在潜能并不断介入人类发展的开放过程。因而，技术本身也成为一种独特的文化，具有了文化的要素、结构和运动形式，其本质则是满足全体人民的生活需要和引发消费领域的革命。

技术和审美有着内在的关系。这种联系在于技术活动形成了主体与对象（工具－产品）之间的情感联系，并使人能够在这一关系中体验到生命力和自由运动的欢悦，从而产生审美经验。正是在审美经验中，技术与艺术获得了统一。这一点在日常的大众流行艺术中体现得最为充分。流行艺术寄生于大众传播技术，与技术的进步无法分离。由于技术，流行艺术才能将政治、宗教、道德、商业、大众心理等因素组合起来，使自己超越了当代传统美学对艺术作为一种意识形态的界定。目前，我们对技术的研究必须围绕以下两个方面：（1）如何用艺术校正与改造技术；（2）如何用技术拓展艺术的意义内涵。

首先，人类历史特别是近现代历史对技术的理解植根于对物质力量的坚信和笃服，技术是以物质的角色登上历史舞台的。在技术发展过程中，技术过程高度组织化、专业化，并迫使从事技术的主体在操作过程中服从它的理性要求。而人总是以个体生命的感性形式存在着，人从多方面、多层次、多结构的生命需要中来确证自己，体验着自己的富有个性的存在。显然，技术过程阻碍了个体生命展开的体验和确证。近代以来人们已越来越意识到：技术越强大，越压抑人性；技术工艺越专业化，越肢解人的个性，技术带有某种反人道性质和反审美性质。对此，席勒提出了一个解决的办法，即：在技术过程时间之外的视域中，通过艺术鉴赏和审美创造，使在技术过程时间中被分裂的精神重新聚合，将被压抑的个性再度解放出来。席勒提出用审美、艺术校正技术，至今具有深刻的现实意义。它提醒我们，广泛地设立各种艺术娱乐设施，减轻技术人员的日常负担，使他们在离开技术过程之后能迅速的、有更多时间去享受艺术。这就要求我们多创造出轻松、和谐、参与性强的作品。

跨世纪文化战略中的功能美学不只研究用艺术、审美校正技术，更研究用艺术、审美改造技术。

用艺术、审美改造技术，首先要彻底改变对技术的陈旧理解，不仅要把技术视为人的物质能量与操作过程，更要把技术视为人类的精神能量与操作过程，是人类物质与精神的物化和延伸。从根本上讲，它不应该与人相对抗。其次，功能美学更关注如何把审美、艺术因素引入技术过程。只有把审美、艺术因素引入技术过程，使技术艺术化成为一种在创造自然与社会的同时享受、体验这种创造的过程，才能消除技术压抑人性的现状。从另一角度而言，技术也体现出了人类本质的展开与物化，与其他劳动实践一样，技术自身也具有确证人的自由本质的属性。在真正的技术活动过程中，技术主体常常体验着生命力洋溢的喜悦，技术的过程与产品成为他反映自我意义、评估个体价值的直观对象。所以，跨世纪文化战略中的功能美学必须运用艺术的方式将技术的这种审美可能性转变为现实性。具体说来，应从三个方面入手：

第一，技术过程音乐化。技术过程往往令人产生单调、乏味的感觉，引起人的疲劳、厌恶，其原因是这个过程的运动节奏不符合人的生命节律。所以，可根据具体的技术过程特点，引入不同的音乐节奏，使符合人类身心愉悦的音乐节奏成为技术过程的运动节奏，达到技术过程的音乐化。

第二，技术环境审美化。传统技术对人的压抑，更多的是由于技术环境的沉闷、单一、杂乱和污浊。将艺术机制引入技术环境，就是改变技术环境的恶劣状态，使技术环境自然化、风景化。

第三，技术管理人情化。以往的理性技术管理给人以陌生感、强制感，而今天的技术管理者应该懂得，他与操作者（指具体的技术操作者）都是人，都在表现着生命的创造力。技术管理不是单向度的命令、控制，而是一种双向的交流、反馈过程，必须在管理中诉诸情感的因素，使管理者与被管理者成为和谐的自律与他律的统一，在合理的情感氛围中共同参与管理。技术活动音乐化、技术环境审美化、技术管理人情化就是使整个技术活动成为人所意识到的并在其中获得享受的自主的创造性活动。

其次，在用艺术校正、改变技术的同时，现代技术也在有力地促进着艺术的发展，拓展着艺术的意义内涵。近现代光技术产生了电影艺术，现代传播技术产生了广播剧、电视艺术。20世纪70年代，随着激光和立体声技术的发展，镭射电影和立体音响大范围普及，改变了传统的视听概念，人们进入了全新的视听世界。20世纪80年代，计算机技术的智能化导致了全息艺术的问世，由计算机程序输出的三维立体绘画给人们带来了超越日常艺术习惯的崭新的艺术感受。所有这一切，都是因为技术的飞速进步。功能美学不仅要对此作出理论上的阐释，而且还要敏锐地把握住技术对艺术可能起到的其他作用，将之理性化、现实化、合理化。现代技术条件下出现的广告艺术、时装艺术、建筑艺术、装潢艺术等等，已使艺术活动走出书房、影剧院而日益发展为公众的日常活动，艺术不再固执于单一的审美、认识、教化作用，它已成为总体性的意义集合，而这正是当代功能美学应该关注的。

今天，我们所要建立的跨世纪文化战略是要完成"科技—经济—社会—自然"的总体性的历史发展工程。因而，新的功能美学必须十分重视技术与艺术、科学与日常审美的关系。既关注加快技术发展、借助技术的功能手段实现艺术回归生活的途径，又要研究怎样凭借艺术消除由技术分工、失控造成的人的个性、兴趣与具体劳动活动的冲突，还要研究如何调动审美心理的结构功能去改善技术开发、技术管理、技术操作等一系列活动的效能，使之真正成为生命表现的秩序整合。当代功能美学只有彻底扬弃传统美学对技术的对抗、疏离的态度，把技术作为自身构成与研究的一部分，才能真正成为以科技为中心，以发展社会经济为直接目的的跨世纪文化战略的有机组成部分。

在文化的层面上，我们已经深入地思考了西方近代审美文化、西方现代审美文化以及中国当代美学转型等一系列富有重大思想内涵的理论问题。此外，笔者还要论及一个本来在一开始就该论述的问题，即什么是文化？之所以将这一前提性问题放在我们所关心的所有理论问题之后来思考，是因为我们意识到，什么是文化不仅是理论阐释的前提，更应是我们对西方审美现代性阐释的价值归宿，是我们理解西方近现代审美文化的终极目的。

人类的存在方式即是人的历史，这是马克思主义的精华所在。历史既是人与自然、人与人关系的表达，也是人与自然、人与人关系的现实构成。从人与自然关系来看，人与自然关系是人们创造自身存在境遇和发展方式的基本前提。一方面，它实现着人对自然的物质征服与占有，另一方面，它又满足着人作为生命存在的物质需求，完成着一种物的交换。这种物的交换不是依赖于人与自然的绝对同一来获得的，而是通过人将自己外化于自然之中并在外化中使自然同化为人类的"无机身体"，使人自身物化为物的过程与事实来实现的。人与自然关系的充分展开及其现实成果构成了物化社会（包括一切"超我"的物质生活活动和结果），这种物化社会是不同于纯粹自然世界的第二种物质世界。人与人的关系是历史"两面神"的另一面，它不但赋予征服自然、占有自然的物的交换关系中每一个生命存在以意义，建造着个体生命之间的类的整合，而且还通过对人与自然关系的估评、领悟，通过对人与自然关系的目的性操作，确立人在第一世界（纯自然）、第二世界（物化社会）中的优先地位。因此，人与人的关系构成非物质的第三世界。这人化的第三世界正是文化的显现。

　　要理解文化，须首先确立文化的参照：文明。只有对文明作近乎终极的界定，才能在它的界度下寻找到文化的本质。关于"文明"一词，许多人以为是由英文 civilization 衍生而来，还有人将之归为日本"明治维新"引进西学的产物。实际上，"文明"是国粹。《易·同人·象传》曰："文明以健，中正而应。"《易·大有·象传》又曰："其德刚健而文明。"捍卫"文明"的发现权并非主旨，值得关注的是"文明"一词的古老语义对我们的启示。《象传》曰："天文也，文明以止。"在中国传统语境中，天文泛指一切自然存在。这种自然存在的本质并不由自然本身的自在运动生成，而必须通过"文明"为之划界才能确立。自然不仅是纯自然的"天"，还是人化的"文"，所谓"天文"也。可见在中国古人创造"文明"一词时，文明便包含了对人与自然关系的表达与传达。英语的 civilization、法语的 civilisation、德语的 zivilization 都可译为汉语的"文明"。对于"文明"，西人大致有三种基本的日常理解：（1）泛指人类社会的发展史；（2）指特定历史阶段的社会生产方式；（3）地球居民的区域类。表面看来，它们与自然毫无关涉，然而追溯到它们的共同词根 civitas（有组织的社会）就会发现，任何人类社会的基本功能都在于借助某种规则方式将无序的个体集合为有序的整体结构，使之与自然发生联系，并在这联系中获得存在与延续。显然西方使用"文明"一词，同样指向人与自然的关系，是对人创造的第二物质世界的概括。

　　人与自然的物的交换，必然在过程和结果上都实存为物的形态，并符合物的存在的规定性、必然性。回瞻人类历史，其走向常常偏离人类的预设，更多的是由人与自然关系中物的性质造成的。物的产品的不断丰富、递增，物的结构的日益有序成为文明的发展尺度。所以文明是一元的、可比的，有落后与先进之别。马克思在研究各种社会不同生产方式时曾指出，早期人类发展在物质生产方式上有三个种类：早熟的、正常的、晚熟的，就是在文明意义上说的。如果将马克思的这一论断泛化为对整个人类社会历史的描述，甚至认为马克思是文化上的"欧洲优先论者"，就是对马克思思想的误读与曲解。我们也应该承认在文明层面上当代中国与西方发达国家的巨大差距。承认并不意味着沉沦，而是对自己的发现，是在自为意义上发展自身的开始。事实上文明虽是历史动因之一，但它毕竟是物，毕竟具有极大的自在性，它往往是历史曲折、人类苦难的原因。物化不代表人化的全部内涵，物化常是人化的否定、异化，今日西方社会的技术危机、生态危机和中国的人口压力已充分地显现出这一点。对此，我们应有高度的自觉。

和"文明"一样，"文化"一词亦非舶来品，正像《文选·序》中说的，"文之时义远矣哉！"《金文沽林·卷九》说："文即文身之文，象人正立形。"古人为何文身？《易·系辞下传》云："古者包牺氏之王天下也，仰则观象于天，俯则观法于地；观鸟兽之文与地之宜，近取诸身，远取诸物，于是始作八卦。"原来文身并非一种生理需求的物的活动，而是通过对某种自然存在的摹仿表达人对自然的态度，它表明人的存在方式与价值，是一种为人在物的世界中争得一席地位的意义活动。所以文化应是张扬的。"文，饰也"（《广雅·释话》），"文为藻饰"（《太玄经》），"文之以礼乐"（《论语·子张》）。王夫之更是将文化视为人与物的真正分野："于是人之异于禽兽者，粲然有纪于形色之日生而不紊。故曰：'思文后稷，克配彼天。'天成性也，文昭质也，来牟率育而大文发焉。"（《诗广传》）将文、文化当做人所以为人的质点。相比之下，西人"文化"一词问世较晚。古希腊语中没有"文化"一词，"tropos"（样式、方式）、"ethos"（气质、精神）、"nomos"（社会地位的多样性与可变性）、"paideia"（智力与教育）的综合方能聚合出文化的内涵。看来古希腊人对自身的关注是淡漠的。现代英语中文化一词（culture）渊源于拉丁语的"耕耘、培植"（colere）。有些学者以此断言文化本质是物质为基础的生活方式，其形态弥漫为生活的一切方面，于是乃有"茶文化"、"食文化"的研究。其实文化（culture）是从拉丁语崇拜（cultus）转义而来，崇拜又是耕耘的多次转义的结果。崇拜是一种态度，或许它是古代西人对其生存和种族延续极为重要的耕耘的一种态度。它反映了古代西人对自身存在的评估，以及人与人关系的生成。显然，与中国古人一样，古代西人对文化的最初与最基本的理解是将之视为和人与自然的物的交换相对的人与人关系的表述，是将之看成超越物化之上的使人成为人的阿基米德点。从普芬道夫到康德，从赫尔德到马克思都没有偏离这一本旨。1952 年克罗伯和克拉克洪收集了对文化的 160 种解释，其中大多数将文化理解为某种文明类型，这可能滥觞于人类学。笔者认为，文化内涵更应建立在哲学意义上，应该回到人类历史走向的脉络上去，将文化理解为人与非人之间较为稳定的非器质性差异，不仅仅把文化看做是隐喻人类的某种才干和能力，而且将之领悟为人类评判自然、超越物的世界的人与人关系的完整表达方式。

对物的超越便是对人的确立。当这一确立指向人异于物的根本属性时，便呈示出自由。自由不属于器质性实体，不是各种人的物的能力及其外化的综合产物。自由是人不屈服自身极限的普遍性预设，是对人的未来性质、形态的选择。自由不仅是对人的外在境遇的承受、认同，更明显地表现为对种种物的限定的拒绝与突破，对人与人关系的独立自足和对构成此关系的每一个现实生命个体的承认。文化的底蕴就是对这一切的肯定，是对自由以及如何获得自由的解答。

历史每一次进展，都为现世营造了新的物的结构，产生了更多的物的产品，都再一次满足了人的无止境的物的需求。历史每一次进展也同时是对物的异化的消解，对人作为自由存在的发现，对人与人关系合理性的提升与这种关系对物的交换的扬弃。即当历史表现为物的文明增殖的同时，也表现为文化的胜利。从苏格拉底的"人呵！认识你自己"、孔子的"克己复礼"到路德改宗、康梁变法，从德国古典哲学将先验的人还原为道德、美的世界，马克思将物的活动回归为人的彻底解放到"五四"的呐喊和自由、民主的新中国建立都无可置疑地显露出这一超越物化的轨迹。可以肯定地说，自由的解答——文化，就是对人的存在的正视，对人的尊严的景仰，对人作为社会存在方式的个体生命的天性得到充分发展，获得属人的类本质的权利的捍卫。同时也是对一切蔑视人类、伤害人类与压迫人类的物的存在的反抗。文化不是超验的、虚构的，它是历史主体在其"内在尺度"的作用下对纷繁多样的自然世界、物化社会进行的属人的理解、选择与设计。文化的高度目的性、自觉性不仅是对文明的界定、扬弃，更重要的是历史主体对当下物的存在赋予人的意义，使人始终位于物之上，而不是沉沦于其中，使生活在物的满足的同时，成为对物和物的满足的批判、超越，使历史真正成为不断展开自由的人的解放历程。因此，文化既不是单纯的实用理性，也不是简单的感性突破，而是含纳了理性与感性、蒸发了实用理性的非当下性与感性突破的物化性的现实实践活动。

实现自由的文化过程，将以挣脱物的野蛮为己任。在生产实践的前提下，文化始终以价值取向为自己的出发点与归宿，它创造着人类的精神财富。这些精神财富从来就以当下的合目的、合规律的运动方式构成着对纯粹自然与物化社会的介入，从而建构着人类的具体生活和环境，在这个意义上，人创造了文化，文化塑造了人自身。文化塑造既呈现为意识形态的格局，又意味着长期发展于人类心灵深处中的行为规范、思维方式、感觉模态、情感系统与语言规则等全部主体特征。而所有这些都是人类在实践活动中对人与自然关系的赋值，对物的文明的释义。赋值和释义都实施为生产性的发掘过程，具有可理解性，这种可理解性是生成价值、昭示意义的关键。这就要求文化主体面对自身的文明挑战，从各个不同的角度和层面去把握物的存在，解悟人的存在对物的存在的优先权。也只有这样，人才能将自身投入到真正的文化之中，在文化运用过程中，承继前人未尽的文化创造活动，与前人一起构筑连续的历史活动。

每个文化主体都具有特定的时空领域，每个文化群体所面临的物的压力都是具体的。因而，对人类历史不同境遇产生的文明挑战的文化回答也是不同的。不同文明都以物的增殖、增能为统一尺度，但对文明的赋值、对社会物质世界的释义、对物的威胁的应战，各个文化主体、文化群体的表现各异，但都是对自由的表达、对物化的超越、对历史的推进。所以，文化是多元的、不可比的。文化不是对文明的单度反映，而是对文明的多元赋值与超越。就人类进程而言，中西文化的巨大差异并不说明两种文化走向的彼高此低，而是表现了东西方人类对本区域中人与人关系的评估、对人与自然关系的释义、对自由的贡献。那种视物的文明为历史发展与合理性的唯一尺度的观点乃是极端错误的历史独断论。同样，现实的当下文化依赖于时间和内涵的连续性，任何文化都具有这种连续性。断然取消传统文化，实际上意味着斩断自身自由显现的历史，这是十分荒谬的。问题不在于要不要传统文化，而在于如何对待传统文化，如何扬弃传统文化，如何使用传统文化。

任何赋值与释义都潜存着判断，或者赋值与释义直接由主体判断来实现。我们对判断的理解基于它对主体目的性、选择性即自由的展示，对外部世界的指令与对文明的操作。因而我们必须意识到文化的实现所要经历的这一路径是十分宽泛、深刻的。就判断的质而言，判断可以是对人的物质活动输入生理、肉体指令，使物在直接的物质消费中，满足人的生命体质存在的需求。同时还使这种生理需求的满足具有社会意义、精神价值。人通过肉体与自然的交换而获得的满足不仅是物的，是人的生命的偶然或必然的存活，而且成为文化的，是人作为自由与动物分离并超越动物的基本保证。应该指出，通过判断使物的过程变为文化的过程，从动物中逃逸并提升为自由并不是单就人类史前活动的特征而言的，更是指向当今人类的日常生活。现代人类每日的物的交换与生理的满足如果不在判断的文化承诺中，不意味着自由的一次获得与显现，那么这种交换与满足还是动物的，因而人从动物中分离并超越动物应是日常的，应是每一个人自觉的日常存在意识。判断也可以是对人与人关系的框定，诉诸人与人关系以道德、伦理、法律等意义。同时，判断在质的方面不仅是一种功利性、直接目的性的赋值，也可以是审美、艺术、娱乐等非功利、无目的性赋值。对物的态度与意义操作可在游戏式的判断中展现自由的非限制性的文化属性，从而使人的存在不仅在于征服、同化客观物质世界，而且也沉浸于对自我的观照之中，领略人生的"神享福祉"。

就判断的量而言，文化所表达的自由，一方面可以确立在全称的普遍性中，为人类形成知识，构成纯粹自然和社会物质世界的规律性、有序性和可解性，使人类可以步入物的世界，并成为这个世界的主人。物的世界对人而言不再是冷漠的、疏远的，而是在保持自身完满性的同时又成为人类存在、发展的温馨家园。另一方面，作为文化实现路径的判断还可以是单称的。它是每个生命个体对每一个具体的物的对象性关系的评估。它在物具体地满足特殊个体生命的需求中赋予现实的个体生命存在的表现方式、发展方式以尊严，对个体生命独特性格、气质、天赋、爱好的合理性予以承认与保护。

从判断的模态上看，文化的路径表现在对现实性的判断上。它是对已成为物化事实的人类走过的历程的反省，对人类已创造和正在创造的社会物质世界的衡度，是对现实世界对人的肯定的承认，对已存事物所具有的异化性的扬弃。而每一次的承认与扬弃又都是对人类未来存在的预置，对人类未来发展的设计，对人类潜力的发现、对人类新目的的确立。所以，判断在模态上还具有可能性，这是文化使人不断自我更新、超越物化的机制之一。正是文化以判断为路径，使得自由显现的每一个文化都成为一个世界，使得每一个历史主体在实行判断以显示自己的作为类的自由本质时，其生命不仅物化为文明而且成为超越物化的文化，他不再仅仅是作为一个特殊个体而显现，而且是作为人类历史的普遍方式而存在，成为社会关系的总和。正是这样，人类才真正拥有人的生活，人类历史才更加完美或日趋完善。

纯粹的自然与作为物化结果的社会物质世界不可能以其物质实存的方式显现文化，只有非物化的、本身就具有赋值、释义功能的人化产品才能表达文化，这个人化产品即是符号。人类的文化创造和价值生成常常显示在符号的创造与运用中，符号成为文化的最有效的载体。文化借这个载体进入人们的经验视界中，对文明的评估、对物化的超越便是在符号的叠加与组合中完成的。因此，当代人类高度关注文化与符号的关系，希冀通过符号实现文化的解放。罗兰·巴尔特曾说，无论从哪方面看，文化都是一种语言。卡西尔更坚信符号活动是人类生活中最富代表性的特征和人类文化活动展开的基点。他认为符号的创造和运用不仅区别了人与自然，而且表征着人类的最高力量。人、文化、符号三位一体，人即符号的动物，符号活动的实现就是文化世界。卡西尔的确看到了文化与符号的某种联系。但是笔者对重组符号结构、重构符号功能就能实现文化革命的信念存有怀疑。符号虽不是物，却是实体。它一方面可以表达人的自由意志、存在意念以及情感、感觉等，使所有这些主体属性、活动得到确证，转化为文本形式，获得保留、传播，成为他人存在、自由展开的对象。另一方面，它又是外在于人的一种特殊实体，有着自身不以个体生命要求为转移的规则性、意向性。这些规则性、意向性往往不生成于使用，却影响着符号使用。当符号表达文化时，这些规则、意向实际将文化按自己的要求编码、换构、转义，从而使文化的意义变形、变质，受到歪曲。马恩《德意志意识形态》一文中批判的旧德国意识形态的虚假性，20 世纪 40 年代法西斯主义对民族意识的败坏，"十年浩劫"对民众信仰的愚弄均与此有关。更严重的是，在符号中，运动着的自由成为静止的实体，与人的生命冲动、精神张扬相联系的价值判断成为孤寂沉默的语言。语言承载着自由向文明下达的文化指令，是对人与自然关系的一种操作。但语言的凝固性、二元对立性使语言具有某种物态化特征，这是文化转化为文明、精神质变为物质的重要原因。马恩对语言工具性的理解、海德格尔对语言遮蔽性的悲哀都深刻地触及文化与语言的危机。如何消解这一危机？这是当代人类所面临的共同任务。这需要我们通过社会实践、在深刻领悟与自觉操作符号的基础上重建文化与符号的关系。在这方面，中国古人的一个理解是具有启示意义的，即"不落言筌"、"大音希声"，借符号去追寻非实体的自由意义，通过扬弃符号来突破符号的物态化障蔽。

社会实践所产生的文化的基本特征在文明的参照下构成了一个完整的结构体系。这个结构体系在历史中、在人与人关系的建构中、在不断将自由赋予物以意义中成为社会主体的存在样式。有时它极深地潜伏于意识的底层，类似一个非我，成为人的生存动机。有时却在自我意识领域中出现，成为自我设计、确立的判断与参照。有时它直接外化为"超我"的社会意识形态。总体而言，文化的结构可被描述为一个倒置的三角模型。那个三角模型的基点正是全部文化的起点与归宿——自由。不同的种族、不同的民族、不同的个人都从这同一基点出发而最终回到这一基点上。所以文化的结构基点有着普同性（universal pattern），自由的显现是意义的生成，这是文化结构的第二层面。这个层面因其多样、丰富地表达着自由的总体性，使文化具有了个性特征。在这之上的是判断层面，耸立在判断层面上的是判断的载体层面。符号使意义与意义的判断最终超越个体，形成文化的最显层部分——社会意识形态。社会意识形态以制度、法律为其确证与保障，这使以整体方式作用文明的文化有了一条通向文明、运作文明同时将自身异变为文明的路途。

文化的结构究竟如何？这不是笔者的目的。对人类命运的关注、人类自由的存在方式如何确立才是笔者思考文化的最高旨趣所在。我们认为，文化的建立应始终瞄准人类的健全发展，应将我们所要创造的文化定格在人类存在的最高品位——自由之上。如果我们不使由真正文化所生成的人与人之间的信任与互助的精神、宽大与友爱的情怀、尊重与责任的态度渗入到每一个人的心里，那么人类文明最终将像爱因斯坦所预示的那样：在劫难逃。此种态度绝非是对人类物化产品的漠视、仇恨，恰恰体现了我们对人类物质文明的关注，体现了我们对人类精神成长的倾心，也蕴含着我们对人类未来热烈的期望。我们已看到了人类生存的完整性有赖于文明所提供的物质力量的支持与保障，但我们同时感觉到人类的自觉自由的生存、发展又远非物的文明所能完全实现，人的存在价值、生命的终极意义、人与人善良、健康关系的建立只有通过文化的努力才能获得实现。

我们的这一基本想法实际上来自人类对世界历史共同思索的精神脐带。就中国古代而言，庄子的超然物化、嵇康的回归山林、苏东坡的独善其身、李贽的童心真情便是在全面地否定物对人的侵犯与压迫中表达着一种最昂扬的追求，一种浮士德超越一切限制的求索。在他们的凄如挽歌的陈述中激荡着对苦难人生的救赎、解脱。自近代工业社会以来，片面发展的物质文明一方面前所未有地解放了生产力，扩展了人类的生存空间，另一方面它又使人与自然关系偶然化，并导致人与人关系的疏远化，窒息人的生存自由，在相当程度上破坏了人的存在与发展。于是产生了近代批判的文化意识。德国哲学巨擘康德在欧洲世人皆因物的胜利而自信于自身的无限性时，冷峻洞明地指出，人是有极限的，永远不是上帝，不可能凌驾于万物之上。只有建立对人类能力极限性的清醒意识，在与自然的物的交换同时，保持高度地关注与自然的目的关系，人才能获得外在世界对自己存在的认可。要实现此，就必须抛弃认识的无限增扩，需要领悟被世人用物放逐了的上帝和确立意志实践的道德律令。席勒更以其诗人的理想与哲人的深刻描绘出这样的历史图景：历史的曾在是人与自然的协调，人自身统一于理性与感性的融会中，所以曾在是和谐的。历史的现在却是分裂的。造成分裂的正是人的物化。工业这部大机器将整个自然扭变成受奴役的工具，而人在这部偶然的机器运转中被撕成一个个片断。感性与理性对峙着，人间已没有诗，剩下的只是挽歌，世界已没有幸福，有的只是悲苦、仇恨，现在是罪恶的。然而席勒在物的世界中也发现了希望——审美。审美作为一种超功利的文化，任何物都无法驯服它，使它成为物的工具和奴隶。人类只要自然地追随审美，在美的濡化、再造下终究可以进入完善的世界，历史的将在是自由的。马克思更一针见血地警诫世人，物的世界实现着剥削、压迫，使人类历史迄今还是史前史。因而，自由应是推翻体现压迫者意志的物对人统治的革命。

　　20世纪的时代，人类征服自然的手段和力量从来没有如此强大，而人类的生存自由和尊严也从来没有如此窘迫。物的文明日益确立了它在人类生活中的霸权地位，人与自然的不正常关系趋至极点。细菌战、生物战、电子战、核化战，集中营、劳役营、死亡营……物真正有了摧毁自然、灭绝人类的能力。后工业化社会甚至连显现自由的文化也开始非人化、非个性化，以顺从物的文明的标准化、数量化、抽象化。艺术不再具有民族性、创造性，而以模式化的生产、广告性的宣传、倾销式的发行以及转瞬即逝的存在塑造着由现代传播媒介统摄起来的飘浮不定的人们的物式的精神消费。所以，在后现代文化场景中重建现代性的自我理解就不仅是一个必要的学术研究工作，更是一个必需的现实而紧迫的社会思想使命。

第一章　从古希腊到文艺复兴的西方审美文化

一、古希腊罗马的西方审美文化奠基

当代西方现代性审美文化五花八门，千奇百怪。抽象主义、表现主义、超现实主义、达达主义、行动主义、操作主义、结构主义、解构主义、印象派、点彩派、原始派、野兽派、荒诞派、意识流、心理流、偶然流、生活流、波普流……所有这些使得人们包括相当多的学者，特别是中国学者迷惑不解，充满陌生感和怪异感。很多人在心底都对自己说，当代西方现代性审美文化怎么与近代西方现代性审美文化有如此大的差异呢？古希腊的伟大艺术传统和近代深刻的审美品质都到哪里去了？的确，如果不了解整个西方审美文化的历史走向，确实不易理解当代西方现代性审美文化发生的如此巨大的甚至是面目全非的变化。因而在我们反思当代西方现代性审美文化之前，有必要论及传统西方古典审美文化的基本特点，从而为人们提供一个全面认识当代西方现代性审美文化的另一个参照。也许在传统西方古典审美文化和近代西方现代性审美文化的双重参照下，能够发现审美现代性在20世纪发生重大的变化。当代西方现代性审美文化在丰富、发展现代性的同时，正朝着完全不同于现代性的后现代文化品质转向。

1755年，著名的启蒙思想家、德国学者温克尔曼发表了一篇题为《关于在绘画和雕刻中模仿希腊作品的一些意见》的论文。由于这篇论文在欧洲大陆学术界受到了普遍的赞赏，萨克森国王出钱，送温克尔

1

曼去希腊、罗马研究、考察古代艺术遗迹。经过长时间的考察和深入的研究，温克尔曼于 1764 年发表了他的代表著作《古代艺术史》。这部具有重大审美文化意义的学术著作是欧洲历史上第一部审美文化史专著，也是欧洲最早的文化艺术考据学方面的专门著作。在书中，温克尔曼深刻地指出，西方审美文化的渊源是古希腊、古罗马的审美文化，古希腊、古罗马审美文化的最根本性质就是"静穆的伟大，单纯的崇高"，而这"静穆的伟大，单纯的崇高"作为古典审美理想又实际成为后世整个西方在近两千年的审美文化历程中所追求的理想和不断延续的情状。将"静穆的伟大，单纯的崇高"视为古典审美文化传统，温克尔曼无疑是洞明而透彻的。然而"静穆的伟大，单纯的崇高"又何以成为古典审美文化的核质的呢？这恐怕与希腊文明的形态有很大的关系。

希腊文明的兴起似乎十分奇怪，包括罗素、梯利、汤因比在内的许多大学者都对此深感困惑。有许多证据表明，希腊文明在公元前 12 世纪左右突然兴起。而当希腊文明兴起之时，远东的黄河文明和长江文明、南亚的印度次大陆文明、近东的巴比伦文明和尼罗河文明已经发展到相当的程度。那时巴比伦文明已开始显现出衰落的征兆，并且尼罗河文明出现了扩张、泛化的倾向。然而，除尼罗河文明之外，上述其他几种主要的古老文明对希腊文明的兴起似乎没有起到作用，虽然兴起于公元前 20 世纪左右的迈锡尼文明是希腊型的，但它突然消失的时候，希腊文明还没有真正的兴起。希腊文明是在自己成长之后，通过迦太基、埃及才了解到迈锡尼文明的情况的。公元前 12 世纪前后，在地中海东北面的希腊半岛兴起一种文明，这由希腊阿开亚人开创的文明处于如此的自然环境之中：面对着惊涛骇浪的大海，背倚险峻贫瘠的高山；终年少雨，阳光灿烂。与远东、南亚次大陆和古代各文明形态相比，希腊文明的兴起不是依靠狩猎和农耕，如黄河文明就起源于农耕。黄河文明东临大海，西背青藏高原，南有林泽水沼，北为荒漠。黄河水源丰厚，黄河三角洲土地肥沃，气温当时属亚热带，年均降水量 800 毫米，最适于安定、封闭的农业耕作。古希腊文明依靠的是航海贸易、海盗战争，有的学者干脆认为，希腊文明始于《荷马史诗》中写的那场关于特洛伊的战争。由于自然环境恶劣，生存条件险恶，希腊文明关注自然，注重对人与自然关系的建构、理解，将征服自然、对象化自然视为生存终极的思考。相反，东方诸文明则侧重于人与人关系的建构、理解，这也许是东方诸文明的自然环境优越、无需大规模与自然抗衡所致。另外，地中海的波涛、万里无云的晴朗天空等培养了希腊人勇敢、智慧的民族品格和沉思、多情的民族气质。也许正是诸如此类的多种原因共同生发了古希腊古典审美文化"静穆的伟大，单纯的崇高"的核质。

"静穆的伟大，单纯的崇高"作为传统西方古典审美文化的核质、乃至近代西方现代性审美文化的诉求，在其历史发展过程中呈现出两个主要特点：

第一，人文主义。作为"静穆的伟大，单纯的崇高"的特点之一是审美文化中的人文主义，即始终确立以人为中心的观念。审美文化的核心从来就定位在人化的范畴中，这一点在希腊文学中就十分明显地表现着。可以说，希腊悲剧如《俄狄浦斯王》、《美狄亚》、《安提戈涅》，希腊喜剧，还有神话传说、《荷马史诗》，甚至具有同性恋意味的萨福抒情诗、希腊哲学、美学都是这种人文主义的生动表述。文艺复兴运动时期这种人文主义是以人性论方式体现在莎士比亚、薄伽丘、乔叟、但丁、塞万提斯、达·芬奇、米开朗琪罗、拉斐尔的文艺作品之中。18 世纪的启蒙运动源于希腊的这种人文主义传统，又在卢梭、伏尔泰、狄德罗、席勒、歌德那里被表述为自由、平等、博爱的人道主义。以自由、平等、博爱为中心的人道主义在政治上体现为英国光荣革命、法国大革命和美国独立战争，在审美文化方面就是启蒙的理性主义文学和新古典主义艺术。19 世纪，人文主义的传统又最彻底、最全面地表现在德国古典哲学与美学和浪漫主义诗歌、现实主义小说艺术之中，其底蕴为人的自由与解放。

第二，理性主义。"静穆的伟大，单纯的崇高"的另一特征表现为理性主义。西方审美文化历来重视理智、思维。在西方，认识论成为建构审美文化的主要方法和手段，柏拉图、亚里士多德、贺拉斯、普洛丁、奥古斯丁、托马斯、阿奎那、笛卡尔、培根、霍布士、洛克、夏夫兹博里、哈奇生、博克、鲍姆加登、温克尔曼、黑格尔，几乎所有在美学方面有建树的思想家们，无不运用其认识论来营造自己的美学体系或评判艺术现象。美学的词根为 aesthetics，aesthetics 本意即为"感性学"，它就是认识论的成果。创造这个词的是德国人鲍姆加登。鲍姆加登是伍尔夫的学生，而伍尔夫又是 17 世纪德国大哲学家莱布尼兹的继承人。伍尔夫以莱布尼兹唯理主义认识论为方法，对人类心理主体构成进行了探索。他认为，人类的心理活动分成知、情、意三个方面。鲍姆加登进一步指出，主体的知、情、意三个方面应有相应的研究体系。在鲍姆加登看来，研究知的是逻辑学，研究意的是伦理学，而研究情的学问在此前则没有。鲍姆加登建议建立研究情的知识体系，并称之为"美学"（aesthetics）。在鲍姆加登看来，情感只是一种混乱的感性认识，而理性则是明晰的认识，所以美学就是研究混乱的感性认识的，美学即感性学。由此可见，在传统审美文化中，特别是在古典、近代美学理论中，认识论有多么大的影响。

欧洲文明的起源不同于其他古老文明。埃及文明、印度文明、两河文明、中国文明都以农耕为其文明诞生的基本方式。这是由于这些古老文明的发祥地都处于雨量适度、土地肥沃、植物茂密、利于耕种的大河盆地。农耕为基本生存方式的文明，由土地耕种所决定，其文化都具有稳定、封闭、简单和富有地方性的特点。但是欧洲文明的发祥地古希腊，背靠石灰岩地貌的巴尔干贫瘠、险峻山脉，面临浪急涛巨的地中海，这样的地理环境决定了农耕或游牧不可能成为希腊文明发祥地的基本方式。古希腊人只能利用航海，通过贸易实现生存，建造文明。以贸易为起源的文明使开放式交往成为古希腊文化的主要形态。

古希腊开放式交往与其他古老文化的封闭式交往有很大不同。开放式的交往是主动交往。交往者以主人的身份、主动的方式、积极的行动与不同种族、不同地域、不同文化的人进行交往。在这一交往过程中，古希腊人视自己为交往的主人、交往的中心，并支配着交往。这种交往方式逐渐形成了一种文化感，认为世界的中心是希腊，希腊人的历史责任之一就是通过交往使得世界希腊化。在希腊人的心中，希腊的就应该是世界的。希腊人不是希腊地区的主人而是世界的主人，他们以世界为家，是世界主义者。雅典黄金时代的伟人伯里克斯就宣称"要将雅典建成世界教育中心"，而柏拉图、亚里士多德都曾在其著述中努力张扬这种世界主义。希腊的神话、传统、艺术则用更具普遍有效性的感性方式传达着这种世界主义观念。贸易导致贸易者时常在完全陌生的地区、环境中与完全陌生的人交往。适应这种特殊而主动的交往行为需要主动交往的一方自觉放弃属于地区性的文化身份，如此才能转入与陌生对象的交往关系中。这样的一种特殊的交往情况又强化了希腊对世界主义的认同。可以说，作为欧洲文明发祥的古希腊文化本身就带有一种世界主义的特质。由于希腊文化是欧洲文化的源头，并深刻、甚至决定性地影响了后来欧洲的整个文化，世界主义便成为一种极具生命力的文化传统深蕴在欧洲文化历史发展之中。

亚历山大的马其顿帝国对世界的征服为由希腊人开创的世界主义文化传统注入了一种新的内涵。亚历山大军队所至，从印度的恒河到阿富汗深山，从非洲的沙漠到小亚细亚海滨，从地中海到黑海，到处建立了希腊式的城市，并在这些城市中努力推行希腊的生活方式与政治体制。在希腊化时代，欧亚宽广的土地上流行着希腊文化，而亚历山大将这种希腊文化称之为"世界文化"。显然，声称希腊文化就是世界文化，将希腊文化向世界其他地区强行推广，使得希腊文化中的世界主义观念有了一些变化。其一，希腊化时代世界主义中的欧洲中心主义一体化得到了空前的强化；其二，希腊化时代的世界主义不仅是一种文化观念，而且由于希腊式城市和政治体制的广泛确立，希腊化

5

的世界主义成为一种文化制度。希腊化之后的罗马文明更是建立了一个横跨欧、亚、非三陆的大帝国。罗马的统治者为了实现多民族、多种族的共存，在政治上采取了兼容各民族文化并使之统一于罗马文化之中的策略。在运用这一统治策略时，罗马的统治者创造了一种神话，即尽管历史上出现了许多种族、许多民族、许多国家，但世界的历史只有一个，就是罗马的历史。罗马史就是世界史，罗马代表着世界的普遍性。希腊人开创的世界主义文化传统在罗马人那里成为某种历史观和历史生活。

改造了的西方文化精神元叙事是通过审美与教育的相遇而进入审美现代性之中，最终凝聚为西方审美现代性的底蕴。同时西方文化精神元叙事的改造又促进了审美与教育的相遇，使审美教育成为西方审美现代性的标志性话题。

在西方的审美文化发展历程中，基于对人类精神维度的建构，古希腊、罗马人就开始高度重视审美与教育。在追求和获取真理、知识的价值指引下，苏格拉底发现了德行、美、教育三者的关系，柏拉图建立了理念与美的政治理想国，亚里士多德则提出艺术是模仿，模仿源于求知本能，模仿本身就是教育与学习的学说，而贺拉斯的"寓教于乐说"更是理性主义经典。也许是某种机缘，古希腊罗马时代的这些思想家们都躬亲于教育。18 世纪在启蒙精神的催动下，审美与教育被提升到空前的高度。审美与教育不仅是改造个体的力量，而且是社会革命的动力和方式，也成为审美现代性形成时的一种特殊景观。不过，18 世纪之前，囿于对人的生存与发展视野狭隘、定位偏差，审美与教育始终未能在人的全面发展和解放的层面上找到深度结合的契机。

古希腊从苏格拉底起开始了从探寻自然到思索人本的重大文化转型。如果说，前苏格拉底时期智者哲人们对审美与教育还是经验性注意的话，由于向思索人本价值、追求人生意义转型，审美与教育受到了苏格拉底理性意识高度的重视和认真的关怀。黑格尔曾说过："在苏格拉底那里找到也发现人是尺度，不过这是作为思维的人，如果将这一点以客观的方式来表达，它就是真，就是善。"① 在苏格拉底看来，真、理性是人之为人的根本规定性，因而追求真理成为人生存的终极目的。实现人生终极目的的主要方式是善行，而善行则须教育、审美来培养、达成。首先，一个人只有用理性对待世界、对待自己，他才能够有正确的行动并在正确的行动中发现真理。而最深刻的真理就是普遍的善，对普遍的善的发现、昭示就是善行。所以，苏格拉底一再教诲人们，生活的意义在于善行，在于不断的道德完善。循此，教育便十分重要。善行可以通过教育培养、训练出来，因为凡是真理，都是知识，通过知识便可掌握真理。教育就是学习知识、掌握知识、运用知识的基本方式和过程。其次，在苏格拉底看来，衡量美的标准是善。他坚持善的即美的，美的一定是善的，掌握美就像掌握知识一样，需要教育的培养和训练。只有在教育中，人们才能认识到关于美的真理、掌握关于美的知识，实现最大的美——善行。

在古希腊、罗马的思想大师中，柏拉图对审美与教育的论述最充分、最广泛，影响也最大。公元前 387 年柏拉图创建了阿卡德米学园，亲任校长和教师。他创建学园的目的在于通过哲学教育、数学教育、艺术教育，培养理想中的国家统治者和管理者。柏拉图对审美、艺术怀有崇高的情感，始终视审美、艺术为洞见真理，发现理念的过程与途径。柏拉图认为对理念的发现就是一种"神灵凭附"、"迷狂出神"的审美至高体验。智慧与快乐的统一便是至善特征之一。他著名的《克拉底鲁篇》将音乐教育看成唯一能够影响灵魂的教育。通过音乐教育，灵魂能得到美的洗礼，得到提升。受到良好音乐教育的人可以敏锐地判断出一切艺术作品和自然建构的美与丑。在他晚年的《法律篇》中，集毕生之智慧和经验对情感与善行的关系进行论述，声称善的理念转化为善的行为必须借助理念和痛感。艺术可以使人真正明白快乐

---

① ［德］黑格尔：《哲学史讲演录》第二卷，贺麟、王太庆译，商务印书馆 1978 年版，第 62 页。

与痛感的内涵和功能。如此，艺术实际成为从善到善行的中介。在许多人的记忆中，似乎觉得柏拉图否定艺术，轻视审美教育而重视哲学、数学教育。的确，柏拉图说过艺术是模仿的模仿、镜子的镜子，缺乏真理性，他也曾扬言要驱逐艺术家，甚至责骂艺术家伤风败俗，堕落丑陋。其实，在柏拉图心目中有两种艺术。一种是理想的艺术，它是心灵的明灯，理念的洞明，灵魂的福佑。另一种艺术是他所面对的现实艺术。柏拉图始终鄙视当时的流行艺术，指责它们亵渎神明，毫无理性，败坏道德。显然，这种艺术无法对人们实施审美教育，更不能有助于建设精神的理想国，这当然要遭到柏拉图断然否弃和严厉批评。

亚里士多德像他的老师柏拉图一样重视教育和艺术。他曾创办吕昂克学园，后世的人们公认他是职业教师和学者。亚里士多德认为，体育教育有助于培养青年人的勇敢精神和健康体魄，而艺术教育在提高人们艺术鉴赏力的同时，提高了人们的高尚情操并且具有休闲性质。亚里士多德在《政治学》中说，艺术教育所实现的生活休闲是人类生活的最自然也是最自由的目的、境界。由此可见，席勒的"游戏说"在亚里士多德的理论体系中已出现思想端倪。对于亚里士多德，人们最熟悉的莫过于他的"模仿说"。亚里士多德指出，艺术起源于模仿的本源有两点，一是人具有模仿的本性，二是在模仿中人们能获得快感。模仿实质上是一种培养、训练和教育，它是一种实践性的多元教育过程。模仿的教育过程来源于人的本性，来源于人与生俱来的生命冲动。正是在这一生命过程中，向外，人们获得了关于世界的知识；向内，人们感到了对生命存在价值肯定的满足，产生了快感。在这里，亚里士多德第一次在教育框架中将生命、知识、快感联系起来，使教育、审美不仅像他的前人一样在人的理性、善行层面上得到确证，而且在人的生命存在的层面上发现了责任、教育的意义。从这个角度来审视亚里士多德《诗学》关于悲剧的理论，就会领悟到亚里士多德对悲剧的理解寓含着审美教育的意蕴。在《诗学》中，亚里士多德认为悲剧诗人通过模仿而引起恐惧与哀怜之情是悲剧虽悲却能吸引观众之本。

在亚里士多德看来，悲剧人物不是完美无缺的英雄，也不是罪行累累的恶棍，而是与大多数凡人一样的平常人。悲剧人物由于"过失"而导致的可怕后果必然引起与之相似境遇的观众的悲伤与哀怜，引起他们对自我生活的回忆、体验和反思，最终导致"净化"。悲剧的这一过程既是审美过程，也是一种典型的教育过程。"净化"（katharsis）的古希腊词源本意为祛除罪过。悲剧使人"净化"无疑指人通过欣赏悲剧打通艺术悲剧与生活悲剧的隧道，使艺术经验走向生活经历和体验，从而反映生活，接受震撼和教益，最终达到心灵提升、道德净化。可以说，亚里士多德的悲剧理论是另一版本的审美教育理论。

罗马时代的理论家贺拉斯建立了完整的古典主义文学标准，在为文艺功能定规则时，他强调"寓教于乐"。"寓教于乐"一方面保持了自苏格拉底以来，经柏拉图、亚里士多德所一直崇尚的关于艺术必须具有社会教育功能的伟大传统，另一方面也表现出他试图纠正希腊人过分重视艺术的教育功能的偏颇，希望求得艺术过程中审美与教育之间平衡的愿望。正是这种努力，"寓教于乐"成为古典主义文艺的基本精神。贺拉斯之后，由于基督教的霸权，审美、教育皆成为神学的附庸，对审美与教育关系问题的研究基本被取消。而文艺复兴、新古典主义的三百年中，人们对审美与教育的理解从未越出希腊人的诠释。

二、中世纪中晚期的审美文化嬗变

恩格斯在《〈共产党宣言〉意大利文版序言》中对但丁的历史地位作出这样的评价："封建的中世纪的终结和现代资本主义纪元的开端，是以一位大人物为标志的。这位人物就是意大利人但丁，他是中世纪的最后一位诗人，同时又是新时代的最初一位诗人。"[①]但丁·阿里盖利（1265—1321），出生在意大利佛罗伦萨的贵族家庭，家族富有

---

① 《马克思恩格斯选集》第 1 卷，人民出版社 1964 年版，第 249 页。

而殷实，父亲在经商的同时，始终参与佛罗伦萨政治。佛罗伦萨在 13 世纪是丝绸之路的要冲，工商繁荣，平民势力强大，早期资本主义因素浓厚，封建专制很早就没落了，建立了共和国。但是由于罗马教会和"神圣罗马帝国"在佛罗伦萨都有重大政治、经济利益，彼此之间进行了长期的集团政治斗争，使得佛罗伦萨政界黑暗，权力争斗极为激烈。在长期的矛盾冲突中，佛罗伦萨形成了两个对立政党集团：一个是代表工商和平民利益，支持罗马教皇的贵尔夫党；另一个是支持神圣罗马帝国，代表传统贵族利益的基白林党。但丁的父亲是贵尔夫党人，在他的影响下，但丁也参加了贵尔夫党，成为该党的重要领导人。在冈巴地战役中，但丁率领拥护者战胜了基白林党人，使贵尔夫党人一统共和国天下。但丁由于受到人民的拥戴，被选为共和国执政官。不久，贵尔夫党内部发生严重的政治分歧。一部分人支持教皇的最高统治，被称为黑党。而另一部分人则反对教皇的最高统治权，被称为白党。但丁实际上是白党的领袖。1302 年，黑党在教皇的支持下，在法国军队的协助下，攻占了佛罗伦萨，掌握了政权。但丁被捕，全部家产被抄没，被判为叛国罪，处终生流放。在流亡期间，他走遍了意大利北部，深刻地认识到城邦林立的意大利只有统一才能立于世界民族之林，但丁成为统一意大利的最早导师。不过，但丁的统一愿望直到五百年后才实现，我们在伏尼契《牛虻》一书烧炭党人的事业中能看到但丁的心血浇铸的统一之花。1313 年，斯加拉大亲王和波伦塔伯爵邀请但丁先后在维洛那和拉文那居住，生活安定，他最终完成了他的灵魂之作《神曲》。最后他在拉文那逝世。在这位不朽的诗人逝世后的多年中，佛罗伦萨人多次要求归还但丁的骨灰，但是都遭到了拉文那人的拒绝。拉文那人说是你们放逐了但丁，他在我们这里得到了安宁，请让他安静地在拉文那睡吧！

　　除了宗教与政治决定着但丁的一生外，他青年时的初恋也使他终生刻骨铭心。但丁 16 岁时暗恋邻居家的女孩贝阿特丽采，到青年时代更加倾心于她。贝阿特丽采美丽、纯洁。据考她只四次主动与但丁交谈，但这短暂的交谈却是永恒的，激发了但丁的挚爱和诗情，为她写了一系列抒情诗。后来，贝阿特丽采嫁给了一个银行家，不久便离开人世。但丁为她写了许多悼亡诗，并用散文加以连缀，取名《新生》。《新生》为"温柔新体"，表达了他对贝阿特丽采的深深爱恋。对贝阿特丽采之爱影响但丁终生，在但丁心中，她就是天使，在《神曲》中，贝阿特丽采引但丁入天堂之门。

写于1307—1321年的《神曲》是但丁在放逐期间写的一部长诗，是诗人的代表作。《神曲》分为《地狱》、《炼狱》、《天堂》三个部分。诗人采用了中世纪流行的梦幻文学的形式，描写了一个幻游地狱、炼狱、天堂三界的故事。诗人在诗中自叙他三十五岁的人生中途，在一片黑暗的森林中迷了路，正想往一个秀美的山峰攀登时，忽然出现了三只野兽——象征淫欲的豹、象征强权的狮、象征贪婪的狼拦住去路。正在危急关头，古罗马诗人维吉尔出现了，他受贝阿特丽采之托前来援救但丁从另一条路走向光明。维吉尔引导但丁游历了地狱和炼狱，最后由贝阿特丽采引导他游历了天堂。

地狱共分九层，如漏斗形，越往下越小。罪人的灵魂依照生前罪孽的轻重，分别被放在不同的圈层中受苦刑惩罚，罪行愈大者愈居于下层。但丁按照基督教的观点，把贪色、贪吃、易怒和邪教看做是严重的罪犯，让他们在地狱中受苦，但他更把那些社会上种种作恶的人放在地狱的下层。如第八层里受罪的是淫媒和诱奸者、阿谀者、贪官污吏、买卖圣职者、占卜者、高利贷者、伪君子、盗贼、诱人作恶者、挑拨离间者、诬告害人者、伪造者以及罗马教皇。在第九层受罪的则是叛国卖主的人，他们是但丁最痛恨的人。

游完地狱，维吉尔带着但丁通过地心，顺着盘旋曲折的岩洞小径，走出地球，到了净界山下。这座高山直矗在海面上，是炼狱所在。由海滨到炼狱山门，是炼狱的外部，忏悔太晚者和逐出教会者在这里等待。山内的炼狱分为七层，分别住着犯有骄、妒、怒、情、贪、食、色七种罪过的人。离开第七层到了山顶，即是地上乐园。住在炼狱中的亡魂生前所犯罪孽较地狱中的罪人为轻。他们在炼狱中修炼，待断除孽根后，便可升入天堂。但丁在维吉尔带领下，看完炼狱后来到山顶，维吉尔突然不见。这时圣女贝阿特丽采出现，她带领但丁进入天堂。天堂分为九重，生前为善者死后到达这里。九重城之上便是天府，为上帝和幸福灵魂所居。但丁看见了上帝，但只是电光之一闪。

《神曲》展示的是人类灵魂如何从罪恶通过洗炼走向光明的历程。被豹、狮、狼围困在森林中的但丁，从地狱到天堂的经历说明人类灵魂应该在理性的指导下，经过各种苦难考验，在心灵道德上受到净化，最后通过信仰的引导，走出迷惘、困惑，达到理想境界。在《神曲》中，灵魂无理性的洗礼，没有信仰的指引，只能堕落地狱，只能受着私欲的吞噬、痛苦的煎熬。对灵魂而言，最重要的是道德理性与宗教信仰，只有这两者，才能保证灵魂的高尚与纯洁，而上述这些人文理念是悖反和超越基督教教义和信条的，也是后来近现代现代性精神文化的最基本的理性信仰。可以说，但丁第一个以艺术的象征方式为审美现代性奠定了独特的理性内涵和理性方式。

如果说但丁第一个为审美现代性奠定了独特的理性内涵和理性方式的话，中世纪骑士文学则为审美现代性奠定了最早的具有个体意义的情感内涵和情感方式。

中世纪的传奇文学在文学史上地位不高，但在社会文化史、人类情感史、社会心理史上的影响、作用不容忽视。它不仅是欧洲中世纪特殊文化的投射，也与其他因素一道构建了欧洲人的爱情世界和骑士风度。

说到传奇不能不说骑士。骑士在中世纪是一个特殊的阶层。传奇总是与骑士、淑女联系在一起，英雄救美人、英雄爱美人是传奇的主题。最著名的传奇《特里斯丹和依瑟》即可见传奇主题之蕴。

故事取自不列颠凯尔特人的传说，法、德诗人都曾根据这个传说写成叙事诗；13世纪时还出现了散文体的传奇。作品叙述康瓦王马尔克派他的外甥特里斯丹为他到爱尔兰去向爱尔兰公主依瑟求婚，求婚被接受了。依瑟的母亲给依瑟和马尔克准备了一种魔汤，在结婚时喝了便能彼此相爱。但特里斯丹见义勇为和依瑟在归途中误饮了魔汤，由此二人产生了不可克制的爱情。依瑟虽同马尔克结了婚，但一心热爱特里斯丹。马尔克对他们进行种种迫害，但终不能制止他们的爱情，最后两个情人都悲惨地死去。

另一部最著名的传奇《奥卡森和尼柯莱特》讲述的是同样的故事，贵族骑士奥卡森违背父亲意志，弃骑士职责而不顾，与一个女俘相爱，经历逃亡、漂流而终成眷属。

在欧洲封建社会中，大小封建主之间形成一种阶梯形的等级制度。小封建主受封于大封建主而称为"附庸"或"陪臣"，大封建主即是"主公"或"封君"。封臣与封主之间逐级依从，国王是最高统治者，形成了金字塔形的等级关系。骑士本是封建主豢养的武装，是受封于领主的小封建主。一旦发生战争，他们便带上自备的马匹和武器，为封建主打仗。有了战功就可以领得赏赐。十字军战争时期，这类骑士为宗教服务，发挥了重要作用，社会地位大大提高。但就一般骑士而言，他们属于统治阶级的最底层，依附于他们的领主。在长期的经历中，作为一个阶层的骑士，逐渐形成了自己崇高、高贵、典雅的信条：忠君、护教、行侠。

然而，在崇高、高贵、典雅的背后，骑士们的生存方式和心理状态备受压抑。

其一，骑士的职责就是战争。长期的征战，特别是经常的冷兵器肉搏，使骑士时常与死神同在，而且不断面对残酷、可怖、畏惧之暴力血淋场面，这种生存状态使他们更加渴望温暖、缠绵和欢爱的宁静生活。

其二，骑士虽是统治阶级一员，却是统治阶级的底层。在百姓眼中，他们是贵族，但在大贵族心中他们只是随从而已。骑士甚至不能娶贵族之女为妻。而在严格的等级制下，他们不能，也从内心中**绝不**会爱平民之女。这是一种矛盾，也是一种剧烈的情与理、欲与智的冲突，是一种源自灵与肉的双重煎熬，这也成为近现代西方现代性审美文化的一种独特的情感品味和艺术气质。

然而，十字军远征使情况发生了变化。骑士们，特别是法国骑士，后来是英国、德国骑士抵达地中海沿岸。他们看到了伊斯兰世界高度的文明，他们难以想象苏丹后宫中的女子如此美丽、优雅、静谧，如此受到男人们的优待和尊重。骑士从东方带回的不仅是战利品，更有价值的是带回来了新观念、新印象，特别是新的、令人兴奋的对于女人的理解。原来，女人这样迷人，这样可爱，这样令人难以忘怀。

另一方面，如唐娜希尔所言，当社会上大多数好勇斗狠的男人都外出，而留下来的男人又热衷于发现婉约与理性的古风时，上层社会的妇女们终于有了表现的大好机会。在 11 世纪以前，妇女完全依赖她们的父亲、丈夫、儿子来生活，但现在，她们必须代理其外出丈夫的工作，结果很快就发现，诸如资产处分、赋税、教区税，甚至政治事务等并非像男人让她们想象的那样神秘、难以处理。同时她们也发现周旋于公爵与贵族之家——当时社会的中心，时尚、机智、清谈、阴谋的大本营，与男性权威争辩的乐趣。教会虽然并不鼓励她们做这些活动，但刚由教会通过的婚姻法律则有助于巩固她们的地位——教会厌恶离婚更甚于结婚。另外一股风潮也影响了教会和男人的态度。在拜占庭帝国，圣母玛丽亚长期以来即为教徒崇敬的对象，对圣母的崇拜在 12 世纪初经由香客、十字军及商人带到了欧洲。西方教会则一直将女人视为是让男人堕落的夏娃，到 14 世纪，当夏娃最后被圣母玛丽亚所取代时，欧洲女人的地位也跟着在无形中提高了。

女性的价值被重新确认和建构，而骑士们又不能娶他们所爱之贵族女性。按弗洛伊德的理论，在白日梦中宣泄他们的爱欲，通过向所爱之贵族女性承诺，用诗歌或艺术的方式，甚至用恋物、自虐的方式表达这种无法在肉体上获得而只能在幻想和精神中满足的爱就顺理成章了。所以我们常可以看到传奇中，骑士为自己心爱的贵夫人的一句问候、一个笑容和一次握手礼而远赴沙场。骑士忠君、护教、行侠的信条，变成了尊严、责任、爱情和骑士风度。不同于性爱、情爱，被骑士们称之为"优雅之爱"的爱情从此诞生。

传奇使我们改变了对女性的看法，传奇使人类男人与女人之间有了除了性爱、情爱外的另一种爱：爱情。爱情既是肉欲的，又是情感的；既是现实的，又是梦幻的；既是欢乐的，又是痛苦的。既是尊奉的，又是虐待的；既是愉悦的，又是悲伤、忧郁的。而正是爱情的这种奇怪混合，令人心碎又使人难解的性质使传奇（romantic）成为浪漫（romance），也造就了审美现代性的特殊情感内涵和情感方式。

市民文学以最感性、最艺术化的方式为审美现代性融注了最早的中产阶级的世俗价值内涵。

与教会文学、骑士文学不同的市民文学是中世纪一种独特的文学形式。市民文学不仅在艺术上为近代文学开创了新颖的表现方式和审美特征，而且它成为近现代资产阶级的祖先——市民阶层的审美话语。无论是现代资产阶级霸权意识形态，还是现代性文学对话体系，无一不受到这种审美话语的微妙影响。

我们先看一下市民是如何兴起的。

在中世纪的早期，农民以家庭为基本生产单位，家庭生产的农产品和手工业产品不仅满足家庭自身的需要，也基本满足征纳租赋。换言之，中世纪早期的经济基本上是自然经济。那时，商人和手工业者极少，大多属于兼职。贸易几乎没有，产品交换只能交换那些在极少数地区生产而在经济中又很必要的必需品如铁、盐、布等。当时的欧洲根本不生产奢侈品。所以从事贸易的主要是拜占庭人、阿拉伯人、叙利亚人。

手工业、商业、贸易总与城市相关。中世纪的早期有一些大城市，它们大多是古代遗留下来的。城市的主要功能不是行政中心、设防据点，就是教会中心，而没有经济事业。但是，中世纪早期生产力发展不管多么缓慢，到10至11世纪，欧洲经济毕竟起了重大的变化。它的表现就是手工业劳动技术和技能的改变和发展，以及手工业各部门的分化。个别的手工业大大地完善起来了，例如采矿、冶炼和金属加工业，特别是锻造和武器制造业；纺织业，特别是呢绒织造业；制革业；利用陶轮生产更完善的陶器；磨粉业和建筑业等等。

社会分工十分奇怪，一旦出现便要求专业化。然而中世纪手工业的专业化却与农民所处的地位、功能和生存方式绝对不相容。农民的主业是农业，手工业和商业只是副业、兼职。所以分工的专业化必然要求部分农民将手工业、商业从副业变成主业。而此时，农业和畜牧业的加速发展为这种分工提供了现实的可能性。随着农具和土地耕种方式的改善，特别是铁犁和二区及三区轮种制的广泛流行，农业劳动的生产率大大提高了。耕地面积扩大了，砍伐森林，开垦了新的耕地。国内垦殖政策，即向新的地区移民并对它作经济性的开垦的政策，在这方面也起了巨大的作用。由于农业中的这些变化，农产品的数量和品种增加了。生产行会能保护手工业者不受封建主剥削，能在当时市场极其狭窄的情况下保证小生产者的生存，促进了技术的发展和手工业劳动技能的改善。在封建生产方式最发达的时期，行会制度是完全与当时生产力发展所达到的阶段相适应的。

行会组织包括中世纪手工业者生活的各方面。行会是保卫城市包括警卫任务的军事组织，它在战时成为城市民兵的独立战斗单位。行会是特殊的宗教组织，有自己的"神"，在这个神的节日要举行庆祝仪式，它有自己的教堂或小礼拜堂。行会也是手工业者的互助组织，可以利用行会成员所交纳的会费、罚款和其他献纳来的钱，帮助那些患病或死亡的贫穷成员及其家属。

行会的上述功能使它成为手工业者、商人们反抗贵族的组织。城市与封建主斗争的结果，在绝大多数的场合下，城市管理（在某种程度上）转入市民手中。可是，并不是所有的城市居民都有权参加市政的管理。与封建领主的斗争完全是依靠人民群众的力量，首先是手工业者的力量来进行的，可是斗争的成果却被城市居民的上层分子——城市房主、地主、高利贷者和富商所独吞。

这些享受特权的城市居民中的上层分子是少数城市富人——世袭的城市贵族阶层（在西方，这个贵族层通常被称做"帕特里西特"）的密闭集团，他们控制了城市管理的一切职位。城市的行政、法院和财政——所有这一切都操纵在城市上层分子手中，而且被用来维护富裕市民的利益，损害广大手工业居民的利益。这种现象在捐税政策上表现得尤为明显。在欧洲许多城市（科隆、斯特拉斯堡、佛罗伦萨、米兰和伦敦等）里，城市上层分子与封建贵族相勾结，共同残酷地迫害人民——手工业者和城市贫民。但是，随着手工业的发展和行会地位的巩固，手工业者与城市贵族展开了夺取政权的斗争。13 至 15 世纪，差不多在中世纪所有的欧洲国家里，都爆发了这种斗争。斗争通常是很尖锐的，甚至演变成武装起义。斗争的结果却不一样。在某些城市、特别是手工业十分发达的城市，例如科隆、奥格斯堡和佛罗伦萨，行会获胜了。而在另一些城市，手工业不太发达，而且商人占主导地位的城市，如汉堡、卢卑克和罗斯托克等，行会遭到了失败，城市上层分子成了胜利者。

行会组织的榜样也像城市自治组织一样，是公社制度。结成行会的手工业者都是直接生产者，他们中间的每一个人都是用自己的工具和自己的原料在自己的作坊中工作。手工业者同自己的生产资料结合在一起，用马克思的话说，好像蜗牛和它的背壳不能分离一样。中世纪手工业也像农民经济一样，它的特点是遵循传统和墨守成规。

手工业作坊内部几乎没有劳动分工。劳动分工只是作为个别行会之间的专业化形式来实现，随着生产的发展，手工业行业数目增多了，因而新的行会数目也就增加了。这虽然没有改变中世纪手工业的性质，可是它却决定了一定的技术进步、劳动技能的改善和工具的专业化等。手工业者向来是由他的家庭帮助工作的。也常常有一两位帮工和一个或几个学徒同他的家庭一起工作。但是，行会全权成员只限于手工业作坊主人——匠师。匠师、帮工和学徒在特殊的行会等级制度下处在不同的等级。在行会发展的最初时期，每个学徒经过几年可以成为帮

17

工，而帮工再经过多年才可以成为匠师。

在大多数城市里，手工业者参加行会成了必要的条件。参加了行会，可以免除未参加行会的手工业者可能的竞争；而在当时市场范围狭窄、需求不太大的情况下，竞争对于小生产者是很危险的。加入行会的手工业者所关心的是该行会成员的制品能够保证畅销。因此，行会严格地规定了生产规格，并通过特殊的专职人员监督执行，为的是使每个匠师——行会成员——所生产的产品都能保证一定的质量。例如，行会规定了织成的布匹要有多宽、什么颜色和几支经线以及应当使用哪种工具和材料等等。

行会既然是小商品生产者的同业公会联盟，所以它就热心地注意所有成员的生产品不要超过一定的数量，使任何人不能生产较多的产品来同本行会的其他成员竞争。为了这个目的，行会章程严格限制每个匠师可以使用的帮工和学徒的人数，禁止夜间和节日加班工作，限制使用的机械数目和规定原料的储备数额。

由于城市从南到北再到东西不断发展，先是意大利的威尼斯、热那亚、比萨、那不勒斯，然后是法国马赛，以后尼德兰、英格兰、西南德意志也有了较大规模的城市，最后是东欧的基辅等。城市的快速发展使城市人员结构也相应发生变化。到了 10 至 11 世纪，在欧洲兴起的城市的基本居民是手工业者。农民从自己主人那里逃跑出来或者在向主人缴纳代役租的条件下进入城市，后来成了市民，逐渐摆脱了对封建主的人身依附关系。马克思和恩格斯认为，从中世纪的农奴中间产生了初期城市的自由居民。但是，随着中世纪城市的出现，手工业与农业分离的过程并没有从此结束。一方面，手工业者虽然成了城市居民，可是还长久地保留着农民出身的痕迹。另一方面，农村的领主经济和农民经济还在很长时间内要以自有的手段来满足自己对手工业品的大部分需要。从 9 至 11 世纪在欧洲开始的手工业与农业分离的过程还远不是全部的，也没有彻底完成。并且，初期的手工业者也是买卖人。只是后来，城市里才出现了商人——新的社会阶层，它的活动范围已不再是生产，而只限于商品交换。11 至 12 世纪在欧洲城市出现的商人，与前一时期在封建社会存在的几乎专营对外贸易的行商不同，他们主要是从事同各地方市场（即城乡商品交流）的发展有密切关系的国内商业。商业活动与手工业的分离，是社会分工的更进一步。

随着手工业者的发展，为了他们自身的政治、经济利益，他们逐渐组织起来，先是为了自己经济利益的协调、保护，后来发展为对抗贵族。时间缩短了，因而封建地主所得的剩余产品也增多了。超过需要的某些剩余也开始落到农民手中。这就有可能用一部分农产品与专门手工业者的制品进行交换。

分工的发展又导致了城市的产生。这里的城市不单纯是政治中心、宗教中心、军事中心，更重要的是具有了经济、商业、贸易的功能，而且其经济、商业、贸易功能在整个城市功能系统中作用愈来愈大。

从农村逃出来的农民手工业者依据有无从事手工业的良好条件（如产品销路、接近原料产地、比较安全的地区等），在不同的地方定居下来。手工业者往往选择那些在中世纪早期起着政治、军事和教会中心作用的地点住下。这种地点多数都是设防地区，因而可以保证手工业者有必要的安全。同时这里集中了很多的人口——封建主及其奴仆以及大量侍从人员、僧侣、王室和地方行政代表人物等，这就为手工业者在这里销售自己的产品创造了有利条件。手工业者还定居在大封建主领地、庄园和城堡附近，因为这些地区的住户可能成为他们商品的消费者。手工业者有时还定居在许多朝圣者聚集的寺院周围、交通要路交叉点、渡口和桥梁旁、河口，便于船只停泊在港口和海岸等地。虽然手工业的产生地各不相同，可是这些居住地却成了以销售为目的而从事手工业商品生产的居民的集中地、封建社会中商品生产和商品交换的中心。

城市对于封建制度下的国内市场的发展起了巨大的作用。尽管速度很慢，城市还是扩大了手工业生产和商业，把领主和农民的经济逐渐纳入商品流通中，因而促进了农业生产力的发展，促进了商品生产的萌芽和发展以及国内市场的成长。

在城市居民与封建主和行会与城市贵族的斗争过程中，形成了中世纪的市民阶层。但是，城市居民并不是完全一样的。一方面，逐渐形成了殷实的手工业者和商人阶层，而另一方面，则形成了大批的城市平民阶层，属于这个平民阶层的有帮工、学徒、短工和破产的手工业者以及其他城市贫民。因此，"资产者"一词就丧失了原来的广泛意义，而取得了新的意义：不再把一般城市居民叫做资产者，而仅用来称呼一部分殷实富裕的城市居民。后来，从富有的城市居民中间产生了资产阶级。

市民阶层的兴起过程注定了市民文学的特征。智慧与市侩、弱小与反抗集于一身。批判性以喜剧、讽刺形式传达，人的生活用动物的世界表现。这一点在《列那狐传奇》中表现得尤为明显。

狐狸列那与各种动物之间的斗争，其中以列那狐与伊桑格兰狼之间的斗争为主要情节。伊桑格兰虽然力大凶狠，但是却既贪又蠢，不免吃亏上当。列那多次利用他的弱点，让他大吃苦头。他俩之间有着深刻的仇恨。同时，列那又经常欺侮鸡、兔、鸟、蜗牛一类弱小的动物。于是，百兽们都向狮王控告，狮王不得不开庭审判列那。《列那狐的审判》是全诗最精彩的部分。列那利用巧计，惩罚了他的对手，自己不但逃脱罪责，还得到狮王的恩宠。

这部叙事诗采取以兽喻人，以动物故事来讽喻现实的手法。诗中的动物都具有人的行动、语言和思想感情，每一种动物都影射着当时社会的某个阶层。诗中所写的各种动物之间的冲突真实地展示了中世纪封建社会中各种社会力量之间复杂的矛盾斗争。诗中抨击了统治阶级的暴行，揭露了封建朝廷内部的黑暗与腐败，肯定了市民阶级对于统治阶级斗争的胜利。这些都使这部长诗成为中世纪欧洲文学中一部优秀的作品。

列那狐的形象比较复杂。论身份，他是贵族廷臣之一，但是，他的所作所为却是与朝廷和贵族作对，以智谋来战胜对手，取得私利。

他与猛兽斗争，往往能以智取胜，然而，他又残暴地欺压弱小，这时，他却经常失利。总的看来，列那狐更接近于上层市民的形象，是资产者的化身。

不过，有一点是值得深思的。正是这只智慧与市侩、弱小与反抗的狐狸，在近代来临后成为一只虎，成为这个世界最叫人厌烦却又令人畏惧的猛虎。而市民阶层的艺术活动也就为审美现代性提供了最早的现代世俗价值。

三、文艺复兴运动的视觉解放

谈到文艺复兴必须言及意大利，这是因为历史上"近代"特征在这里孕育、诞生，更重要的是这时期意大利人的文化成就形成此后几个世纪西方价值标准的典范。

在历史上，"文艺复兴"一词最先是 D. 瓦萨里提出的。1550 年 D. 瓦萨里在其《著名画家、雕刻家、建筑师传记》一书中用"文艺复兴"描述 14 世纪至 15 世纪意大利的文学艺术。后来，法国历史学家米希列，特别是德国学者布尔克哈特的《文艺复兴时代的意大利文化》一书，使"文艺复兴"成为描述以意大利为中心的西欧近代社会形成时期的文化特定概念。

用"文艺复兴"描述西欧近代社会文化的形成耐人寻味。深入探讨，可以发现，西欧近代文化的形成并非是从社会行为到思想形态的过程，相反，是从思想意识形态到社会行为的一个过程。思想先行是其根本特色。换言之，西欧近代文化的形成是一次文化意识的转换，而不是一场社会变革。历史变化在文化思想意识，具体地说只是在审美文化领域显现得最为典型，其中视觉的解放尤为引人关注。视觉艺术与造型艺术曾是古代希腊、罗马文明的骄傲。罗马人对点、线、面的空间理解和对造型、形式的形而上领悟使得古希腊、罗马雕刻、绘画和建筑艺术辉煌无比，迄今无可比拟。然而，中世纪的基督教出于对浮华的世俗生活的厌恶、对感性世界的轻蔑而转向沉思，转向对彼岸理性世界的追求，使得对感觉世界丧失兴趣。视觉艺术与造型艺术在中世纪虽有其一定的特色，如绘画、建筑的哥特风格，但总体上视觉艺术与造型艺术滞后，处于睡眠状态。

当文艺复兴到来，个性的张扬和世俗欲望的涌动同时解放了人们的感性与理性，使人们的视觉、触觉、听觉、运动觉等突然苏醒。而感觉的解放在审美方面的直接表现就是视觉艺术与造型艺术的解放。

在视觉艺术方面，首先是达·芬奇。这个天才的人物如德斯佩泽尔和福斯卡所言：才智出众。他研究如何用线条与立体造型去表现形体的各种问题，并运用这种方法来研究解剖学与山脉的形成。他无论干什么，总要使问题得到解决——构图问题、造型问题和表现问题。他的名作《最后的晚餐》装饰在米兰的圣马利亚·德拉·格拉齐教堂的女修道院餐厅中。他借用曲线精心安排几组人物在耶稣的两边，形成了合乎礼仪的关系，并使人物的脸部带上了能很好地表达他们每人不同感受的表情。在他的藏于卢佛尔美术馆的《圣母子与圣安娜》中，他力图把画面上的两个女人和一个孩子结合成协调的整体。达·芬奇一生总是在思考着一种脸形，这个脸形一再出现在他的作品之中，其中最著名的要数《蒙娜丽莎》。如果说蒙娜丽莎确有其人，那么她就是他的理想脸形的化身了。

其实，《蒙娜丽莎》不仅表现了一种理想的脸形空间，更深邃地是传达出了女性无限的魅力，一种无法解悟、无法把握、无法拥有而又使人眷恋不已的诱惑力。

米开朗琪罗与达·芬奇不同，他的革命性艺术贡献在于对视觉艺术的别样理解：对他来说，艺术不是一种知识，而是一种表现手段。他在西斯廷小教堂的天顶创造了一大群人体，体现了他不平静的心灵痛苦。这个在西斯廷小教堂天顶上画出无与伦比的《创世纪》的人，创造了一群超人，他的画实际上就是他痛苦感受的表现。这是一些把英雄的心理概念用造型艺术体现出来的人，成功地汲取了古希腊、罗马艺术的营养，把《旧约》与但丁的著作大大提高了一步，以至相比之下，其他艺术家都显得苍白无力了。米开朗琪罗在作品中，把他对古典雕塑的崇拜与他对基督教理想的狂热信仰，成功地结合起来。作品中包括了使他终身痛苦的矛盾，这些矛盾在他晚年变得更加厉害了。从米开朗琪罗的内心说，应该把他看成是两种人，一个是热爱人体美的人，另一个是虔诚并苦行、尊神甚于人、敬畏上帝的人——从这个矛盾中产生出他作品的戏剧性与不安情绪。他的作品中的形象总是被某种烦恼和难以捉摸的痛苦萦绕着。

拉斐尔又有不同。德斯佩泽尔与福斯卡对他作出这样的评价：拉斐尔在他的创作中表现出三个突出的特点：第一，他是一个强有力的、务实的人，不是一个空想家；但正像我们猜测的那样，他具有消化别人长处的极高才能。第二，他对美、和谐与崇高有先天的感受能力。他把自然中发现的东西，按理想加以检验，一经通过就加以运用。第三，他对素描与构图有极高的天分，只要他很适当地组织线条和体积，总会创造出美来。就像芭蕾舞教师在三度空间的舞台上调度他的体态，他不仅仅是为了以饱观众的眼福，他的目标是尽可能地运用形体的语言说明他所描写的故事情节。他是一个出色的画故事情节的画家，在这方面他是乔托和马萨乔的继承者。

除了"天才三杰"之外，文艺复兴时期在佛罗伦萨流行的风格主义及常有极强烈东方情调和异国色彩感的威尼斯画派都极具创造性和开启性，尤其是提香的作品。德斯佩泽尔说，提香给威尼斯派绘画保留了大部分该画派独具的特点。特别是委罗奈斯与丁托列托。他们的作品很有个性，但提香所确立的原理存在于他们的心中，如提香的构图法则和素描的画法，甚至于调配颜料的方法。

提香是世人熟知的色彩大师。他知道怎样以相对有限的颜色创造出丰富的效果。他是所有的画家中第一个把视觉世界所提供的美的一切加以表现的画家（美的人体、华丽的纺织品、和谐的风景），而一个宗教题材，只不过向画家提供了另一个有吸引力的安排形体与组合色彩的机会而已。他最善于画裸体画。罗马波尔葛塞宫的《天上的爱与人间的爱》、《乌尔比诺维纳斯》、《达那厄》和肖像画《伊发利托·里米纳尔迪》与所谓《提香的美人》、《教皇保罗三世与他的两个外孙》、《米尔堡之战》，他在这些画中重新抓住了人在庄严时刻的精神实质。

提香晚年画得更加潇洒，运用多样的笔触，达到了色彩更加闪亮的效果。同时在调色板上排除了洋红色、深蓝色，只限于用棕、红、金黄三种色调，如藏于维也纳美术史博物馆的《山林女神与牧羊人》等。最后，还要提一下他的一些宗教画，如藏于威尼斯美术学院的《哀悼基督》显出他始终缺少的深远感。这好像是预示了由于死神将临，使这个好淫乐的人的信仰动摇了。他的这些作品已预示了巴洛克艺术潮流的来临。

随着技术的更新和新建筑装饰材料的运用，特别是对人生、艺术理解的革命，建筑文化从哥特风格中逐渐摆脱出来，严谨的古典柱式重新在新时代占据了统治地位，成为控制建筑布局和构图的基本因素。标志着文艺复兴现代性建筑兴起的是佛罗伦萨教堂，它的建造过程、技术成就和审美风格标志着造型艺术的复兴。

而作为商业中心的威尼斯，商旅往还、侨民众多，各种异族文化纷然杂呈，人们眼界开阔、生活自由、思想解放，其建筑也体现了活泼可爱、风格多样，充满享受生活、歌颂生活的格调。

除了教堂、宫廷、住宅等建筑的复兴外，广场建筑也进入了辉煌时期。中世纪的广场主要是单个设计，即使广场之间有关联，也多显得偶然、凑合。文艺复兴的广场建筑则注重静物的有机性和整体的完整性，克服了中世纪的孤立、偶然，恢复了希腊、罗马的伟大传统，其中最有代表性的是威尼斯的圣马可广场。

视觉的解放源自于心灵的自由，造型艺术的复兴本源于生命的激扬。正是本于主体世界的转型，作为心灵外化的艺术才有了这样伟大的而令人难忘的复兴，属于审美现代性的空间存在方式被建造起来。

四、文艺复兴的文学精神

如果说视觉的解放造就了审美现代性的空间存在方式的话，那么文艺复兴时期的文学创作就树立了审美现代性最早的时间存在方式。

首先是薄伽丘的小说，他将人性的时间有限性加之于神。薄伽丘的文字地位在于其放逐贵族精神，使神性堕落，造成文学世俗化、感性化。不仅如此，文学在更深层的方面失去了确认高尚精神、反映上层生活、宣扬官方意识形态的功能。文学经过薄伽丘，成为一种大众游戏、平民娱乐。这使人们不禁想起冯梦龙和他编撰的"三言"。在冯梦龙那里，诗以言志、文以达风完全被野夫俗妇的情趣淫情占据。

大众游戏、平民娱乐的基本特质就是走向感性、走向本能、走向平面。《十日谈》与传统文学不同，对神性的堕落集中体现在对性的趣味上。例如：第四天故事开头，插叙一个在深山长大、从未见过少女的小伙子，随父到了佛罗伦萨，看见那些漂亮的姑娘，便想带一个回去。尽管他父亲瞒着他说，那是"绿鹅"，他还是坚持要一个。这下，老头儿才明白：原来自然的力量比他的训诫要强得多。再如第三天故事第十虽然写得淫秽，却说明自然人性无法禁锢。那逃到渺无人迹的荒漠去苦修的修士，一当遇到跑来的少女，便抵挡不住肉欲的煎熬，只好抛弃"神性"，屈从"人性"。于是"神圣"的禁欲主义一变而为被挖苦到了极点的大笑话。在历史的视域中，中世纪文化背景下大谈性，自然是对禁欲主义的冲击、嘲讽，神性的伟大和精神的坚强受到了嘲弄。如果将这种性的随意和爱好投入教会的生活中，那就具有了蔑视教会、反对教会的意义了。在《十日谈》中，上自罗马教皇，下至男女修士，一面宣传禁欲，一面暗暗纵欲。薄伽丘用许许多多偷情的故事，嘲笑了禁欲主义的虚伪性，披露了教会淫荡腐恶的内幕。第三天故事第四，写布乔晚年笃信宗教，教会修士费利斯劝他禁欲苦修。他禁欲苦修的地方，正好贴着他年轻妻子伊沙蓓达的卧房，中间只隔一层薄薄的板壁。当布乔禁欲的时候，那修士便与他的妻子幽会。一个禁欲，一个纵欲。禁欲的背后是纵欲；劝别人禁欲正是为了自己纵欲。

当性受到压抑，而压抑者是自己放纵狂欢的父兄、长辈、统治者，这时性的追求就具有了强烈的社会学价值。正是因为这一点，人们才特别称赞《十日谈·第四天故事第一》。它承接着这天开头关于"绿鹅"的自然人性的插叙，将爱情提高到社会问题上来认识，显得特别光彩夺目。萨莱诺亲王唐克烈的独生女儿绮思梦达爱上了出身低微、人品高尚的纪斯卡多。唐克烈出于门第观念，将纪斯卡多缢死，挖出心脏，装在一只大金杯里，送给绮思梦达。她接过金杯，吻着那颗心脏，泪如雨下，最后服毒自尽。

历史就是这样，感性在日常生活中只对个体生存与生活产生显性影响而对群体则影响甚微，但是每当历史面临重大转型时，感性却常以一种不可抗拒的历史力量涌动起来，冲破为社会物化了的理性原则和程序。文艺复兴如此，嬉皮士运动亦如此。也许，《十日谈》也因集中表达了感性作为一种生活流、历史流的现实意义才流芳百世。否则，这样的作品出现在其他时代如19世纪，将只是大众读物而已。

其次是塞万提斯，他创造的堂吉诃德为现代性时间性带来了理想的超越性。堂吉诃德是一个妇孺皆知的形象。由于堂吉诃德，塞万提斯才名垂于史。可笑的是人们对堂吉诃德的共识，因为他的经历让人捧腹。堂吉诃德原来是西班牙偏僻乡村拉·曼都的一个没落贵族的后裔。他闲来无事，阅读流行的骑士传奇入了迷，自己也想当骑士周游天下冒险，锄强扶弱，铲除不平，恢复骑士道。他取名堂吉诃德，修祖上遗留下来的头盔，拿着生锈的长矛，骑了一匹又老又瘦的马，把邻村一个从未见过面的高大结实的养猪女想象为"意中人"，于是以一个没有正式封号的骑士身份出去找寻冒险事业。他第一次行侠出游，被打得像"干尸一样"在驴背上被邻居送回家。家人看他被骑士小说害到如此地步，便将他满屋子的骑士小说全部烧毁。第二次他雇了附近的农民桑丘做侍从，许诺有朝一日让桑丘做总督，让他骑一条毛驴跟在后面。此行他又干了许多荒唐事，直到被打得死去活来，最后由桑丘把他锁在笼子里用牛车拉回家。但是，他仍执迷不悟，养好伤后又带着桑丘第三次外出。这次桑丘真的当了"总督"，堂吉诃德迫不及待地要通过桑丘实施改革社会的"方案"，却受尽了公爵夫妇的作弄。几次游侠，他吃尽了苦头，闹了不少笑话，几次险些丧命。最后他的朋友化装为月白骑士打败了他，他才被迫返乡。堂吉诃德过了半生梦一样的游侠生活，临死才醒悟过来，对他侄女说："我从前成天成夜读那些骑士小说，读得神魂颠倒；现在觉得心里豁然开朗，明白清楚。现在知道那些书上都是胡说八道，只恨悔悟已迟，不及再读些启发心灵的书来补救。"他立下遗嘱，不许他唯一的侄女嫁给骑士，否则就得不到遗产。

仅从堂吉诃德的经历来看，这似乎只是一部带有讽刺意味的搞笑作品。这样的作品、这样的人物形象怎么会成为垂世之作呢？根本点在于其讽刺、搞笑背后蕴藏了一种执著的文艺复兴时期人文主义者的理想主义。理解这一点，须了解当时最能体现中世纪的冷酷和教会残忍的西班牙国情以及塞万提斯的生平。朱维之先生对此曾有精辟的表述：

塞万提斯生活在西班牙社会大动荡的年代。当时的西班牙正处于由封建主义向资本主义的过渡时期，封建势力尚占统治地位。自从16世纪中叶以后，这个地跨欧亚大陆的殖民大帝国急遽地衰落下来。反动的君主专制制度勾结天主教势力对人民实行残酷镇压，实行重税政策，资本主义因素没有得到充分发展。与此同时，对外进行疯狂的军事扩张，无休止的战争耗尽国力，经济凋敝、农村破产，农民逃亡，全国人口锐减，人民起义不断发生。为了镇压反抗者和维护摇摇欲坠的反动统治，腓力普二世（1556—1598）时代，宗教裁判所特别残酷。为摆脱国内危机，又开始大规模地驱逐摩尔人，由于他们之中的多数人是工商业者或小手工业者，致使国内经济遭受更加惨重的损失。

腓力普三世于 1609—1610 年又把数十万摩尔族居民驱逐出境，其结果是西班牙完全丧失了往日的威信，全国笼罩在绝望的情绪之中。

塞万提斯生于一个穷医生家庭，只读过几年中学。1569 年，他作为红衣主教的随从去意大利，接触到意大利的文学和艺术，受到了人文主义的影响。1571 年，塞万提斯作为一名士兵参加了对土耳其的著名的勒班多海战，身负重伤，左臂残废。1575 年回国途中，他被土耳其海盗掳去，在阿尔及尔服役，度过五年的俘囚生活。1580 年，一次偶然的机会被赎回国。回国后，他开始从事创作活动。因生活所迫，他当过军需员和收税员。1587 年，他按规定征收了厄西哈大教堂讲经师囤积的麦子，教会将他革出教门。他因得罪权贵和教会，数次被诬入狱，这使他看到了社会的黑暗和人民的不幸。

精神出自于生活，理念产生在现实。黑暗冷酷的西班牙现实与不幸而又不遇的塞万提斯的命运使得堂吉诃德这个搞笑形象浸透了人文主义者的理想：一方面不畏强暴，不恤丧身，为民众扫除不平。尽管这些是用喜剧方式表现出来的，如：他带着幻想中的骑士狂热，把风车当成了巨人，把穷客店看成了豪华的城堡，把理发师的铜盆当做魔法的头盔，把羊群当做军队，把苦役犯当做受害的骑士。他冲杀过去，不但没有帮助别人解除苦难，反而给人们带来灾难。他善良的动机，得到的却是危害人的恶果。堂吉诃德把牧童安德瑞斯从地主的皮鞭下救了出来，自以为做了好事，扬长而去，可是他一走，牧童却遭到更加残酷的鞭打。后来，堂吉诃德就这样单枪匹马地向社会冲杀过去，他"挨够了打，走尽背运，他遍尝道途艰辛"。但是他坚信骑士道，如果有谁否认游侠骑士，在他看来"就仿佛要人相信太阳不放光，冰霜不寒冷，大地不滋育万物一样"。他从来不承认失败，并想出种种可笑的理由为自己辩护，认为是魔术师跟他作对，剥夺了他的"胜利光荣"。他不怕人们议论、讥讽和咒骂，他说："名人而不遭毁谤，那是绝无仅有的。"他不怕遭受侮辱和打击，他虽然被人当做疯子一样关在笼子里，但不以为苦，反以为荣，他也不失去信心，还安慰别人："干了我们这一行，这种灾难都是免不了的。"他更不怕死，他把非洲雄狮的笼子打开，凭一把又锈又钝的短剑，敢于和狮子决一胜负。作者把堂吉诃德放在种种意料不到的场合，反复突出他醉心铲除人间罪恶的这一特点，从而展示出他性格中的这一高贵品质：为了追求自己的正义理想而置自身危险于不顾，愿为社会而不惜牺牲自己的性命。另一方面，堂吉诃德是智慧、聪明、机智的象征，是儒雅、风趣、高尚和平等公正的代表。他对社会的批评，对战争、法律、道德、文学艺术的看法都具有远见卓识，闪耀着人文主义的思想光辉。清醒时的堂吉诃德是一个热情的人文主义思想的传播者。他追求的理想社会是"不懂得什么叫做'我的'，什么叫做'你的'的'黄金时代'"。堂吉诃德心目中的游侠骑士是个全才，既是一个"懂得公平分配公平交易的原则"的法学家，又是神学家、医学家、天文学家、数学家，甚至"会钉马蹄铁和修理鞍辔"。他身上还具有勇敢、文雅、大胆和为了"坚持真理，不惜以生命捍卫"等各种美德。这样的人正是文艺复兴时期人文主义作家心目中的理想人物。堂吉诃德对妇女所受的侮辱与压迫也十分关注。他热情地支持美貌的玛塞拉摆脱封建偏见，追求个性解放的要求。在他的支援下，牧羊青年巴西琉用妙计战胜了大财主的儿子卡麻抹依仗金钱势力夺取他恋人的霸道行为。在公爵府中，他要求桑丘破除封建的门第等级观念，进行人道的司法改革，还要"亲自视察监狱、屠场和菜市"等等。

不难看出，在当时的价值体系中，堂吉诃德所代表的理想主义的确是近代现代性人文主义的典范，凝聚了当时人文主义者的最核心理念和价值情操。当然，这种理想主义价值观念在当时人们的眼中是奇怪的、不可思议的、可笑滑稽的。因而这种理想包括堂吉诃德本人也只能是以喜剧、搞笑的方式出现于世。今天我们再度审视它，理所当然地使当代人觉得亲切、淳朴而可爱了。

最重要的是莎士比亚。可以说，莎士比亚是文艺复兴现代性人文主义文学的巅峰。莎士比亚为审美现代性的时间内涵和时间方式增添了深刻性、多元性和复杂性。西方有句谚语叫"说不完的莎士比亚，道不尽的哈姆雷特"，可见莎士比亚谜一般的诱惑。

就莎士比亚而言，几乎涉及他的每一个问题都没有结语，值得再提问。例如他的生平。据说莎士比亚出生在不列颠岛中部艾汶河畔斯特拉福镇。莎士比亚祖代务农。父亲入城后是个做手套的匠人，1568年被选为斯特拉福镇镇长。后因负债累累，被迫去职。莎士比亚童年时期上的是法语学校，教师多是牛津大学毕业生。主要课程是拉丁文，并研读古罗马西塞罗的演说辞、书信、论文选段，维吉尔、奥维德的诗歌，普劳图斯、塞内加的喜剧和悲剧。莎士比亚的一生，一半在农村度过，一半在城市度过。他年轻的时候是个精力充沛、有时不免越出常规的人。因为喜欢戏剧，在选择职业时，他抛弃了手套匠的正当职业，去干在当时被看做低贱行业的演员。1586年左右莎士比亚到伦敦，正赶上开始不久的戏剧革新。在那个要求产生巨人而又的确产生了巨人的文艺复兴时期，卓异的性格、众多的人才、戏剧性的生活，使莎士比亚找到了丰富的创作源泉。他在当杂役、跑龙套、偶尔演演主角的同时，坚持自学，并改编和创作剧本。他的戏剧创作是深深植根于英国都铎王朝和伊丽莎白时期的现实生活中的。大约1613年，莎士比亚回到故乡。1616年逝世。一个乡鄙的后代，只读过几年小学，演过几出戏，在伦敦剧院当过几天杂役，跑过几天龙套的人居然能写出永世影响世界文学史的两部叙事名诗、154首十四行诗、37部戏剧。你信吗？史书上就这样说的。

莎士比亚的作品更是迷宫。人们都承认莎士比亚是美的天才缔造者，然而莎士比亚如果只创建美的话就不是莎士比亚了。在他的笔下除了美之外，还有更多的丑，如狡诈的阴谋、下流的淫荡、残酷的谋杀……一句话，所以说不尽莎士比亚是因为他写尽了人间尘世的复杂。我们可以《哈姆雷特》为例：

丹麦王子哈姆雷特，在德国威登堡大学接受了人文主义教育。因为父王突然死去，怀着沉痛的心情回到祖国。不久，母后又同新王——他的叔父结婚，使他更加难堪。新王声言老王是在花园里被毒蛇咬死的。王子正在疑惑时，老王的鬼魂向他显现，告诉他"毒蛇"就是新王，并嘱咐他为父复仇。哈姆雷特认为复仇不只是他个人的问题，而是整个社会、国家的问题。他说自己有重整乾坤，挽狂澜于既倒的责任。他考虑问题的各个方面，又怕泄漏心事，又怕鬼魂是假的，怕落入坏人的圈套，心烦意乱，忧郁不欢，只好装疯卖傻。同时，他叔父也怀疑他得知隐秘，派人到处侦察他的行动和心事，以至利用他的两个老同学和他的情人去侦察他。他趁戏班子进宫演出的机会，改编了一出阴谋杀兄的旧戏文《贡札古之死》叫戏班子演出，来试探叔父。戏未演完，叔父做贼心虚，坐立不住，仓皇退席。这样，更证明叔父的罪行属实。叔父觉得事情不妙，隐私可能已被发觉。宫内大臣波洛涅斯献计，让母后叫王子到私房谈话，自己躲在帷幕后边偷听。王子发现幕后有人，以为是叔父，便一剑把他刺死。因此，叔父便用借刀杀人法，派他去英国，并让监视他去的两个同学带去密信一封，要英王在王子上岸时就杀掉他。但被哈姆雷特察觉，半路上掉换了密信，反而叫英王杀掉两个密使。他自己却跳上海盗船，脱身回来。回来后知道情人奥菲利娅因父死、爱人远离而发疯落水溺死。叔父利用波洛涅斯的儿子雷欧提斯为父复仇的机会，密谋在比剑中用毒剑、毒酒来置哈姆雷特于死地。结果，哈姆雷特与雷欧提斯二人都中了毒剑，王后饮了毒酒，叔父也被刺死。王子临死嘱托好友霍拉旭传播他的心愿。

在这一出戏中，有被生活折磨得不知所措的王子，有杀兄害侄、篡夺王位的亲王，有爱子杀夫投入奸夫怀抱的王后，有不顾女儿死活而一味拍马害婿的岳父……正像黑格尔说的那样，每一个都是典型，又都是"这一个"。

最重要的是，莎士比亚在他的作品中改变了对人的理解，人再也不是神的儿女，人是情欲和社会关系决定的动物，人的生活既不是由神来支配，也不是由良知承担，而是由人的性格支配。正因如此，人的生活才如此丰富又如此悲苦。莎士比亚对人生的这种理解使他真正揭示了尘世的复杂，使文学真正成为人生的一面镜子。也正因为此，才有"说不完的莎士比亚，道不尽的哈姆雷特"，才有了近现代审美现代性无限多元的内涵和丰富的表现形态。

第二章 文化的自觉和转向与审美现代性

一、浪漫主义运动与法国大革命

就以德国为中心的西方现代性审美文化而言，有一种现象常使人们深感困惑，即它与希腊传统性审美文化一样，几乎并未在当时的日常生活中，特别在当时日常实践领域和技术领域给人们带来某种实际的工具利益。而且，历史事实冷酷地告诉面对历史的人们，按照那些理性化的现代性审美文化观念对现实社会、日常生活实施设计和构建的结果，常常是对这些审美文化观念的否定和反动。在这里我们尚无力对这些深刻而荒谬的历史悖反进行理论的反思，更没有胆力对此进行实践上的批判。但是，有一点却可以断定，那就是，与希腊传统性审美文化一样，近代以德国为中心的现代性审美文化只是一种具有超越生活世界的智慧，这种智慧或隐藏在日常生活的深处暗暗地影响着日常生活或高置在日常生活的彼岸深切地关怀着日常生活，可以说它完全不是我们实存的自我，而是我们自我的另一部分。希腊神话中有一个传说叫"潘朵拉的盒子"，说潘朵拉在自己好奇心的驱使下打开了不怀好意的宙斯赠予的盒子，结果战争、瘟疫、仇恨、嫉妒等一切灾难皆从盒子中涌出，情急之中，潘朵拉猛然关上了盒盖，却将希望留在盒中。之后，人类的生存永远被灾难的、罪恶的现实所包围，同时却又顽强执著地面对希望，追求希望。希望成为看不见、摸不着而又的的确确存在着的我们生存的另一部分。的确，如果这个世界没有希望和理想的存在，那么，任何一个人都完全有理由、有权利指责上苍为何让他来到这个世界上，饱受离开天堂后的孤寂、痛苦和磨难。如果这个世界没有希望和理想的存在，任何人都有权利像卢梭那样否定文明与教育，因为文明与教育使人一步步远离童年的无忧无虑而日愈坠入无尽的烦恼、操劳之中。人类正是有了希望，才有了生存、发展的理由，才有了勇敢地去生活、去迎接任何挑战的信念。也许，希望是人类现实存在的更为本体的东西，是人类生长、发展，获得本质的最终动因，是人类中每一个属人的个体的最后归宿，也是每一个从宁静的黑暗中站立起来，最后走回宁静的黑暗中的人在有限的光明中的心灵启示。而近代以德国为中心的现代性审美文化便是当代人的希望，甚至可以说是人类所有希望中最辉煌、最令人向往的希望。

近代以德国为中心的现代性审美文化是以富有理性智慧的美学理论为核质而建立起来的含有哲学、心理学、人类学、文化学、社会学等广泛领域的文化观念大系统，其中以德国古典哲学为框架的德国古典美学被公认为近代以德国为中心的现代性审美文化系统中最主要、最基本、最有价值和最富人文品格、理性智慧的构成部分。德国古典美学的建构基于以下的社会氛围和文化语境：首先是18世纪中期出现的席卷全欧的浪漫主义运动对传统拉丁文化的反叛；其次是对德国古典美学，乃至整个近代大文化而言具有基督降生意义的法国大革命。因而，理解近代以德国古典美学为中心的现代性审美文化，必须在现代性视域中重新理解浪漫主义运动和法国大革命。

从18世纪中期至今天，艺术、文学和哲学，甚至政治都受到了广义上所谓的浪漫主义运动特有的一种情感方式积极的或消极的影响。与欧洲启蒙运动相似，浪漫主义运动在一开始就与现代性审美文化有着深刻的关系，可以说，启蒙运动和浪漫主义运动共同造就了最初的审美现代性。不过，启蒙与浪漫对审美现代性的设计很不相同，甚至在有些重要的方面相互对抗，这是审美现代性复杂矛盾、缺乏稳定性的关键所在。总体上讲，浪漫主义就是对公认的传统霸权性伦理标准和审美标准的反叛，并通过对传统霸权性伦理标准和审美标准的反叛实现以个性自由为终极诉求的现代性主体价值话语体系和生活制度，而所有这些又都成为德国古典美学的精神与话语背景构成。在当时的欧洲，有教养阶层最赞赏的便是所谓 sensibility，这个词在现代西语中的主要语义是感觉、感觉力，而在两百年前的 18 世纪，主导语义则为容易触发感情，特别是容易触发同情的一种心理品质，而且在当时的文化人心中，似乎感情的触发要做到彻底如意，必须又直截又激烈且完全没有思想的引导。例如善感的人看见一个困窘的小农家庭会动心落泪，可是对精心策划的改善小农阶级生活状况的方案倒很冷淡，穷人想当然的比有钱人更具备美德，等等。所谓贤哲，则被认为是一个从腐败的朝廷里退出来，在恬淡的田园生活中享受清平乐趣的人，如莎士比亚《皆大欢喜》中的杰克斯那样。如此，逐渐产生了一种要求平等的观念，并且把现世的平等视为某种情感尺度，以此来审视人生和世界，生成出一种基于这种平等情感的同情心。当然如果要深究的话，这种同情心与基督教的怜悯和爱心有着紧密的关系。这里所要指出的是，浪漫主义这一同情心是以承认人有缺陷为前提的，要求人必须拥有理解、重情和爱心的品质并以此反对传统的服从、重意和专制的文化。而这同情心，特别是其中的平等是一种以人为本位而不是以神为本位的普遍价值追求，而这后来就成为德国古典哲学美学中主体性的重要构成元素。

上述文化特点在多种价值机制的运行下最终产生浪漫主义的总特征，即用审美的标准代替功利的标准。由于将情感作为一个被极力推崇和反复使用的主体功能，使情感成为浪漫主义的基本价值存在形式，审美性被确立为浪漫主义最高的尺度。其实，审美无论如何归根于人类情感，对情感的推崇必然张扬审美与艺术。不仅如此，在浪漫主义看来，审美与艺术之所以值得高度礼遇还在于它既不是对生活的模仿，也不是对生活的反映，而是对生活的想象和反叛。在浪漫主义的话语中，审美与艺术在日常生活的彼岸，审美和艺术不是日常生活，而是在情感中用一种理想的方式创造出的根本属于我们想象的另一种生活，如勃兰戴斯就是基于这种观念来理解雨果、巴尔扎克，贝多芬和鲁本斯的。说审美是反叛，则因为本质上审美与艺术是对无论所谓的好、坏的道德评价的生活的蔑视和超越，在古代，传统性审美文化则认为生活是艺术的源泉。在柏拉图的镜子说和亚里士多德的模仿说中，生活是主人，是本位，生活有绝对的尊严；而艺术却是奴隶，居次席，艺术只有相对的存在意义。浪漫主义却绝对信仰情感，相信由人类同情心而创生的审美情感是无功利的。用无功利去对抗功利，用审美挑战伦理，用情感抵抗冷酷的理智成为浪漫主义建造审美现代性的根本所在，后在德国古典美学和近代整个现代性审美文化中最终形成了个体自由的最宏大的文化图景和话语范式。可以说，由情感成为人的主体能力而生的个体自由既是浪漫主义对近代的现代性审美文化最大的贡献，也是德国古典美学主体性理论的灵魂。

1789 年 7 月 14 日，法国第三阶层发生暴动，攻占了象征法国王权的巴士底狱，开始了历史上空前深刻的社会革命。这场革命实际上延续了很长时期。在长达二十多年的时间里，法国人民由于他们所梦想的自由不能如愿实现，一次又一次地暴动、革命，最终通过若干次革命，实现了资本主义民主制度和生产关系的建立。如果说，1642 年英国革命的性质是政治的与宗教的，1776 年美国革命是民族的、军事的，那么 1789 年法国大革命则不仅是政治的、宗教的、经济的、军事的，也是文化的、精神的。关于法国大革命为什么能够爆发，而且这样迅猛、深刻，这里只指出三个基本原因：第一，当时法国的专制封建国王较其他国王更缺乏铁血和强力，如果路易十五、路易十六能像普鲁士国王那样强悍，也就不可能有法国大革命了。路易十六国王为人不错，但意志不坚定，屈从于他人。特尔戈企图搞改革，但在削夺封建特权时，遭到法国贵族的强烈反对，路易十六国王就把特尔戈免职了。第二，经济破产。在美国独立战争时，法国曾支持了美国北方，这倒并不是路易十六国王喜欢美国的民主，而是因为他憎恨英国人的强大。但对美国北方的倾力支持却使本来已十分脆弱的法国经济开始崩溃，特别是只占全国总人数3.5％的地主贵族和僧侣占据着全国绝大多数的土地，使得这种情况更加恶化，以致国民财政全线崩盘。第三，哲学家的影响。就法国而言，农民是愚昧的，但是在第三阶层中则有许多受过良好教育的人，他们对当时哲学家的激烈论争无不倾心折服。伏尔泰、孟德斯鸠最热衷于鼓吹英国的自由主义，他们对法国专制政治体制的批评亦最为激烈；而卢梭则为人民所应有的权利而呐喊，同时也最为人民所崇拜。可以说，法国没有这三位圣贤，也就不会有革命。或者准确地讲，如果没有这三位圣贤，法国革命将是另一种面貌。当然除这个基本原因外，英国革命和美国革命对法国大革命的影响也是巨大的，启蒙运动给予法国人民以自由、平等、博爱的思想，这思想引起了人民对专制政权的仇视。而17世纪英国革命的成功和美利坚合众国的建立为法国人民提供了一个范例，使他们看到了自由的前景和民主的希望，何况，不少法国人参加了英国革命和美国的建国。法国资产阶级大革命成功预示着欧洲建立了全新的现代性资本主义社会制度，传统的封建主义的生活方式和文化体系从此步入死寂。

但是，法国革命又是血腥而可怕的。在十数次的以革命为名的战争中，人们狭隘的仇恨心理疯狂地宣泄着，无数的人死伤，无辜的人遭受迫害，罗伯斯庇尔甚至提出了"红色恐怖"，所有这些对于德国人来讲无疑是不能忍受的。自德国市民社会兴起之后，德国的现代性精神文化主流是人道主义，反抗封建文化、反对专制生活正是这种现代性精神文化主流对社会现实的回应。所以，德国知识分子因痛恨封建文化、专制生活而支持法国大革命并为其摇旗呐喊。但出于对人道主义信念的坚守，德国知识分子又不能容忍暴力革命，所以他们又痛恨法国大革命。他们认为，暴力革命是对人性的践踏，对文明的否定，即便暴力革命成功，其所建立的新制度、新国家也只会给无数人带来不幸和痛苦而绝不会带来自由与幸福。在德国知识分子看来，自由、平等、博爱、公正等基本人权的实现依靠人的文化自觉、意志自律、理性自主。一句话，对人而言，只有主体的人获得了解放，制度的改变才真正有意义。正是在此基点上，近代以德国为中心的西方现代性审美文化，特别是德国古典美学，实际上是对法国大革命的扬弃与超越。以德国古典美学为系统的整个近代西方现代性审美文化大体系以确认人的主体性自由为其价值基石，以肯定人在生存中用艺术的方式创造与享受为其审美的特征，以为人类探索与法国大革命完全不同的进步之途，在精神上唤醒人的自觉，在文化界域中为人类找到精神归宿，最终在主体意义上使人获得彻底解放为其真正的内在目的。近代西方现代性审美文化特别是德国古典美学就思想文化意义而言还是对以往人类文化思想的一次积极整合，它们不仅是对基督教文化意识的批判、升华，也是对过于理性化的启蒙思想的深化、修正和对过于偏激的浪漫主义思想的反思、转型。在西方，基督教文化意识与希腊古典文化意识一样，是具有决定性影响的文化和生活方式，施宾格勒在《西方的没落》中甚至极端地认为基督教才是欧洲文化的本位，而希腊古典文化不属于欧洲，是一个与欧洲文明相邻的独立文明。施宾格勒的观点是否正确、合理我们暂且不论，而就近代以来的西方现代性审美文化而言，批判、升华基督教文化意识的另一面实际上也是对希腊古典文化的扬弃，用理性的、深刻的、冷静的而又富有同情心的绝对理念洗礼了希腊古典审美文化的感性的、生命的、流动的而快乐的有限意识。而当近代西方现代性审美文化弘扬希腊古典和谐精神时，却又正是用希腊文化的乐观态度对基督教文化的悲观信念和气质的否定。可以宏观地讲，近代西方的现代性审美文化是对人类文化意识的一次深刻的重构、再建。

　　近代西方现代性审美文化以人性自由、解放的终极追求，以改变日常生活的质量、重建社会价值内涵为己任，这就在实质上造成了现代性审美文化与西方近代现实社会的对立，构成了对西方现实社会的批判。可以说，近代西方现代性审美文化本身就具有对现代资本主义社会的文化批判功能，批判性是西方审美现代的基本性质和特征，而这种批判的基本性质与特征又根植于浪漫主义文化批判理论的思想沃土中。在近代西方现代性审美文化中，浪漫主义批评意识可以说是以其文化批判的品质对审美现代性的确立起关键性作用的美学思想。

对18世纪末至19世纪初的欧洲来说，法国大革命似乎带来了破坏性结果，国民议会的恐怖和帝国政权的残暴使启蒙运动期盼的成果成为自由、平等、博爱的荒谬反动，所有的欧洲人都痛苦地目睹了个人权利遭到的粗暴践踏，社会生活的沉沦直接导致了精神领域的黑暗，理性在粉碎了神圣的宗教信仰之后，又吞噬了理性自身，除了那毫无价值的抽象教条之外，精神世界一无所有。在这样的文化语境下，哲学、法律、道德、艺术、政治，几乎每一种社会文化领域都以自己的独特方式积极或消极地表现着一种反叛。就批评界而言，新的意识应该是对枯燥的理性主义批评倾向的拒绝，它应解放各种情感与想象的禁忌，改变对自然索然无味的陈腐趣味，打破关于文艺规则的神话欺骗，从而建立具有批判意味的审美现代性的艺术理想，而这正是浪漫主义批评理论。

在理论发展的线性历史参照中，浪漫主义所经历的发展过程在很大程度上就是浪漫主义批评意识形成的过程。在张扬人性这点上，浪漫主义批评意识可视为对18世纪启蒙文学和启蒙主义批评观念的继承。启蒙主义批评作为18世纪反专制、反愚昧时代精神的一部分，其人本倾向在于对封建文学贵族气质与宫廷趣味的揭露和批判，以期摧毁封建主义的精神堡垒。然而启蒙主义的文学本位却与古典主义、新古典主义一脉相承，它坚信文学源自模仿。启蒙主义批评的旗手莱辛就曾一再强调，模仿是诗人的标志，是诗人艺术的精髓。伟大的诗人歌德在评价他那具有永恒价值的《浮士德》时，也称这部天才之作为模仿自然的结果。启蒙主义这种批评本位既是对柏拉图、亚里士多德开启的古典批评智慧的景仰与坚信，也是由于它们所面临的挑战过于危险、迫近，无暇寻找新的批评真理，只好将传统观念作为批判武器所致。但是到浪漫主义，也许出于对艺术、特别是抒情诗的切身体悟或是对世俗的批评趣味的厌恶，浪漫主义诗人、批评家们意识到，诗之根本并非亚里士多德的对人类活动与特性的模仿，也非布瓦洛的为感动读者所进行的理想的模仿，文学源于某种无法直言的生命冲动。

浪漫主义批评家在其创作、鉴赏、批评活动中发现，像挽歌、歌谣、十四行诗和颂歌等抒情性较强的文学作品几乎无法用模仿的观念加以阐释。18世纪末至19世纪初，抒情诗作为一种文化反叛力量涌现在欧洲文坛上，然而启蒙主义批评家却极少解读抒情性文本。这迫使华兹华斯、柯勒律治、夏多布里昂、拜伦、雪莱等浪漫主义批评家率先以诗人的身份投入到一场新文化的建设中。现实的创作和批评经历使他们体察到作品诸要素与艺术家的心境有密切的关系。华兹华斯指出：诗人的情感与人类重大事件有着内在的联系，而且这种联系成为天性，它导致的情感流溢必然达到一个与诗人的诗作有关联的价值目的。他们强烈要求放弃传统古典主义忠实模仿自然的批评尺度、新古典主义的模仿人类理想的批评倾向以及启蒙主义模仿人类普遍人性的批评态度，并希望从文本是否真诚、是否纯真、是否符合诗人创作时的意图、情感和真实心境出发，将文本预设为洞察诗人个体心灵世界的窥镜，以此建立相对独立完满的批评原则。这实际意味着延续了两千多年的关于文学本位的理解发生了质的变化，从而将文学存在的终极根据从客观移位于主观，将文学为自然的反映转变为文学是个体心灵的表现。表现一词含蕴着双重隐喻：挤压和流露。挤压指某种东西由于内在的压力而被挤溢出来。亚里士多德《诗学》中曾论及一个概念catharsis（宣泄），它与mimesis（模仿）相对，宣泄便是在主内压力的作用下释放出的情绪，这情绪既可以成为鉴赏者的审美满足，亦可以凝结为诗人的艺术文本。流露暗喻着主体内在的情感具有液体般的渗透性质，正是因为情感的这种滚动、渗透，产生了整个创作过程的流体动力学特征。表现具有的双重内蕴被浪漫主义批评完整有机地融会起来。雪莱在《诗辩》中说道，近代社会大工业与商业的联姻使诗人原有的人文环境遭到了彻底的破坏。真善美构成的传统古典文化价值在与商品、金钱、欲望的较量中损失殆尽，只剩下哀伤的美好回忆和想象。包围着诗人的散发着铜臭味的财富和具有阉割功能的享乐，使面临挑战的诗人心里充满着愤怒之情，愤怒产生了诗人。华兹华斯则相信，诗歌是情感的流露，就像泉眼涌出无尽的甘泉一样，情感对创作来说就是这样。换句话说，诗歌乃至一切文学作品都只是情感的表达方式和情感的确证。由此可见，浪漫主义批评家以各自不同的视角和方法将挤压与流露整合互构，使表现这一批评观念富有了全新的美学意义和操作功能，即一件艺术作品的本位是个体心灵的外观物化，是激情冲动支配下的主观创造，是诗人、作家内心感受、体悟、情感、灵魂的共同展示、显现。因而文学作品本位之源由诗人心灵的属性与活动构成，外部世界不过是一种承载与传播心灵的工具，并不影响艺术本身的特征。可以说，浪漫主义坚持文学的情感本位，视表现为文学的根本形式，这就与传统古典主义、包括新古典主义和启蒙主义关注作品与外部客观世界的对应关系的批评观点有了本质上的区别。浪漫主义更注重理解作品和作家主观世界的构成关系，它把寻找与昭示作家的心灵秘密作为一条开掘作品深层隐义的路径，力求从此获得对创作主体的全新评估。启蒙主义批评则把创作主体当做作品与自然"存在刺激－意识反映"模式关系的工具、手段，主体的价值在于借助意识诸功能，多方面、多方式地模仿、反映现实的所谓的"应该有的"、"想象的"自然、社会。浪漫主义则从近代西方现代性人道主义原则出发，反对将创作主体描述为工具，认为世界、创作主体、作品是一种联系的活动，创作主体是构成这一联系的最有价值的过程。创作主体一方面将客观世界变成主体情感的家园，另一方面又将作品塑造成表现主体情感的自由形式，世界与文本、自然与艺术统一在创作主体之中，创作主体乃是核心的基因。浪漫主义批评意识这种关于诗的审美理念使诗的审美本质拒绝了日常生活的困扰，返回到主体心灵的理想之中，从艺术实践层面为审美现代性注入了文化批判的精神维度。

浪漫主义批评意识在转变了对创作主体的认识的同时，也扬弃了作家、诗人的传统内涵。作家、诗人不再是传统古典主义批评观念中有模仿天性的常人，也不是启蒙主义批评观念中满脑子理性原则、胸怀救世抱负的教育者，而是一个充满热忱与温情、富有心灵创造力的现实人。华兹华斯在《抒情歌谣集》序言中说：诗人是什么呢？他是以一个人的身份向人们讲话。他是一个人，比一般人具有更敏锐的感受性，具有更多的热忱和温情，他更了解人的本性，而且有着更开阔的灵魂，他喜欢自己的热情和意志，并且习惯于在没有找到它们的地方自己去创造。除了这些特点以外，他还有一种气质，比别人更容易被不在眼前的事物所感动，仿佛它们都在他的面前似的，他有一种能力，能从自己心中唤起热情，这种热情与现实事件所激起的很不一样，但是，比起别人只由于心灵活动而感到的热情，则更像现实事件的热情。他由于经常这样实践，就获得一种能力，能更敏捷地表达自己的思想和感情，特别是那样的一些思想和情感，它们的发生并非由于直接的外在刺激，而是出于他的选择，或者是他的心灵构造。

这种比常人更具敏锐的感受性，有更多热情和创造力的诗人、作家正是文学引人感动、使人心醉神迷的原因，连柯勒律治也坦率地说："什么是诗？似乎无异于问什么是一个诗人。"[①]

情感是文学的灵魂，却并不意味着文学等于纯粹的自我发泄。由于世界与文本共融于创作主体的情感之中，因而表现情感与反映现实并不矛盾。情感使无生命的自然成为有生命的生活。作家、诗人将自己的生命贯注于他所面临的世界之中，塑造了自己的生活，在这种生活中人们的热情是与自然的美而永久的形式合而为一的。在浪漫主义批评意识那里，心灵与现实是一致的，对情感的剖析、对心灵的解密就是对现实的描写、判断。这些观点，正反映出浪漫主义批评意识在

---

① 《欧美古典作家论现实主义和浪漫主义》第 1 卷，中国社会科学出版社 1981 年版，第 267 页。

大机器业已统治生活的时刻，对自然、和谐、富有人性的精神存在的呼唤，在无限令人沮丧、烦忧和操劳之中超越欲望躁动的文化要求。

文学本位的转向在更大历史背景中也是对人的又一次发现。两千多年前古希腊传统古典主义启示了存在的智慧，新古典主义又找到了行为的秩序，启蒙主义发现了主体的理性，而浪漫主义批评意识则表达了人的情感。这不仅凸现了人类情感功能的生命价值，也使人类可以运用自己的情感去理解、审视自己，张扬了情感的人道主义文化意义，这也意示着，浪漫主义倡导的心灵、情感是对传统古典主义的知性秩序的反拨，也是对近代启蒙现代性的理性至上的调整。可以说，在文化批判的指引下，浪漫主义批评意识在西方现代性审美文化从近代向当代过渡的前夜，用心灵、个性、情感对审美现代性进行了一定改建。浪漫主义批评意识的对审美现代性的这种改建也是自 19 世纪批判现实主义到 20 世纪社会批判思潮的时代意识的出发点，它为当代人类设立了新的生存希望，成为审美现代性在 20 世纪向后现代转向的契机。而这一切又使浪漫主义获得了极大的丰富性和思想性，正像弗·施莱格尔所说："浪漫主义的诗是包罗万象的进步的诗。它的使命不仅在于把一切独特的诗的样式重新合并在一起，使诗同哲学和雄辩术沟通起来，它力求而且应该把诗和散文、天才和批评、人为的诗和自然的诗时而掺杂起来，时而融合起来"，它"赋予诗以生命和社会精神，赋予生命和社会以诗的性质"①。

浪漫主义批评意识的支柱之一是想象。对想象的知觉在古希腊已初见端倪，古代修辞学对后世批评的影响之一就是要求运用想象所引发的情感去感动读者。在罗马白银时代，想象已被视为演说者驾驭文本的能力和才智。在英国近代经验主义大师霍布斯、洛克对心理学作出贡献之后，人们日益关注诗人的特殊心理构成，欧洲批评界普遍高

---

① 《欧美古典作家论现实主义和浪漫主义》第 2 卷，中国社会科学出版社 1981 年版，第 385 页。

度评价想象力,认为诗人模仿外部世界的方式取决于其观念联想的能力。席勒在《论素朴的诗和感伤的诗》中就说:一个为了想象力创造的作品,可以通过无限获得自己的完善。情感以想象为结构,将情感视为文学本位的浪漫主义批评意识,自然对想象格外重视。一般讲,浪漫主义把想象视为诗人自由地选择艺术类别、追求艺术规律、表达艺术趣味的法则。

　　浪漫主义批评意识中的想象有两类:一类是创造性想象,另一类则是再造性想象。柯勒律治曾说:"我把想象分做第一性和第二性两种。第一性的想象是一切人类知觉的活动功能和原动力,是无限的'我的存在'中永恒创造活动在有限的心灵里的重演。第二性的想象是第一性想象的回声。"① 实际上,浪漫主义批评意识中的想象主要是创造性想象,这表明了浪漫主义批评意识对想象这个文艺心理学课题的贡献。在传统古典主义创作和批评理论中,所论及的想象只是联想、再造性想象。古代雄辩术和修辞学只不过要求诗人用自己的情感引发读者或听众的联想,从而唤起他们的情感体验,打动他们。17 世纪霍布斯、洛克对想象的分析、归纳也不过是论证了"观念联想律"。启蒙运动之前唯一提及创造性想象的是柏拉图,却也被视为"迷狂"而抹杀了。文艺创作界和批评界对想象的这种褊狭的理解可能是对模仿说坚信不移的结果。因为对于模仿来说,根本不需要超越模仿对象的联想。而浪漫主义批评意识赋予想象以创造性、超越性的性质,这就极大地拓展了想象的内涵,开阔了人类的心灵世界,提升了创作主体的创作能力,也解放了文艺创作的领域。

　　另外,浪漫主义批评意识对创造性想象的注意也反映出它对传统文艺创作的不满与对现实的浪漫主义创作的褒扬。从古典主义创作到启蒙运动文学,两千多年的历史基本上走的是从史诗到戏剧再到小说

---

① 《欧美古典作家论现实主义与浪漫主义》第 1 卷,中国社会科学出版社 1981 年版,第 275 页。

这一叙事性文学创作的道路，理性统摄的单纯、明晰、客观、冷静使文艺离心灵越来越远，并逐渐成为诸如"三一律"、"合式"、"寓教于乐"等创作规则，文艺已经萎缩到令人厌倦的地步。浪漫主义对创造性想象鼓吹的本质就在于以想象去激荡情感，使心灵借艺术之帆乘风破浪，冲决各种扼杀精神生存的戒律和规范。生活在 18 世纪末 19 世纪初的英国著名散文家、批评家赫兹利特道出了浪漫主义批评家们对想象的共识："想象是这样一种机能，它不按事物的本相表现事物，而是按照其他的思想情绪把事物揉成无穷的不同形态和力量的综合来表现它们。"①

创造性想象介入创作，冲破了由亚里士多德、贺拉斯、布瓦洛等人设定的有关文艺创作的清规戒律。那么，抛离了理性逻辑的无规则的意识活动能完成创作过程并具有令人信服的根据吗？在推翻古代圣贤的禁忌，获得精神解放的同时，浪漫主义在建构自己理论的初期就已有意识地进行一场新的造神运动以回答这个问题。浪漫主义批评之神不是具体的、不可触犯的"圣贤"、"哲人"，而是"天才"。天才不同于圣贤、哲人，因为它身上没有历史的光环、文化的神话。所以天才不会以权威的面貌出现，它只不过是一种心理功能，即在表现人类心灵世界时具有的某种无法用理性的语言与逻辑的规则加以描述的先天能力。这种先天能力纯为自发，绝非事先考量或计划而成，也丝毫不受社会习俗的束缚。天才作为心理功能并不属于个人的私有产物，假如一位作家的某一创作过程融注了天才，便能产生出伟大的作品，而另一创作过程与天才无缘，也就只能写出平庸之作，歌德的作品就被浪漫主义批评家这样评鉴过。浪漫主义的天才观蕴含着一定的民主意识，它使每一位诗人、作家在其创作过程中都有可能领受到具体的、实际存在着的自由，都可以充分表达自己的才智、情怀和与自然、生

---

① 《欧美古典作家论现实主义与浪漫主义》第 1 卷，中国社会科学出版社 1981 年版，第 303 页。

活的沟通而不必受到人为规则的羁绊。在英国，这一批评倾向最先在华兹华斯的批评中流露出来。天才被华兹华斯描述为对一切永恒的自然观念的爱，一种储存自然印象的意识习惯以及对田园的虔诚敬慕与爱恋。由于"狂飙突进运动"的传统与英国浪漫主义批评意识具有的自然主义倾向的天才观不同，德国浪漫主义批评界更强调天才所具有的不可模仿性。席勒曾表示，他的一些创作活动连自己也解释不了。康德则从哲学方面指出美的艺术就是天才的艺术，"美的艺术不能为自己设立规则，而只能按这规则来创作。但没有已定的规则，一个作品永远不能被称之为艺术。因此必须是自然在创作者的主体里面给予艺术以规则，这就是说，美的艺术只有作为天才的作品才有可能"①。因而所谓天才，就是"天生的心灵赋资，通过它自然给艺术制定法规"②。天才本身是不可模仿的，而天才的作品作为自然赋予的艺术规则的范本则可以效仿，这也正是雪莱把天才称为灵感的祭司、未来投射到现实的巨大明镜和华兹华斯把天才视为一切知识的起源和终结的原因。

对于浪漫主义批评意识而言，天才与个性是一对孪生姐妹。在具体的创作过程中，天才是随机的、突发的，而诗人欲借天才的降临以创作不朽之作就需个性。自西方批评意识萌生起，直至 18 世纪中期，几乎没有一个批评家提及个性对艺术的意义。传统古典主义批评意识、近代启蒙主义批评意识相信圣贤规则，以为创作就是把生活作为质料，用圣贤规则来建构质料的活动，艺术家只是完成这一活动的工具。所以传统古典主义与近代启蒙主义关心的是诗本身，诗与它所反映的生活的关系，诗与规则以及根据这些规则所确立的诗与读者感受之间的关系。至于诗人、作家的个性完全没有存在的必要。他们既不考虑现实对人的影响，也不涉及个人兴趣，对作家的揭示只限于他与规则的

---

① ［德］康德：《判断力批判》，牛津大学出版社 1950 年版，第 168 页。
② ［德］康德：《判断力批判》上卷，宗白华译，商务印书馆 1964 年版，第 152 ~ 153 页。

关系。浪漫主义批评意识则据守着对天才观念的笃信，认为文学本质上是个人的文本，是诗人独具个性的思想情感的表现。换言之，文学并非传达着客观事实，而传达的是个体主观真理的显现，是个人探索与个人自由权利的表征。当个性与外部生活同形，个性的表现成为合目的、合规律的人生真谛与生命价值的发现、传达时，便意味着天才的到来。此时自然借诗人之心向人们展示它的道法。基于此，浪漫主义寻找到一种在艺术与人性的关系中批评作品的新方法。艺术与人性相互变量的关系亦是多维的，并有三种基本模态：一种是根据作者来解释其作品；另一种是通过作品解读其作者；再一种是借助鉴赏来发现作者。第一种基本上属于探究文学形成原因的模态，即通过参照其作者的性格、生平、世家、环境等具体情致，而把该作品的特性孤立出来加以释读；第二种模态是传记式的，它将作品视为一种已获得的记录，据此去推测作者的个性；第三种则将作品的审美特性理解为作者的个性投射，把诗作为走进作者灵魂的入口。

值得注意的是，当浪漫主义批评意识将昭示人类普遍价值与文化真谛的天才与表达个体心灵世界的个性联系起来时，发现了文学创作的另一个秘密，这就是创作的无意识特征。早在赫尔德评价莱辛"诗是时间艺术"的论点时，就指出文学的根本特点在于通过言词发现情感作用于想象，而情感与想象则是直觉的、无意识活动。实际上，正如浪漫主义批评意识所揭示的那样，无论承认还是拒绝，无意识特性都客观地存在于具体创作活动之中。传统古典主义和近代启蒙主义都会感受到这样一个事实：面对无限广阔、丰富的世界，模仿需要选择。选择的支点往往是无意识的创作冲动和欲望。创作中的无意识特性曾被天才诗人济慈称为"消极的才能"。他这样解释道："我是说一种'消极的才能'，即是说一个人安于不确定的、神秘的、怀疑的境地中，而不急于追究事实和理由。"① 历史与知识的局限不能使浪漫主义批评家们对无意识问题作出系统、科学的解释，但凭着他们对创作的体悟和亲历，在柏拉图两千多年以后再度承认无意识的存在，这对时下风尚是振聋发聩的。尽管创作的无意识特性在 20 世纪精神分析学中才得到系统论证，不过浪漫主义批评对创作无意识问题的提出，无疑成为精神分析学说关于创作与潜意识关系问题的理论先声。而雪莱关于"诗人"与"作为诗人的人"的区分又将浪漫主义批评意识中关于无意识的看法推进了一步，"诗人与作为诗人的人是两种不同的性质，尽管他们存在为一体，彼此却可能意识不到对方的存在，也不能通过反射作用来支配对方的能力和行为。"②雪莱的话让人想到荣格用"集体无意识"解释天才，将表现个体显意识的"旧常式创作"视为一个过程的两个方面的理论，不禁使人为浪漫主义批评的深刻与洞明而赞叹、敬佩。

文学本位转向情感，创作追求天才、想象，这使浪漫主义批评重新审视文本的价值成为必然。古典主义自希腊、罗马时代就用实践性目的设定文本价值，这与模仿说有直接的关联。亚里士多德认为模仿源于人通过模仿获得知识，同时模仿也能给人以快感，《诗学》给文本规定了两个基本的价值目的：知识、快感。而古典主义另一位批评大师贺拉斯又给文本加上了第三个目的：教育。他曾说：文本的目的是使人收益，或是使人高兴，要不就是把有益的和令人愉快的东西结合为一体，也就是寓教于乐。新古典主义突出了知识与快感的原则，强调真实、高雅，而启蒙主义却比较重视教育与愉悦的统一，莱辛在《汉堡剧评》中大声疾呼文艺要用真实、自然的情感使鉴赏者感动，以达成其心灵净化的目的。总之，古典主义、新古典主义、启蒙主义批

---

① 《欧美古典作家论现实主义与浪漫主义》第 1 卷，中国社会科学出版社 1981 年版，第 297 页。

② ［美］艾布拉姆斯：《镜与灯——浪漫主义文论及批评传统》，郦稚牛等译，北京大学出版社 1989 年版，第 303 页。

评都有这样一种文本只是模仿自然的产品，客观而实在，无所谓价值的意识。在他们看来，文本的价值意义产生于它与读者发生联系时，文本中模仿的内容与读者产生一定对应关系，或使读者发现知识，或使之受到教益，因而价值作用并非以文本为源，换句话说，文本价值由文学的外在目的所决定。后期启蒙主义批评家感觉到文本价值论的缺欠，哈奇生、夏夫兹博里、柏克等都更多地论述快感，企冀以通过快感来纠正传统文本价值论的偏颇，但由于他们把快感理解为生理快感，因而其所描述的文本价值还是指向外在的目的。

　　浪漫主义批评反对文本价值游离于文本之外。华兹华斯在英国阐发了一个重要的批评宏旨：这就是文本的价值只为文本而存在，当人们摒弃了以外部世界为参照的实践性目的时，人们才能真正发现文本的价值，只有将目光从鉴赏者返回文本，文本的意义才能被昭示。基于此点，浪漫主义美学之祖康德，以其哲人的深邃与严密，用日耳曼人独有的思辨与逻辑，从另一个角度对此作了精当的阐发。康德认为，人是一种具有自我建构能力的超越结构，这个结构由知、情、意三种主体功能构成。知为人类展开了存在的认识领域，其超越方向是真；意为人类展开了存在的意志领域，其超越方向是善。认识与意志、真与善之间无法统一，因为在经验界它们之间不能相互确证。信仰不一定具有认识性，而科学又不一定成为人类的意志所在。真不必然是善，善往往不是真。但认识与意志、真与善却可以在情的主体功能的中介下联系起来。情展开了人类存在的艺术领域，其超越方向是美。当人以情感为主体功能进行自由创造时，便产生艺术作品。由于情感不同于由概念组成的认识，所以文学艺术不是认识的结果，其文本不存在概念性，文本的普遍意义亦不来自人们对某一范畴的共同思维。因而艺术文本也就不可能给人以知识，其价值与认识无关。同样，美不是善，艺术文本并非人类意志力的产物，艺术的意义既不可能出自纯理性的意志，也不源于意志的普遍性，而来源自情的共同性，因之人人皆称之美为美的。正是从这一逻辑出发，康德宣称，艺术文本无目的性，艺术文本不存在外在于文本的意义，但是艺术文本又合于一定的目的。所谓合目的是指，艺术文本由天才而作，它替自然为艺术下规则，体现了自然之法。同时，情感本是对人的存在与价值的确证，趋于人类至善。不过，这些只是暗合，只是在天才的情感创造过程中美对真、善的超越。这也就是说，艺术文本的目的就在于文本自身具有肯定人生、表达真理、超越真、善的意义。人通过对艺术文本的鉴赏发现自我，确认自我，升华自我，从而产生具有解放性质的多重价值意义的愉悦。这愉悦不是生理的，而是精神的，它是个体对群体的实现。由此可见，艺术文本产生的愉悦有两个特点：其一，它产生于文本本身，是文本情感价值的体现；其二，愉悦是精神的、终极的，是目的本身而不是服务于知识、教益的某种手段。华兹华斯也意识到文本无目的而又合于目的的价值特征，他说："当我描写那些强烈地激起我的情感的东西的时候，作品本身就带着一个目的。"[①] 其他浪漫主义批评家也在自己的批评领域中从不同的角度和层面发现了这一点。雨果在评价《克伦威尔》时指出，其作品的价值就在于"全面地完成了艺术的复杂的目的，那就是向观众展示两个意境，同时照亮了人物的外部和内心，通过言行表现他们的外部形貌，通过旁白和独白刻画内心的心理，总之一句话，就是把生活的戏和内心的戏交织在同一幅图景中"[②]，也就是把生活中的真与内心世界的善统一在文本的美之中，给人以感动和愉悦。

作品的无目的而又合目的价值存在本源于作者、诗人的能力、心境、思想和情感在创作过程中的独立自足性。在浪漫主义批评家的心底深处，作者的心灵与情感力量是艺术文本价值的最重要源泉。不过对读者而言，作者的情感、心境是沉默的、不可沟通的，只有在语言

---

① 《欧美古典作家论现实主义与浪漫主义》第 1 卷，中国社会科学出版社 1981 年版，第 261 页。

② 《欧美古典作家论现实主义与浪漫主义》第 2 卷，中国社会科学出版社 1989 年版，第 133 页。

的表现中，作者之情思方能成为文本的艺术魅力。因而浪漫主义批评家特别重视文本语言的功能、作用，力求使文本语言更形象、生动而富有意蕴地表现诗人的主体世界。为此，许多浪漫主义批评家根据自己的创作经验和鉴赏体悟，对文本言语提出了独到的看法和要求。华兹华斯提出，作品的语言必须是诗人心境的自然真挚的表达，绝不允许造作和虚伪，而要做到这一点就应很好地调度修辞手段和韵律，使语言能在各种意蕴中与心灵之情交融会合，从而成为心意的流露。从古希腊到 18 世纪启蒙主义，批评界一直认为诗乃是真实的再现，这种真实受到虚构和修辞的装饰，目的是为了取悦并感动读者，从而符合其知识性、教益性的题材要求。语言对应真实，应该恰当、明晰、准确。而浪漫主义则将情感作为艺术的本位，他们发现了语言与人类内心世界的复杂关系，艺术所要表现的心灵绝非理智的世界，它甚至是理智所不能解释的模糊、冲突而无界域的混沌，既不明晰，也不能给人以准确的印象。所谓恰当、明晰、准确的语言，对表现这个庞大而复杂的意识世界来说，几乎无能为力，唯一的办法就是用与心灵世界一样委婉、含蓄、多义的修辞，使文本语言在传达心灵的同时，也成为激动心灵内涵的因素。浪漫主义批评对艺术语言的这一态度实际上为传统古典主义倾向的语言模式划上了句号，而且还引发了新的文本意识。浪漫主义批评意识认为，文本自身由于语言规则和语义功能的运作，情感物化为言语，使文本处于独立的完满状态。柯勒律治就曾用有机生命的观点论述艺术文本的有机构成及其形态发展。对文本语言的探索同时产生了更大的变化效应。长期以来，传统古典主义创作建立在拉丁文化基础之上，文艺复兴之后，拉丁文化成为最正统、影响最大的主文化，文艺本位的模仿、创作过程的理智、文本语言的明晰等都可以说是拉丁文化在批评界的反映。拒绝传统文本语言，实际上就是消除拉丁文化的影响。可是用什么来取代拉丁文化呢？浪漫主义批评家率先提出用民间文学取代宫廷文化，用民族文化取代拉丁文学。赫尔德就曾要求：根据自己的历史、时代精神、习俗、见解、语言、民族偏见、传统和爱好来创造自己的戏剧。而斯达尔夫人一生致力于从理论上论述一个民族文学与这个民族的政治、宗教、社会、民族性格之间的生成关系，为民族文学、民族文化摇旗呐喊。华兹华斯、柯勒律治则把写普通人和日常事作为自己创作的主要任务，以此实践自己的文艺主张。浪漫主义关于民族文学、民族文化的批评观点有力地促进了欧洲各民族文化的多元发展，成为西方现代性审美文化的多元观的重要理论基础。

综上所述，浪漫主义以情感、想象、天才、文本自足等基本观念构成了审美现代性的极大文化效应，它以其文化批判的姿态不仅对传统古典主义和近代启蒙主义进行了实际超越，而且也开启了 20 世纪审美现代性的转向，表现主义、形式主义、原型批评、语言批评等当代主要批评理论都受到了浪漫主义批评意识的启示，浪漫主义批评意识成为西方现代性审美文化的重要组成部分。正是在现代性视域中，20世纪西方大哲学家罗素认为，西方自近代以来至 20 世纪的文化批判在本质上就是浪漫主义的文化批判，包括政治上的无政府主义、经济上的自由主义、道德上的个人主义、宗教上的无神主义、社会理想上的乌托邦主义等等。一句话，文化批判的浪漫主义是西方现代性审美文化、乃至整个西方现代性文化生活的主色调。

二、经验主义与唯理主义

近代西方的现代性审美文化的奠基石——德国古典美学是通过对欧洲经验主义哲学、美学与唯理主义哲学、美学的批判获得自己的理论命题，从而建构起庞大的理论体系的。

欧洲从 16 世纪之后形成了两种哲学与美学的传统，其中之一便是经验主义。经验主义主要产生于英国。英国 16 世纪战胜西班牙，夺取了海上霸权，通过贸易和殖民扩张，一跃成为西方最先进、强大的国家。17 世纪光荣革命推翻了君主专制封建社会，建立了内阁向议会负责的代议制。经济方面，英国在 18 世纪发生了工业革命，大机器工业代替了手工生产。随着政治经济的发展，自然科学在牛顿物理学的影响之下也有了迅速的进展。在这种情况下，哲学和美学建立了一套经验主义的思想体系。哲学方面，认为一切知识来源于经验。凡经验不能证明的都不是知识和真理，而人亦不具有先天的理性观念。美学方面，认为抽象的美的本质是不存在的，审美对象源于审美感，美是审美感的对象化，而审美感则根源于人的生理快感。经验主义哲学、美学的代表人物是培根、洛克、霍布士。培根的主要著作有《学术的促进》、《新大西洋》、《新工具论》等。培根强调知识的伟大作用，提出知识就是力量，要借服从自然去征服自然的著名口号。培根认为知识来源于感性的经验，是对感性经验的归纳。他把人类学术分为历史、诗和哲学三个门类，把人类心理功能分为记忆、想象和理智三个方面。历史涉及记忆，诗涉及想象，哲学涉及理智。培根视诗为想象的产品，是一种虚构的历史。在培根看来，诗能使事物的景象服从人的愿望，从而提高人心，振奋人心。马克思曾高度赞扬培根，称之为英国唯物主义和现代实验科学的始祖。培根对德国古典哲学最大的影响是强调经验对知识的意义，而他对德国古典美学的影响是突出美、美感的感性性质，从而引发了德国古典美学对审美现代性的感性维度的思考。霍布士早年曾给培根当过秘书，英国革命前夕屡次去法国，结识了当时欧洲哲学和科学领袖笛卡尔等人。他的主要旨趣是政治学，著有《巨鲸》一书，持性本恶和功利主义立场。美学方面，他的贡献体现在他的《论人性》一书。在此书中，他系统地讨论了人类心理活动，以此成为经验主义心理学之始祖，奠定了经验主义的方法论原则。他认为人类的一切思想均源于感觉。他建立了经验美学用来解释想象和虚构乃至一般审美活动的观念联想律，同时认为善有三种不同的形式：想象中的善即美；效果上的善是愉快；手段的善即有用。这些观点直接启发了德国古典哲学和美学。德国古典哲学和美学无不坚持感性经验是人类精神和知识的起端，而且对真善美都作了极清晰的区别，并在探讨人的审美意识时像霍布士那样，十分重视心理学知识的运用。

但是，德国古典哲学和美学绝不是经验主义的。本质上讲，德国古典哲学和美学恰恰是反经验主义的。德国古典主义哲学和美学认为，经验是个人的，每一个个体的经验都不一样。因而，经验不具有普遍性，不具有普遍性的存在就缺乏客观性。所以在德国古典哲学看来，他们的理论使命是要建立具有普遍性、客观性的理解世界的原则体系，而经验主义对此无能为力。就美学而言，德国古典美学坚信美、美感的本质都在其自由性上，而自由对人类而言是普遍的、客观的。所以德国古典美学对经验主义把美、美感的根本视为感官快感极为不满。德国古典美学认为美与审美在本质上是对认识和伦理的超越，其本体是自由，是对人的彻底解放和实现。所以，美和审美是人作为世界唯一主体的基本存在方式之一，是人与动物根本不同的神圣标志，而这神圣标志绝不能以感官欲求获得满足而产生的快感为其基本规定性，动物才以感性欲求为本，就这个意义而言，德国古典主义美学对经验主义美学采取的是总体否定的态度。

在经验主义思潮兴起于英伦三岛时，欧洲大陆的法国和德国正盛行着唯理主义思潮，并集中表现在哲学和美学领域。唯理主义哲学和美学极大地影响了德国古典主义哲学和美学。在某种意义上，欧洲唯理主义思潮的最伟大的承传者便是德国古典主义哲学和美学。唯理主义在欧洲是倡导启蒙、反对传统社会、建造现代性文化的另一种思想方式，它的主旨是强调理性对人的意义，认为理性才是人的真正本体。其著名的思想家有笛卡尔和莱布尼兹等人。法国人笛卡尔对西方哲学与数学影响极大，他的最著名的著作《论方法》为西方现代哲学的基本命题的设计提供了基本方法。笛卡尔认为经验界是存在着的，它是认识的起端，但是经验并不能解决一切问题，甚至不能真正地获得真理，同时信仰、意志也不能最终解决真理问题，基督教的失败已经证明了这一点。笛卡尔相信，真理的最后获得要靠思维理性，因为一切都可以怀疑，甚至我们是否存在也可以怀疑。不过，当我思维时，我可以肯定我是存在着的，这就是"我思故我在"的底蕴。在笛卡尔看来，确认存在的不是存在自身而是人的思维理性，只有理性才是确证世界存在和认识真理的最后依据。笛卡尔的这一观点对德国古典主义哲学和美学是决定性的，为德国古典哲学和美学提供了最基本的理解视域和工具方法，德国古典哲学和美学都是基于认识论，从解决存在与意识的关系入手去解决哲学、美学问题的。德国哲学家莱布尼兹发展了笛卡尔思想，认为理性是人的唯一本质，是获得知识和产生美的唯一途径。他强调如果主体什么也没有，又怎能够获得知识呢？之所以经验能获得知识，是因为在经验之前，主体就存在着某种先天的理性观念，它们才是产生认识的根本原因，所以知识不可能从经验中获得。莱布尼兹运用这一哲学原理阐释了美的本源，认为美的本源只是我们的某种理性观念，我们所感觉到的美只不过是这个被称之为美的主体理性观念的感性显现。莱布尼兹对美的理解对康德、黑格尔、马克思都有不同程度的启迪。

但是德国古典美学对唯理主义哲学和美学也是不满意的。首先，德国古典主义哲学认为经验是十分重要的，是一切知识的源泉和范围，超越经验的观念绝不可能是知识。其次，德国古典美学坚持认为，美和审美都不是思维的，而是情感的，其实"美学"（aesthetics）一词本意便是感性学。

近代西方的现代性审美文化的基石是德国古典美学，而德国古典美学的创始人正是康德。伊曼奴尔·康德确定了整个近代西方现代性审美文化的主题，为西方近代浪漫主义艺术思潮、自由主义文学意识、理性主义美学思想、个性主义文化倾向提供了完整的原则，设计了发展的基本维度和轨迹。可以说，被康德称之为"批判哲学"的思想体系的诞生，标志着近代西方现代性审美文化作为时代精神和美学观念的出现，也标志着德国古典哲学与美学主导西方思想舞台的时代的到来。西方学术界普遍认为，对近代西方现代性审美文化，乃至整个西方现代性思想文化的各个领域和层面，康德的"批判哲学"所具有的历史意义如同哥白尼之于自然科学一般。伟大的诗人海涅在《论德国宗教和哲学的历史》一书中曾这样评价康德及其"批判哲学"对近代西方现代性审美文化乃至整个西方现代性文化的影响：由于康德，欧洲开始了一次精神革命，这次精神革命和法国发生的社会革命有着最令人奇异的类似点，并且对于一个深刻的思想家来说，这次革命肯定是和法国的社会革命同样重要。这场精神革命使人们看到了与过去时代同样的决裂，以及对传统的一切尊敬的废除。如同在法国每一项王权的正当性都受到考验一样，在精神领域的每一项原则也同样受到理性的怀疑和智慧的批判。由此可见，理解近代西方现代性审美文化离不开对近代西方现代性文化精神领域的审视，而审视西方现代性文化精神领域，就不可能不反思康德的"批判哲学"。从这个角度讲，不理解康德的"批判哲学"就不可能释读德国古典美学，更不可能深刻地把握近代西方现代性审美文化。

现代性精神的根本特性是由笛卡尔开创的普遍怀疑的理性精神，怀疑作为原理成为近代现代性哲学批判希腊哲人与中世纪神学思想家所创立的传统思想体系的最后依据和最有力的武器，同时也是近代现代性哲学思想的普遍尺度。但是，对怀疑原则和尺度的把握，唯理主义和经验主义并不一致，这种不一致竟然导致了唯理主义和经验主义的巨大思想冲突。唯理主义与经验主义的思想冲突是深刻的，可以说是已延续了近两千年的两种不同思想理念的争论的直接体现。不过，唯理主义与经验主义把握这一原则和尺度的方法却是一致的，即仅仅对"我在"怀疑却并没有怀疑"我思"，把"我思故我在"看成一种非关系性原则，并把"我"与人类的某一心智、官能直接同一起来。

在经验主义那里，"我"的存在只是感觉的存在，思维与感觉是同一的。洛克把意识看成是"白板"，它的功能只是对存在的复写，意识完全是被动的，意识属于存在。而在贝克莱那里，感觉不仅成为人存在的唯一方式，而且成为世界存在的唯一尺度。感觉外没有存在，或者说存在只不过是感觉的产物。休谟则把一切诉诸于"观念关系"中。

休谟虽不像贝克莱那样把存在说成是感觉的产物，但他却把感觉之外的一切视为可疑的、无法证明的。休谟认为只有感觉才能判定存在是否真实地存在。更进一步的是，休谟抛弃了因果必然性，放弃了人类从古希腊以来就一直虔信不变的普遍性即必然性，也就是因果律、绝对实体、逻各斯的信仰，从而使一套演进了几个世纪的哲学描述系统开始失去其坚实的基础，上帝这个每当哲学无能为力时就"挺身而出"的伟大救星失去了最后的作用。我们认为，经验主义只有到了休谟那里才具有了深刻的哲学理论意义。对因果关系必然性和客观性的否定是经验主义最大的贡献。然而，存在与意识的以感觉为中介的直接同一，把存在设定为感觉的存在，或者说否认感觉之外的存在，必然使经验主义丧失其理论的真实性和解释功能。

"我思故我在"在唯理主义那里成为不可怀疑的"天赋观念"、"理性观念"。对这一信念的理论证明是莱布尼兹的单子论。莱布尼兹认为，单子是宇宙万物的真相，一切都是单子组成的。单子既是实体的，又是精神的；既是存在，又是灵魂。单子是组成宇宙万物的元素，所以它是普遍的；单子作为实体是上帝创造的，所以它又是必然的、能动的，是一切运动的本质。而运动着的精神，作为单子的一种明晰的组合，也同样具有了必然性、普遍性。也就是说，实体与精神是一体的，它们都是同质的单子。物质与理性是统一的，它们只是单子的不同组合，都是上帝按照预定的目的创造的。这样，意识对存在的把握只是因为二者具有共同属性才可能，客观规律与理性认识只是同一属性的不同表现。一方面人表象着普遍的东西，他本身就是单子体；另一方面人又表象着、把握着人之外却与他联系着的单子。由于单子的这种特征以及单子与人的这种本质联系，一切普遍的必然性的本质和属性仅仅寓于人的理性概念的普遍性之中。可见，在莱布尼兹的"单子论"中，思维等于存在，物质等于意识，二者都同存于上帝创造的超验的理性之中。从逻辑上讲，单子在判断中，其判断的主词涵括了宾词，所以单子是绝对同一外，不可认识的。从现实上讲，人的理性观念就是由单子组成，它与外于自身却也是由单子组成的世界本质是同一的，因而，理性本身就包括了被认识的世界，或者说，对理性的把握、占有本身就是对世界的把握和占有，世界已被人们先天地认识尽了。可见，唯理主义同样是把存在与意识直接同一起来，所不同于经验主义的是，这种同一不在感觉中，而在理性观念中。在唯理主义看来，理性之外无他物。

然而，问题并没有解决。如果按照唯理主义的理论，这个世界已被我们认识尽了，或者说，本来就不需要认识，上帝在创造人时，已把世界既定在人的理性之中。这样一来，人的认识活动就失去了现实的必要性和真理的客观性，那些先天观念本身也就无法解释现实世界，而现实世界也就无先天观念解释的必要，同时先天观念也丧失了与每一个认识主体的联系。而在经验主义理论中，存在只是感觉的存在，感觉也只是个人某种心智或官能机制的反应。对认识活动而言，认识的客观性尺度与普遍性原则也失去了。认识活动成为个人自娱自乐的自我感受，失去了类的意义。就反对传统神学认识论而言，唯理主义和经验主义都拒绝把人的认识活动的终极依据归于上帝，努力使全部认识活动的价值和效用回归人自身。就此而言，无论是唯理主义还是经验主义，它们都属于启蒙的一部分，是近代西方现代性哲学思想文化发展过程中的重要阶段和重要组成部分。但是当唯理主义和经验主义历尽艰辛到达自己的终点时却发现，它们犯了神学认识论同样的错误，失去了它们一直在追求的认识活动的客观性尺度和普遍性原则。问题在哪里呢？阿尔肯认为"自从笛卡尔起，哲学中的唯理主义、经验主义两大派就开始研究认识中出现的大量难题。事实上，这也是一般认为近代哲学与古代、中世纪哲学的区别。但康德以前的哲学家没有一个意识到，哲学的最终问题是方法问题"①。问题就在这里，唯理

---

① Aiken, Henry David, *The Age of Ideology the 19th Century Philosophers*. New York: New American Library, 1956, p. 29.

主义和经验主义都只是对"我思"即唯理主义的理性、经验主义的感觉之外的存在怀疑，却没有对"我思"的理性或感性进行批判性的考察。

康德认为，唯理主义的方法是一种叫做"先天分析判断"的方法。所谓先天分析是指这种分析本身是超验的，与经验无关。在这种判断中，宾词的内容本来就包含在主词之中，只要对主词加以分析就可得出宾词，本质上，这种判断是同义反复。所以，理性主义的失败不在于它的出发点是公设、信仰，而是在于它的方法不能给予任何新的知识，不能对公设和信仰进行理性或经验的证明。同时，康德认为经验主义的方法是一种"后天综合判断"，这种综合判断是从经验中得来的，具有后天的、个人的基本特征。在整个判断中，谓词由于综合了经验材料，因此比主词的内容丰富，可使我们增加新的知识。但是，这种综合是经验的、个人的，缺乏普遍性、必然性，从而也就丧失了判断的认识性，因而经验主义的"后天综合判断"不是真正意义上的认识活动，不能为人们带来真正的知识。

那么，当我们面对世界时究竟应采取什么样的认识方法呢？康德认为，在我们选取某一方法去把握世界时，我们必须对我们的思维能力进行一番考察，这一说法曾被黑格尔讥笑为想在下水前就学会游泳。然而，正是这一考察，使康德冷静地发现，认识既不仅仅像唯理主义所讲的是某种主体先天思维形式，同时，也不仅像经验主义讲的是某些后天经验内容，而是主体先天思维形式与后天经验内容的统一，或者说是主体思维构架与客体存在质料的统一。康德承认在人的意识之外有客观存在，但是这种存在无法为经验直接感知，是不可知的。没有人的认识机制的复杂运行和建构，人无法知道这个存在是什么，它只是彼岸世界的存在，无法进入人的认识世界，康德称之为物自体。不过物自体绝不像有些人表述的那样，与人无关，而是指现实中未与人发生认识关系的存在。康德说它是物自体、彼岸世界，只是说它在未进入人的认识机制的复杂运行和建构活动中时，它独立于人的意识之外，人不可知它。从另一方面来说，物自体是人的认识对象的绝对界域，为人的认识提供了认识对象的终极可能性，是认识的经验材料最终的本源，但是物自体不是认识的直接对象，更不是主体意识。唯理主义把物自体看成了认识本身，而经验主义则把物自体看成了认识对象。康德认为，物自体被主体意识建构后才成为经验材料，这个主体意识的建构形式就是时空。把感性的内容放到外面去的，乃是先天感性的活动或动作，这就是空间。如果一个先天感性的活动，把一个暂时的感性内容放在相续的次序中就是时间。一个是外部感觉的形式，一个是内部感觉的形式。这两个形式共同构成被康德表述为"直观形式"的主体意识构架。"直观形式"对每一个意识主体而言都是必有的，因而是普遍性的。而且，在每一个意识过程中，它都不可避免地出现并行使自己的功能，所以是必然的。可见，在康德那里，时空是主体的，同时也不以个人感性意志为转移，时空是客观的、普遍性的。时空是主体能力和活动的一部分，是认识活动的秩序（时间）和结构（空间）。在主体"直观形式"的建构下物自体所呈现的就是经验材料，由于经验材料被主体赋予了时间、空间这样的客观、普遍的存在形式，康德又称经验材料为现象。现象不是认识结果或者说知识，它只是认识主体建构的知识对象，主体对现象的进一步建构才是认识，其结果才可能是知识。把对象设为主体的对象，把具有主体内容的现象看成是认识对象，是康德对传统认识论的一个重大突破。正像康德所说："吾人之一切知识必须与对象一致，此为以往之所假定者。但借概念，先天的关于有所以图扩大吾人关于对象之知识的一切企图，在此种假定上，终于颠覆。故吾人必然必须尝试，假定为对象必须与吾人之知识一致，是吾人在玄学上较有所成就。"[①] 而且，我们还须指出，康德对现象的产生和其性质的解释是非常重要的，黑格尔的全部辩证哲学正是从这里得到启发。凡是认真读过《精神现象学》的人都会感

---

① [德] 康德：《纯粹理性批判》，蓝公武译，商务印书馆1960年版，第12页。

到，黑格尔并没有说过自然产生于意识。黑格尔对自然、社会、精神的生成描述是以自然、社会、精神都作为一种现象在认识过程中不断展现而言的。这个现象正是康德所讲的被主体建构的现象或在黑格尔那儿理解为被意识化了的现象。黑格尔自然、社会、精神的历史发展过程，实质上是指认识活动从客观存在的无，也就是思维可能性的纯有发展到对物理界、化学界、生物界的自然认识，再进一步发展到对艺术、宗教、哲学等人的精神世界的认识。通过人对物质世界和精神世界的一步步不断深入地认识，人的认识也就不断深入，人的意识也就从无到有并不断提升，而客观的存在世界也就在这一人类认识不断深入、意识不断提升的过程中从低级到高级的逐渐在人类认识活动中显现出来。可见，在黑格尔看来意识与存在是统一的，认识与现实是统一的，逻辑与历史是统一的，这就是辩证法。

在康德那儿，现象提升为知识的过程中有一个关键性的建构中介，这就是知性。知性是康德认识论中一个最重要的概念。作为一种认识功能，它呈现出具有丰富内容的逻辑框架。这个逻辑框架由 12 个范畴构成。质方面：实在性、否定性、制限性；量方面：单一性、多数性、总体性；关系方面：偶有性及实体性（实体及属性）、原因性及依存性（原因及结果）、相互性（能动者及受动者的交互作用）；模态方面：可能性、不可能性，存在性、非存在性，必然性、偶然性。现象本身作为知性的对象，未呈现出其结构系统以及结构之间关系要素的性质。因此，现象只是直观之后成为具有时空的经验，没有生成出知识所具有的全部特征。但是，当现象作为认识客体与作为认识主体的知性发生对象性建构关系时，现象作为质料进入知性的形式构架之中，在主体的作用之下，现象自身发生结构的变化，出现了一种全新的对应性属性，并呈现于意识之中，最终产生知识。知识与现象的不同之处在于，现象是非系统的、经验直观的，而知识是对一个主客体结构系统的描述。实体性、因果性、必然性、普遍性都是其多样的、不同层次、不同方面（质、量、关系、模态）的结构属性和特征。这种属性和特征不仅无法在现象的直观形式中出现，甚至可以这样说，在那个阶段它本身就没有这些属性。这些属性、特征是主体与客体关系在知性建构现象的过程中所产生的。康德把知识看成是主客体相互关系的描述是正确的。在他那里，存在是认识者的存在，而不是与主体无关的存在。与主体无关的存在只是不可知的物自体。当物自体以现象或知识的方式存在时，才成为现实的存在，但这时物自体也就不再是物自体了。由此也可看到，康德对必然性、因果性、普遍性等源于古希腊的形而上学范畴进行了最具有独创性的改造和表述以解决唯理主义和经验主义的困境。在唯理主义那里，单子作为组成万物的实体，是普遍的，是不可避免的，无法逃避的，必然的。在这一系列关系中，上帝、单子、万物是一个因果关系，上帝是单子的原因，单子是上帝的结果，而单子是万物的原因，万物是单子的结果。这样，在唯理主义那里，实体、必然性、普遍性是一体的，并全部同一于因果律之中。这里，人的能动性、发展的偶然性完全没有存在的余地，正如他们自己所讲的，宇宙是一个纯粹的机械。而经验主义特别是休谟、贝克莱则认为感觉之外无他物，存在是感觉、观念的存在，因果律只是"观念联系"的结果，只是时间顺序在意识中的产物，而必然性是不存在的，普遍性也只是经验的、观念的相似性。如果说，唯理主义还承认有知识的话，尽管只是些公理、假设，那么，在经验主义那里，知识就没有任何地位和意义了。康德则把现象、知识理解成主客体相互关系的结果，因而他不承认客体、认识对象本身有必然性、普遍性、因果性等规律，必然性、普遍性、因果性在对象与人未发生认识关系时是不可知的，而且也无法进行推论，从而也就无法承认它们的存在。但是，康德又反对经验主义否定必然性、因果性和普遍性的观点。他认为必然性、因果性、普遍性是存在的，它们的特征是先天设定的。必然性、普遍性、因果性这些固有特征是作为人的知性构架中的中介范畴在知性认识过程中进入人与自然、主体与客体、意识与存在的相互关系中，并在其动态的建构运动里，通过建构现象获得自身的本质属性和内容。

必然性、普遍性、因果性既不像唯理主义说的是客观的，也不是经验主义说的是主观的，而是主客观统一的。它们既在对象中，也在主体中，或者更确切地讲，它们生成于主客体建构关系中，是主客体在建构关系中的不同方面、不同层次、不同区间的能动统一。正像康德所说："理性（指主体意识功能，笔者注）左执原理（唯依据原理相和谐之现象，始能容许等于法则，康德注），右执实验（依据此等原理所设计者，康德注），为欲受教于自然，故必接近自然。但理性之受教于自然，非如学生之受教于教师，一切唯重听教师之所欲言者，乃如受任之法官，强迫证人答复彼自身所构成之问题。"①康德曾自称，对必然性、因果性、普遍性的新解释是"哥白尼式的革命"。我们认为，康德的这一评价就像康德自身的生活一样，是严肃的。

康德认识论中还有一个特殊的概念：理性。理性是指一种认识功能，这种功能是追求绝对认识的。绝对认识在康德的著作中被表述为理念。他认为，理念有三个：第一，关于一切物质现象的理念叫"世界"；第二，关于一切精神和心理现象的理念叫"心灵"；第三，关于"世界"和"心灵"统一的理念叫"上帝"。但是，理性作为认识功能只是一种机制，它没有直观形式和知性范畴那样的意识形式，理性在把握世界时，只得借用知性的概念、范畴进行运作。然而知性范畴作为认识构架，只能把握现象却不能对绝对理念这种超现象进行建构，因为绝对理念是无对象的。所以当理性借用知性范畴去建构认识对象时，认识过程将失去认识对象，认识也将超出现象界度，这两种情况决定了理性一旦遇到认识行为时，认识的结果将失去客观性，认识中就出现无法解决的矛盾，康德将这种失去客观性产生的认识矛盾称为认识的二律背反。康德认为，唯理主义和经验主义的认识论都缺乏认识的客观性，就是没有懂得理性这个概念的真正内涵。唯理主义和经验主义的认识论都相信人的认识能力是无限的，人能认识一切，而一

---

① ［德］康德：《纯粹理性批判》，蓝公武译，商务印书馆1960年版，第11页。

切问题也应被人所认识而获得解决。而康德则认为人的认识能力是有限的，对上帝、道德、自由等绝对存在的认识是无法实现的，用他的话来说：绝对不是证明的，而只是信仰的。唯理主义和经验主义把绝对看成是知识，必然陷入二律背反之中，必然失去认识的客观尺度和原则，所以，康德一再声称他写《纯粹理性批判》"唯在敬戒吾人决不可以思辨理性越出经验之眼界耳"①。

康德的理性概念指出了人类认识的另一种特性，即认识不仅是一种对现实真实性的把握过程，而且也是一种理解现实的价值智慧，这种理解现实的价值智慧是人类活动超越性的表现。遗憾的是，康德并未从这方面对认识进行更深入的研究、阐述。不过，康德对理性概念的分析，使认识论中的所谓绝对认识的形而上学理论从此失去了传统的、不可动摇的地位和意义，以致在黑格尔之后就完全一蹶不振了。另一方面，在康德对理性的阐述中还隐约流露出这样一种看法，即在认识中有一种超认识的东西在统摄着认识本身。但是，康德也没有直接明了地指出这是什么。康德的这种隐约未说的东西就是对人类认识进行统摄的价值观。康德说的绝对理念、无限的对象不是别的，正是人类的价值，人类对自身的需求满足和估价。这种满足和估价不仅统摄认识，而且也是无限的、绝对的、唯一的，它绝不是认识论可表述清楚和解决的。

康德把认识设定为主体功能与客体对象的建构关系，把知识设定为主体过程的描述而不仅是对对象本身的概念描述，并强调认识中的理性价值统摄作用等观点，对近代认识论的研究有着重大的启示。

伦理学从苏格拉底起就成为哲学不可缺少的一个组成部分，并从道德学说转为对人的本质的设计，对人的行为、目的的阐释和判断研究。康德的伦理学思想主要体现在他的《实践理性批判》中。论述康德伦理学、理解他的伦理学的启示的前提是必须明白康德伦理学不只

---

① ［德］康德：《纯粹理性批判》，蓝公武译，商务印书馆1960年版，第16页。

是基于反对法国唯物主义幸福论，还是对唯理主义目的论的批判。可以说，康德的伦理学在某种意义上肯定、改造了以卢梭为首的法国唯物主义伦理学，扬弃了唯理主义伦理学的目的论和经验主义伦理学的快乐论，从而形成了以"自由"为核心的先验综合的伦理学。

伦理学是把人的现实关系、意志行动、目的愿望作为对象进行研究的一门学科。因而，伦理必然以人的意志、目的为基本对象。在《实践理性批判》中，康德首先对人们能够提出伦理问题的能力进行了考察。

唯理主义作为康德时代的一个主要伦理学流派和主流伦理思潮，其理论和方法基于莱布尼兹哲学。莱布尼兹认为，整个宇宙是有目的的，这个目的被具有理性的上帝所决定。人作为上帝所创造的单子集合体，必然也符合上帝所设立的目的。上帝设立的目的在现实生活中成为人的行为准则，而且它存在于人的理性之中，是人的理性的一部分。每一个人的行动和他的意志都必须符合这个目的，人却无需对这上帝设定的目的进行思考和证明，只要服从便可。那么，这个目的是什么呢？就是从中世纪流传下来的、以基督教道德为核心的具有市民社会价值和传统文化气息的道德规范。

在康德时代，另一种伦理思潮则是由罗马时代伊壁鸠鲁哲学开创、后在经验主义伦理学中全面展开、发扬的快乐主义伦理观。快乐主义伦理观基于经验主义哲学之上，由于经验主义否定了感觉之外的存在，把存在归于感觉的存在，也就否定了存在的普遍性、必然性。人作为感觉的人，只是纯粹的感觉个体，他的目的、行为也只是个体的、感性的，没有普遍性和必然性，这在伦理上就表现为对追求个人幸福与快乐的鼓励与赞赏。

康德认为，这两种伦理思潮之所以走到这样极端不现实的地步，根本原因是获得这两种伦理观念的思维方式有问题。在唯理主义那里，正像他们对待存在与意识的关系问题一样，其思维方式是先验分析型的，对其伦理结论的证明已直接包含在其伦理前提之中，伦理前提、伦理证明和伦理结论的过程只是对某种纯粹伦理假设的表述，其内容实质上既是同义反复又是超验的、与现实生活无关的。尽管唯理主义伦理观中包含着必然性、普遍性，但其普遍性只在于必然性，而其必然性则只是在于无法证明性，即必须服从性。这些道德教条一旦进入每个个体的现实生活中，它的无法证明性与抽象性使每个个体无法理解与自觉掌握它。或者说，由于这种道德教条的抽象性、空洞性、超验性，使得它面对每一个现实的个体时，只能自己变成随意的、个别的解释和行为，道德的普遍性、必然性就变成了行为的个别性、偶然性了，其结果是唯理主义普遍而必然的道德设定失去了现实意义。经验主义快乐伦理原则基于经验主义思维方式之上。经验主义思维方式是后天综合判断思维方式。后天综合判断是丰富的、具体的，判断结论并不包含在前提设定之中，判断的过程将前提设定与结论联系起来，结论的内涵远远大于前提的内涵。但是，后天综合判断仅仅是后天的、经验的、个体的，因而没有判断的过程和结果不具有普遍性、必然性，而只有与个体感觉相关的随意性、偶然性。就经验主义伦理学而言，虽说追求快乐人人愿之，似乎具有普遍性，但人人对快乐的理解大相径庭，快乐只与个体日常经验相联系，因而经验主义的快乐伦理也就失去了现实普遍性和价值的指导意义，成为虚假的口号。

　　思维方式的错误使唯理主义伦理学和经验主义伦理学在对待人们日常道德生活中面对手段与目的关系这一最普遍的现象时，陷入了不可自救的错误之中。在唯理主义伦理那里，道德准则作为一种教条原则，既无法用实践经验普遍证明，同时这种道德教条也不包含实现这种道德教条的手段于自身之中。这样，唯理主义的道德教条无法真正成为人的行为的自觉的目的而诉诸每一个人的现实生活中。当人去实现这一远离自己现实生活的目的时就会发现，他们缺乏实现这个道德目的的手段。道德目的不是现实的生活目的，必然导致实现目的的手段外在于每一个人的生活，这必将会出现某个人的意志作为其他人的手段与目的中介的生活状况。拥有权力的某个人迫使更多的其他人违背个人意志去实现外在于他的、抽象的目的，从而造成个体自由的丧失。在康德看来，唯理主义伦理学只把目的作为唯一的伦理内容，而忽视了实现目的的手段，进而使目的取代手段，从而取消了个人的生存自由。经验主义伦理学则走向另一极端，它们把快乐作为唯一的伦理目的。快乐只是个人的快乐，在康德看来，它本应作为实现道德目的的手段而存在。所以，经验主义伦理学在道德上根本没有目的，手段成为它们的目的，手段成为伦理的终极，这必然出现不择手段满足私欲和丧失普遍道德的生活状况，整个社会将失去理性正义，而个人生活也将失去理性合理性，这样的生活状况在康德看来是非人的、不道德的、野蛮的。

通过上述分析，康德认为唯理主义的伦理原则是一种形而上学的教条主义原则，它最终使人回到中世纪的生活中。实际上，唯理主义伦理观的根源就是中世纪神学道德观，只是在神学的本位外加上了浓厚的无法证明、超人的理性外衣而已；而经验主义伦理观体现了一种生理自然主义倾向，它否定了人的主体性、社会性，取消了人与动物的本质差异，从而也就否定了人的文化存在，使人等同于自然本身。

康德认为，伦理立场的确立，既不能从超验的先天分析判断出发，也不能从个人的后天综合判断出发，而应从先验综合判断出发。只有运用先验综合判断才能对整个伦理领域出现的问题、现象进行分析，才能设立既普遍必然又关乎个体合理性的道德原则。在康德看来，伦理领域中人的个体的活动与社会整体存在是不可分割的，任何一个人的行为都不仅仅是个人的行为，同时也是整个社会的行为。原因何在呢？因为如果人的活动仅仅是个人的活动的话，从判断上讲是综合的，然而在每一个人的意志活动中，都蕴含着某种共同、普遍的价值，康德有时称此为"普遍立法"，它诉诸每个人的意志活动中。这个"普遍立法"是什么呢？就是你意愿它成为普遍律令的那个原则。康德说，这个"普遍立法"先于个体经验而普遍地存在着，同时这个"普遍立法"又为个体经验所理解，具体在每一个人的活动中呈现出来并在每个人不同的实践行为中获得实现。所以这个"普遍立法"既不是唯理主义的那种与人无关的超验设定，也不是经验主义的那些没有普遍性、必然性的快乐欲求，而是通过个人的设定和个人的活动实现的既符合社会的、普遍的目的，又符合个人特殊需求的先验综合行为准则。可见，"普遍立法"有着极为深刻、积极的内涵。一方面，"普遍立法"承认个人对快乐追求的合理性，认为追求快乐是人的需求中不可缺少的一部分。另一方面，"普遍立法"要求人的活动应有一个更高的目的，在快乐之中须有更深刻的蕴意，追求快乐是实现更高目的的手段。与唯理主义伦理学和经验主义伦理学不同，康德没有把普遍的目的与个人的快乐割裂开，而是把它们统一在一起。这里统一是指普遍目的与个人需求相互包容、相互确立，其包容和确立的中介则是人的现实道德活动。

目的与手段的统一，在康德那里是以自由为根据的。作为哲学概念，自由为卢梭提出，指自然所赋予人按其意愿活动的合理性和合法性。康德汲取了卢梭对自由的基本阐释，进一步为其注入创造性、深刻性的内涵。康德认为，自由是指人的意志行为的自主性。这一点非常重要，它与黑格尔所理解的自由有着质的不同。黑格尔把认识到了必然看做自由，这只是认识领域的。康德的自由不仅指认识活动，而且指整个人的活动，特别是人的伦理活动的自觉性、自主性的能力。这样，康德就解决了手段与目的冲突这个伦理学中最不易解决的难题。唯理主义伦理学只求目的而不顾手段，经验主义伦理学只要手段，并把手段等同于目的，把手段看成自己追求的唯一目的。这两种伦理观从根本上导致了目的与手段的冲突。康德把自由作为伦理之本，把个人的活动作为伦理实践过程，目的与手段都统一于个人活动之中。一方面，目的是普遍的同时也是个人的，目的在个人的活动中获得现实性。另一方面，手段是个人的却又是为实现普遍目的而设立的，手段又包含于目的之中，因而手段也不是个人的而是社会的。这样，手段与目的在个人的伦理活动中有机统一起来，快乐与义务，感性与理性，幸福与责任统一起来。这种统一并不指同一，并不是指手段与目的不分，而是指二者在活动中不断对话、相互确立、共同实现。在康德的这一思想中有一个最根本价值诉求，这就是人是目的。康德曾说，人应这样行动，即无论是对你自己或对别的人，在任何情况下都把人当做目的而决不只当做工具。就是说，人本身是人活动的最终目的，而手段只是实现以人为目的的手段，手段也是人的。可见，善在康德那里既不是目的，也不是手段，而是过程，即不仅目的是善的，手段也必须是善的，实现过程必须是善的，这样才是真正可被称为善的，因为目的的善、手段的善、过程的善才能真正直接体现人的自由，实现人的意志自主选择和自觉行动。总之，康德的伦理学中充分蕴含了主体性精神，全面展示了现代人道主义意蕴。以自由为本质，以人为目的，以自觉自主的选择和行动为手段，不仅要求目的的善，而且要求手段的善，通过个人的主体实践实现感性与理性、个体与整体、个人与社会、目的与手段的统一，这是近代西方现代性伦理学中最深刻、最伟大的思想之一。

三、人、社会、自然的总体性关系重构

纵览人类精神历程，人们会发现，智慧活动始终指向人类自己创造的却又严重困扰着人类自身的现实世界。康德的整个思想体系都是想达成对人类现实的重新设计，而新的设计又与康德对文化的理解分不开。康德在为人类生存争得优先权的前提下，将文化理解为重构人、社会、自然的总体性关系的对策，将现实世界合理存在视为文化的合目的过程，把自由标定为文化的终极目的。因而其文化观点具有强烈的现代人道主义精神和当代生态意识，而这正是近代西方现代性审美文化的基本走向。

从苏格拉底为人类建立自我意识起，将世界分为理式、现实、艺术三大领域的柏拉图界域思想，组构细密知识体系的亚里士多德分类

意识，追求日常快乐的伊壁鸠鲁的幸福主义原则，承认原罪、直面世纪末日的基督教救赎启示，张扬感性欲求、追求现世当下确证的文艺复兴生命至尊观念，倡导科学、呼唤人性的启蒙运动理性主义，所有这些西方的智慧都试图用文化的方式整合人、社会、自然的关系。然而康德发现，智慧在历史的运作中却深蕴着对文化的悲剧性误会，那就是将文化作为抽象样态的精神符号或手头使用的、静态的、可随意认定的某种工具，对文化的悲剧性误会正是西方智慧从诞生之日起就沦入深深的焦虑中的原因之一。清除焦虑的重要方面便是对整合人、社会、自然的文化内涵进行重建。重建文化内涵的前提则是对文化进行全新诠释。康德认为，传统智慧对文化理解不周全的关键在于将文化当做名词来释读。名词的能指与所指实质上不可兼容，其所蕴含和表达的意义的具体性与抽象性决然对立。因而作为名词被释读的文化不是被确认为具体的、手头可随意使用的工具，就是被当成抽象的精神符号，文化也就丧失了重构功能和协调功能，只能成为斩不断、理还乱的焦虑情结。在康德看来，纠正这一智慧的谬误，最有效的办法就是将文化作为动词来释读。动词表达活动，其能指与所指在所表达的活动间的联系中获得统一，动词词义所指代的具体性与抽象性在动词的实际使用中成为现实性。当把文化作为动词来释读，并用已成为动词的文化来解释现实世界时，文化不再是狭义的艺术与科学作品的总和，学校、博物馆、图书馆、影剧院的概括，语言、文明教养、社会意识形态的集合，而是在自由意志的统摄下，按一定意图对人、社会、自然进行建构、整合的人类全部活动。可见，康德所诠释的文化不是一个已完成的事态，一个静止的现状，而是具有构成功能的历史过程，是指向未来的当下意义活动。

运动具有时间性，作为人类历史过程的文化，其当下特征已意味着所有既往实现的动态重组，表现为所有物态、心态、符号和规则的传递。不过这种传递又包含在现世人的活动变化之中，同化于当下活动形式所体现的无数变化和发展的可能性范围之内，是现时态人的特有活动的积淀。正是在这一点上，康德断言，历史上出现的任何文化问题都与当下存在着并向历史提问的现实人自身有关。文化不是一种外在于人并在历史中自发产生作用的非人格异己力量，应该意识到现实才是走向未来的文化起点，文化则正是当下生存的人自己驾驭自己的全部内容。不过，人不是自动机器，也不是传统的产物。康德认为，以生命形式存在着的人，本质上是自由的，是对一切可能性和现实性的超越结构。就本体而言，人永远必须通过其自身的努力才能获得真正属于自己本质特征的存在，这一努力也正是所选择和运作的文化。因而，文化有着双重结构，一方面人是文化的创造者，另一方面文化又塑造了人。在过程意义上，文化就是人自身生命的创造，它是不断建构人的自由本质和解构人的非人成分并以此来实现对人、社会、自然三者关系的合理协调的历程，人在这一历程中不断完善，成为属人的人。正像康德所说："人类并不是由本能所引导着的，或者是由天生的知识所哺育、所教诲着的；人类倒不如说是自己本身来创造一切的。生产出自己的食物，建造自己的庇护所，自己对外的安全与防御，一切能使生活感到悦意的欢乐，还有他的见识和睿智乃至他那意志的善良，这一切完完全全都是他自身的产品。"①

批判哲学将人同时界定在经验、本体和实践三大领域之中。文化由人所创造又重塑着人，也就有了三种不同的总体样态，康德将之称为"what"样态、"be"样态和"how"样态。"what"样态指的是经验界文化的表征和功能。康德认为，经验是人作为感性生命存在的基本方式，它由生命的感性活动展开，又可以被人类的感性与知性主体功能所把握。"what"样态的文化就是发现经验界的感性生命活动存在着什么、有什么特点、有什么功能，与人自身有什么关系，其文化历程显现为人类的认识过程，其成果即为科学知识。"be"样态文化中的"be"则是本体存在。康德相信，本体的存在不是认知可把握的，对本

---

① ［德］康德：《历史理性批判文集》，何兆武译，商务印书馆1990年版，第5页。

体的理解必须有更高的理性才能获得。文化的"be"样态具有极为深刻的内涵，它是全部文化的基础，却又不可能被经验所感知，因为它就是人之本真、文化之本源，是把关于某存在的一切可以认识的与可陈述的扬弃后所剩下的存在价值，人一旦与此分离，便失去了存在的根据。由此，这个"be"样态的文化只能是自由。自由不证自明，永无终结，因而也"不能确切地被人类预见到"①。而对"be"样态的文化陈述也只能是对自由的敬畏和肯定，是对人所以为人的终极关怀。但人在陈述自我、确认自我的同时还作为生命行为存在着。生命行为既包含着对经验自我的把握，又内化着对非经验的本质的确定，从而构成了人这种存在方式的独特活动过程，即人总是用新的方式去发现存在和本质的新意义，总是在向客体和主体提出询问并要求自己作出回答，这便是文化的第三种样态——"how"样态。文化的"how"样态使人的生命存在和本质确认从不停止在历史或自然过程已然的限定之中。相反，它要求人类不断地规划自己怎样行动，从而确立超越个体有限性和集体定在性的行为模式，不断建构自己的存在价值，发现自己的本质意义，发展自己的主体能力。在这个意义上，文化并不是一种在人的历史过程中自发产生的自在力量，而是现实的人通过把握外部世界、确立自我本质、完成驾驭主体、操作客体的行为过程。事实上，当人用自己的行动去探究生存的价值、世界的意义时，他所受到的束缚、禁锢消失了，因而文化的"how"样态具有一种真正的解放性质，它是人回到文化本身去领悟、掌握文化本因和意义的根源，也是人在生命过程中成为自己的导师的最终依据。由此可见，文化是一个永不自明又不断昭示、永无终结又不断确立的人类战略对策过程。

不过，康德也敏锐地发现："他们要探讨的乃是行为自由的生命，他们应该做什么确实是可以事先加以命令的，但是他们将要做什么却

---

① ［德］康德：《历史理性批判文集》，何兆武译，商务印书馆1990年版，第151页。

是无法事先加以预言的。"①文化的三种样态如果要真正成为属人的存在性质与过程，就必须在现实中成为人的生存与发展的现实对策。

人属于自然，但又不是自然的。为此现实的文化应首先是超越自然的生命对策。康德认为，从物种的意义上讲，人与动物同属于自然的一部分，并像所有动物一样，其生命的最一般倾向在于不断要求确定和完善自身的物种属性，这就构成了人作为物种与一般动物的生存目的的一致性或相似性。但与一般动物不同的是，人的物种属性具有其他物种所不具有的开放性质，它与自然的关系呈现出极大的可能性特征，这导致了在生存方式上人与其他物种的根本差异。这种差异使人同自然包括周围的物质世界和人的本能始终有一种非常紧张的关系。自然常常成为人的威胁和束缚，人亦感到强烈的被压迫。所以，人需要挣离自然的束缚。挣离自然的束缚并不是断绝与自然的联系，而是把自然的法则统摄到人的主体活动的超越性之中去，使人在自然中获得属人的优先权。在康德看来，也许文化是唯一能够达成这一目的的方式，因为文化是非自然的，却又能介入、干预自然。正是在这介入与干预中，自然才可能成为属人的自然，成为人的生命存在与发展的一部分。康德曾反复强调，在对待外部自然和人的自然属性这个问题时，绝不能只将知识、艺术、宗教，甚至科学技术等文化活动视为单纯的提高人类智力品位的活动，它应是抵御自然、超越自然的战略对策与现实运作方法。当人以文化为实践对策与过程，实现了对自然法则和人的本能的统摄时，自然对人而言就成为非决定性的，人的活动和人对自身活动的阐释便是人类调整自我构成、指导自身行为的真正尺度，人在肉体和精神两方面的存在和发展就都具有了创造性。正因此，人不仅能够创造自己，而且决定着怎样创造自己；文化不仅是人对付自然的生命对策，也是人不再通过生物进化、变异发展自己的基本方式。所有这些，在康德看来，取决于我们如何将自然整合于文化

① ［德］康德：《历史理性批判文集》，何兆武译，商务印书馆1990年版，第150页。

模式之中。当然，整合的方式方法和具体途径复杂万象，不过有一点却是相同的，即作为生命对策的文化绝不意味着反自然和泯灭人的天性，超越自然的实现只在于使自然法则与人的本能符合人的主体文化目的，成为人的理性价值与自由本质的展开。正像康德所坚信的那样：真正的人道主义应是彻底的自然主义。

由此可见，当康德把挣离自然、超越本能的生命对策界定为文化的赋值与操作时，也同时将自然视为人类的生存家园了。家园本身就意味着由人自己建造，纯粹的原始自然不会自发地成为人的居地。作为文化成果，成为人类生存家园的自然既是自然客观的，又是文化属人的。人在这个家园中的生存发展直接表现为对家园的建设。康德认为，建设这个家园包含着两个方面的主体任务：其一，要改变自然，使之人化。这又要求人们认识自然，对自然有尽可能广博和深刻的理解与体悟，使人尽量全面地根据这种认识与领悟合目的地改造自然。其二，更为深刻的是保持自然的独立性，使自然永远成为人类生存活动的最有效、直接的参照系。只有在这个参照系中，人才能使用一种有意义的文化方式进行选择和实现自身的生存和发展。否则，人的活动将可能是盲目和偏执的。所以在自然家园中生活，人要懂得关心自然、尊重自然，更多地用静观的态度、对话的方式、合规律的行为去享受自然赐予我们的福祉。为此，康德曾严肃地告诫世人，无论何时何地，人类都要防止用以提升人、解放人的文化异化为威胁自然存在、中断人类生存的异己力量，并应视此为超越自然的基本文化对策之一。

人的文化活动虽然以这样或那样的方式表现出对各种规则的扬弃，但最终它指向、回归那现实生存着的个体。文化的自由本质、超越功能归根结底还在于个体生命对自身存在的意识发现和超越。因而文化实际上呈现为双向度的过程。就人类而言，它表现为人类从自然和本能的统治中挣离出来，借助生命的文化方式使人类与自然构成某种对象性关系，既独立于自然又操作自然，使自然成为整个人类的家园。康德将这一文化过程的自由性质描述为"从……自由"。就个体而言，生命存在的走向几乎与自然进化规则和物种天性难以分离：人类的许多性质在个体的日常生活中似乎都隐藏到个体存在和活动的背后，往往只有在思维中隐约可见。人们确实也总是为关于人类的本质的描述与个人现实生存经验之间的巨大差异而感到苦恼。康德认为，造成这种苦恼的原因在于人类与人包括大写的人与小写的人的内涵并不完全一致。人类属于历史范畴，它在其漫长的时间延续中逐渐地昭示自己，个体的人却是非历史的，它只能在当下的现实中显现自我。就人超越自然、现实生命的文化方式而言，人类获得了一种解放，但这并不意味着个体的现实在日常生活中是自由的。文化在实现人类超越自然的同时，还必须使个体在日常生活中获得解放。就文化而言，当它建构了人与自然的对象性关系时，人类便从自然中实现了自由，这是由于人类的生存发展只在方式上与动物有别，而目的却是一致的。但对个体的现实人来说，情况就完全不同。他在日常生活中既不能脱离自然、经验，又无法通过与自然、经验建立某种整体性关系来实现解放。因而，个体只有在生存方式和生存目的两个方面同时获得对自然的非经验性超越时才能实现自由。可见，个体的自由不是不食人间烟火、断绝肉欲本能，个体自由是非经验、非日常的本体论意义上的自由，即对个体的全部生活内容与生存方式赋予自由的意义，并使个体在其中能够显现自身存在的价值。康德称这个向度的自由为"去……自由"。在这个自由向度中，文化便直接表现为替个体寻找使其在目的与方式两方面皆获得属人的特征的意义对策。在康德看来，这个意义对策不是别的，正是要求个体在本体世界符合道德律令。道德律令的实质是自由，而自由又是文化的先验前提，所以文化的结果必定是道德。

对于康德来说，以自由为本质的道德是超验的。经验界的一切都受着因果律的制约，对个体而言，其日常存在又没有普遍的主体尺度。因而以自由为本质的道德不可能来自经验的日常世界，必定来自一个非日常却又能命令、干预日常的存在领域，这个领域就是主体的理性领域。康德相信，现实的人具有知、情、意三大主体功能，每一主体功能又缔造了个体生存活动的不同界域,其中意志主体功能产生了人的理性。意志功能本身与感知无关,它所生成的人的生存领域就是非日常的理性世界,这个世界超越经验而又统摄经验,不含纳任何规律却又介入日常生活,是人所以成为人的基石,这个世界的核质是自由,而其普遍形式即为道德。所以,"批判哲学"的道德实际上是以人为目的,以自由为本质,以意志自律为形态的个体存在的唯一普遍形式。文化作为个体的意义对策,就是要通过文化的运作,使具有经验性质并必须生活在日常领域中的个体获得这种普遍的本体价值,使个体在自然规则和感性现实的定在中具有自由的意义。一旦达成这一点,现实的个体就不仅是追求快乐、享受幸福的存在,也不仅是认知、应用技术的存在,更主要的则是一种具有普遍责任、具有道德良知评价的存在,而现实个体所面临的世界也能够在被感知、被实践的同时被理性所达到,成为真正真实的、富有意义的个体世界。将道德界定为个体的普遍自由形式并通过文化来实现这一形式时,道德就不再是人们通过理智的推论或经验的感悟、直觉的启示所确立的训条戒律和神圣法则。对个体来说,它成为个体永恒而运动着的人生态度,成为个体的一种存在使命和生活风范,一种在现实情境中具有肯定意义的自我价值,是个体生存与展开的主体证明并成为个体在自身中发现他自己生活意蕴的源泉。这种人生态度诉诸个体行为中又成为个体在可容许做的事情和应该做的事情之间进行选择的良知尺度,成为个体在感性的经验和物种尺度规定下的日常境遇中自身不受感官欲望与物质利益主宰的自律,从而使自己的生命活动始终具有普遍与超越的自觉,而这正是自由在个体生存中的文化呈现,也是自由在感性经验界的对象化与确证。正是在这一过程中,个体以其具有本体普遍意义的个性行为进入了群体之中,成为人类社会的一员,并最终成为人类世界的一种存在方式。同时,文化也因个体的独特性、实在性而产生了多元、开放和具体的性质,而且通过个体道德价值在群体社会中的实现,个体一定会获得自己的发展,成为人类社会价值之所在。对此康德充满信心，认为文化的意义对策一旦实现，对个体而言，道德便"不是教导我们怎样才能幸福而是教导我们怎样才能配得上幸福这样一种科学的入门"①。对由无数个体构成的人类整体而言，人类史将在原则上"是某种道德的东西，而这种东西被理性表现为某种纯粹的、但同时又由于其巨大的和划时代的影响而被表现为某种公认是人类灵魂的义务的东西；这种东西涉及人类结合的全体，它以如此之普遍而又无私的同情在欢呼着他们所希望的成功以及通向成功的努力"②。

然而对于个体的人来说，将道德的普遍形式界定为自身的存在方式和价值所在并非是天生即得的事。实际上，这恰恰需要借助于文化的意义对策，通过极为复杂、漫长的文化活动使一个自然生物人变成社会文化人的历史。康德指出，在人尚未以道德作为自身存在的方式并从此获得生存意义之前，人完全受到自然因果律和生理本能的统治，这时的人没有自由意志，精神昏聩，行同走兽，一切只得听从他人，受着奴役和压迫。要使人从这种状态中走出来，首先应解放人的精神，使他具有自主选择、自觉行动的意识，从而能够运用自己的理性支配自己，康德称之为"启蒙"。康德在《答复这个问题："什么是启蒙运动"》一文中明确地指出："启蒙运动就是人类脱离自己所加之于自己的不成熟状态。不成熟状态就是不经别人的引导，就对运用自己的理智无能为力。"③当个体的精神意识不再受他人支配而独立自主时，精神也就不再是一种实体、一种灵魂或内在的冲动，而是现实个体的总体定向和个体存在的标志。要做到这一点，有一个基本前提，即个体必须相信自己拥有运用理性的权利，个体只要坚定这一信仰并拥有了这一权利，启蒙也就具有了主体的基础。同时，对于社会而言，它应该懂得只有允许每一个个体拥有运用理性的自由权利，个体才能够完成精神启蒙。康德尤其重视这一点。他说，一个社会如果阻碍个体的自

---

① ［德］康德：《历史理性批判文集》，何兆武译，商务印书馆1990年版，第182页。
② ［德］康德：《历史理性批判文集》，何兆武译，商务印书馆1990年版，第155页。
③ ［德］康德：《历史理性批判文集》，何兆武译，商务印书馆1990年版，第23页。

由发展，这个时代就仍停留在愚昧落后的状态，这个社会便是反人道主义的。"一个时代绝不能使自己负有义务并从而发誓，要把后来的时代置于一种绝没有可能扩大自己的知识，清除错误以及一般地在启蒙中继续进步的状态之中。这会是一种违反人性的犯罪行为，人性本来的天职恰好就在于这种进步；因此后世就完全有权利拒绝这种以毫无根据而且是犯罪的方式所采取的规定。"①

可见，实现以道德为个体普遍存在方式的意义对策首先是启蒙个体的精神意识，使之独立思考而不盲从。不过，康德并不赞同通过一场革命或暴力来完成这种启蒙。在他看来，革命与暴力可以推翻个人专制和贪婪心、权力欲的压迫，却不能实现思想方式的改革。新的愚昧和偏见依旧奴役人们，造成新的专制和压迫。个体的独立思考只能来自拿出勇气，运用自己的理智去"sapere aude"（敢于求知）。在康德看来，从学校的教科书到一系列熟悉的家庭小陈设，都包含着对我们的思想行为产生一定影响的知识内容和启蒙方式。因而个体应该向生活求知，去获得包括经验的与本体的、理论的与应用的一切知识，并使这些知识转化为自己独立思想、自主选择、自觉行动的能力。这一过程既是文化生成的过程，又是知识不断发展的进程。所以，康德认为，一方面知识是所有文化发明的基础，另一方面启蒙的文化对策又构成知识发展的动力。知识的扩张对策化为技术，而技术的展开又必然形成与道德相关的行为活动。求知的这种动态运动正是文化从"what"样态走向"how"样态过程在个体生存、发展中的体现。知识本身并不具有道德意义，而求知却能达成道德。求知使个体在掌握自然的同时也体悟到人与自然的异质，产生超越自然的规定和对这种规定的意识，而这种双向特征的求知活动就是教育与学习的过程。因而，康德曾说，文化在作为个体价值的意义对策时，不仅要设立道德为个体普遍意义之生存目的，更应高度关注这个目的的具体环节过程即求

---

① ［德］康德：《历史理性批判文集》，何兆武译，商务印书馆1990年版，第27页。

知的教育、学习过程。只有目的而无这一现实具体的实施过程，目的将只能成为一种虚幻的抽象思想，非经验化的意识乌托邦，对人的自由实现和主体解放不起任何功能作用。只有在教育和学习的过程中，个体才有可能使这种以人为目的的普遍道德形式转化为自己具体的日常生活行为和感性经验，自由才能作为个体的存在目的的同时，成为个体的存在方式。一般说来，教育和学习过程大致由两个方面构成：其一，通过教育和学习，培养健全的主体认识能力，运用知性去认识自然，掌握自然规律，建立自己的知识结构，最终将知识转化为技术，并通过操作技术实现对自然的控制。近代许多思想家对技术持非常冷漠的态度，卢梭甚至视技术为人类苦难的根源。康德却清醒地意识到，人类苦难并非技术所致，而是来自人类尚未摆脱本能欲望的统治，并认为技术并非一种纯粹的物质现象。实质上，技术标志人类的进步，是人类创造历史的基本方式之一，而且技术领域本身也同样是人类责任的标志，是人类精神的一种功能。将技术解释为物质工具或人的异化，其结果一方面导致人无法继续扩大技术的功能和运用，另一方面也把人降低为孤立的、抽象的自动装置。其二，通过学习对符号的理解与运用，去阐释和运作个体与周围世界的各种人为的规则，从而将个体投入到这个意义世界之中，以此获得存在与释义的优先权。教育与学习过程这两个方面一旦完成，个体将成为文化的人，成为社会的主体，而道德也就不再是一个根据理想来处理现世事务的手段，而是一个不断根据实践目的的现实可能性来检验理想与重建社会的过程。所以，作为个体文化对策的求知过程，教育与学习使个体不仅具有遗传的生存模式，而且在他们的生命历程中还能获得新的模式，并可对现有模式加以修正。教育与学习既是新的技能、行为规则的掌握，也是道德、意义和表达的生成。因此，严格地讲，教育与学习不仅为个体实现普遍的生存形式确立了实在性，也为文化从个体的完善走向群体的社会重构提供了可能性。

康德对个体生命价值和意义规范的本体论定位，更宏大的目标在于通过个体的道德自律和责任感与理性功能的培养，引导整个人类的健全发展。但是无论怎样，个体在历史中处在不同的坐标和位置上，并随时随地发生着巨大的变动。个体存在的普遍形式只能为群体社会的进步提供可能性。更现实而不可改变的是，人作为历史的存在，虽就某种意义上说决定历史，然而在更广阔与深刻的背景领域中却受着历史的决定。个体与社会在相互依赖、相互补偿的同时，常常也出现背反的现象。个体的道德化并不一定表明社会前进，现实人的自我完善也不一定带来历史的全面进步，文化的发展与文明的异化成为群体存在的两面。对于社会历史来说，文化的意义对策产生的个体进步并不必然使群体走向一个更高级的阶段，甚至由于群体社会发展的每一阶段的性质有着很大的差异，群体发展的任何一个阶段也就不意味着比前一阶段更优越。正像康德所说："进步问题不是直接由经验就能解决的。即使我们发现，人类从整体上加以考察，可以被理解为在漫长的时间里是向前的和进步的，可是也没有一个人能因此就认定，正是由于我们这个物种的生理禀赋，目前就绝不会出现一个人类倒退的时代。"①因而，要求人类整体的发展，就必须寻找更有效的文化战略，这个文化战略在康德看来便是保证群体发展的社会对策。

康德所面临的现实令人极度失望，专制与强权使得每一个社会成员无法以自己的意愿且与别人的自由不悖的各种方式去追求自己的幸福。盛行于世的自私、贪婪、狡诈、歹毒又使得体现人性和表达完善文化的精神产品因遭到拒绝而远离社会。所有这些都是个体沉沦于本能和迄今为止人类尚未建立一个真正合理的社会制度所造成的。康德断言："我们自身也许是这一切灾难的唯一原因。"②但康德又坚信"正是由于人类不满足于原始状态，所以他们就不会使自己停留在这种状态，更不会倾向于再回到这种状态"③，而一定会改变这种状态。即以

---

① ［德］康德：《历史理性批判文集》，何兆武译，商务印书馆1990年版，第149页。
② ［德］康德：《历史理性批判文集》，何兆武译，商务印书馆1990年版，第75页。
③ ［德］康德：《历史理性批判文集》，何兆武译，商务印书馆1990年版，第77页。

人自身为基点，在个体通过道德实现自我完善的同时，建设一个合理、健全的人类社会。什么样的社会才是最合理、健全的呢？康德将人视为世界存在的目的，反对用手段的态度对待人，这样的封建社会、专制社会显然不合理、不健全。康德反对一切人治社会，认为在人治社会中，支配这个社会的是某些人或某个集团的意志，无论这些人或集团是否道德，无论这些人或集团的意志目的是否正确，这个社会都是不自由的。因为它必定由另一些人服从某些人或集团的意志来达到社会运转，从而导致这个社会的一部分人受到强迫或奴役。一个合理、健全的社会，每一个社会成员都在一个代表着所有人意志的规范下生活，在这个社会中，无论是谁都没有超越或无视这个共同意志规范的特权。所以，合理、健全的社会只能是法治社会。在康德看来，文化的社会对策最主要、最基本的就是建立这种法治社会。他说："迫使人类去加以解决的最大问题，就是建立起一个普遍立法的公民社会。"① 法治社会可以避免以下三种不合理社会状态：一是在全社会强行实施某种带有个人或集团特质的道德偏见、精神迷信，迫使全体社会成员接受，否则视之为异端，从而使整个社会笼罩在恐怖主义氛围中，引起社会大倒退。中世纪的西班牙和法国大革命雅各宾专政时代就是如此。二是运用个人天才智慧和独裁权力，将整个社会置于愚民政策的统治之中，社会成员麻木不仁如同行尸走肉，造成社会发展的停滞。封建时代的东方社会可称之为典型。三是倡导恶性的幸福主义，使社会各方面疯狂地追逐感性快乐，全体社会成员成为欲望与本能的动物而失去人生使命和社会责任，最终引发社会大崩溃。古罗马帝国时代即是如此。法治社会将人视为一种自由，其社会成员共同意志凝聚而成的宪法是普遍立法。宪法应具有这样一种基本精神："没有人能强制我按照他的方式而可以幸福，而是每一个人都可以按照自己所认为是美好

---

① ［德］康德：《历史理性批判文集》，何兆武译，商务印书馆 1990 年版，第 8 页。

的途径去追求自己的幸福。"①在法治社会中，社会的成员都是社会主体，受着同一法律的保护。生活在这个社会中的每个成员生来就具有受到这个社会的法律保护和其他成员尊重其自由的权利，他们是社会的、拥有权利与义务的公民，而不是某些人或集团的臣民。因而，这个社会中的一切成员都彻底平等而绝无特殊人物和特权阶层。与此相一致的是，这个社会的任何一位社会成员都应该有益于这个社会的生存、发展，将这个社会的稳定、繁荣、进步视为生而即有的责任与义务，而且应自觉地杜绝为实现自己的幸福而破坏他人自由的行为。康德对这理想社会充满着喜悦，也对它的来到充满自信。他曾说，发展群体的文化对策如果能被人类自觉运用，并最终建立了这样的法治社会，那么就人类而言，他的自然进化过程就为文化的发展所取代，就可以想象人们将在道德与理性的方面朝着不断完善前进，并永不停顿。如果说人类本应该是自然的一部分，由本能与天性所统治的一种自然物种，人类的历史起点是恶的话，那么通过合理、健全的法治社会，每一个具有理性与道德普遍形式的社会成员在责任与义务的召唤下尽自己最大的努力作出自己的一份贡献，人类则成为超越自然的文化存在，人类的历史终点将是善，人类的整个生命历程将"不是人类的自然史，而是道德史了"②。

　　康德所执著的文化实质是重构自然、人、社会的大文化对策，是对人类发展的总体性战略设计。不难看出，康德的文化观念具有极大的人文主义特征，这明显地体现为康德始终赋予文化以一种形而上的价值，将关注人类精神品质和意识追求视为文化的真正追求。而这种对文化的人文主义态度和阐释对当代文化精神诸领域的影响极大，不禁使我们对此作进一步的探寻。甚至可以这样说，近代西方现代性审美文化的三大基本构成：哲学的个体本位、艺术的审美观照、文化的

---

① [德]康德：《历史理性批判文集》，何兆武译，商务印书馆1990年版，第182页。
② [德]康德：《历史理性批判文集》，何兆武译，商务印书馆1990年版，第145页。

自由解放都建立在康德对认识、道德、审美、文化的理解之上，懂得了康德便可以懂得近代西方现代性审美文化的秘密与本质。

四、近代西方文化自觉与文化哲学

现代性文化自觉是近现代人类普遍的价值追求，也是确立审美现代性的前提。与当代民族多元文化自觉诉求不同，西方近现代文化自觉突出地表现为工业化过程中人类对自身文化问题的理性思考和理论整合，具有明显的现代性人本主义特征。康德哲学以深邃的批判精神，对科技文化自觉、宗教文化自觉、政治文化自觉、审美文化自觉进行了深刻的分析，在扬弃自文艺复兴以来的西方各种文化意识的同时，建构了近现代西方文化自觉的基本价值框架，为近现代西方建立完整文化自觉的价值体系作出理论贡献。而李凯尔特对康德的超越又为西方文化转向，特别是审美文化的转向提供了理论的准备。

意大利文艺复兴后西方全面进入了工业化过程。大机器的普遍应用使物质财富迅速增长，社会生活发生了根本性变化，也给人带来了一系列严重问题，产生了对以科技为本的工业化社会迥然不同的两种判断。以法国思想家卢梭为代表的浪漫主义文化思潮认为，科技带来的大机器生产方式将人禁锢在机器之中，使人成为机器的片断、零件。在机器的世界中，人丧失了自由的个性。科技文明是异化的，是对人的天性的毒化。所以，近代浪漫主义思潮对科技采取了一种断然拒绝的态度，呼唤人们"回到自然中去"。而以英国哲学家培根为代表的近代经验主义思潮则视科技为人类进步的圣经，极力倡导科技的发展，将科技视为解决人类所有问题的唯一途径。很明显，否定科技的浪漫主义思潮是近代一种最具思想深刻性的人文精神、批判理论。肯定科技的经验主义思潮则体现了近代独一无二的科学精神，具有极高的理性品格。但是两者拥有的合理性中都存在着巨大的片面，表达了近代西方文化对人自身理解的分裂与焦虑。

身居近代的康德冷静地审视着科技给人类带来的财富和痛苦，在其"批判哲学"中对科技的文化本质进行了哲学化的诠释，从中发现了科技的真正阈度。康德认为，科技是人的认识能力的展开，人的主体认识能力由感性、知性、理性三者组成，而认识则是在经验范围内对存在的把握。康德心目中的存在具有主客体建构性质，与主体无关的存在康德称之为"物自体"。"物自体"是抽象的、不可知的。当"物自体"与主体相遇，构成主客体关系时，主体的感性能力对"物自体"进行建构，表现为时间与空间。换句话说，康德理解的时空不是客观存在的属性，而是主体感性能力的一种结构框架。"物自体"在时空主体结构框架中被建构为具有时空特征的现实、可感、具体的现实经验存在。知性是一系列不同的概念与判断构成的主体建构客体的动态判断系统。知识的系统化即为科学，科学的应用并物化就是技术。而科技的本源便来自主体的认识能力。但是主体认识能力是有极限的。当认识能力无限度与客体建构关系超出经验的域度之后，认识的结果便失去客观统一性，人们无法对其作出单一的一致性判断。例如，凡是信仰、道德、幸福、责任等无时空的问题，科技都是无法给予解决的。也就是说，科技可解决自然界的全部问题，解决人类社会具有时空性的物化问题。用康德的话语来说，科技可以解决一切经验域度中的问题，但解决不了有关人的意志、情感等领域中的人文问题。康德对科技域度的限制一方面指明了科学技术在人类社会生存、发展中的重要作用与意义，另一方面也昭示了科技的有限性，为人类精神领域的建造和个体意识领域的存在留下了巨大空间。康德让人们懂得，当人们在充分运用与享受科技及其物化成果时，人类还有责任使自己生存与发展在精神世界中，使人类免遭科技的负面所带来的对人的压迫。

文化自觉是近代西方文化发展的重要标志。综上可见，康德对近代西方科技文化、宗教文化、政治文化和审美文化的深刻理解、阐释，对实现近代西方文化自觉作出了重大贡献。

文化哲学是 20 世纪主流哲学中最富特色、备受瞩目并产生丰厚成果的思想景观。当代文化哲学从欧洲传统思辨哲学中脱颖而出，新康德主义哲学家李凯尔特贡献巨大。李凯尔特对康德哲学的传承与超越，从自由本体转向价值联系，从精神领域转向文化科学，从哲学心理学转向哲学现象学，实现了批判哲学到文化哲学的历史换位，为 20 世纪西方文化哲学的兴起、发展和繁荣奠定了理论基础。

　　康德批判哲学由认识哲学、道德哲学、美学、法哲学、历史哲学五个方面构成，五个方面都在试图阐释人在现象与本体两个世界同时生存，受现象与本体两种不同的要求制约。在现象世界中，人是经验的，感性自然和知性主体决定着人的基本生存内容与基本生存方式。然而康德更倾向于从人类理性出发理解人，更重视人在本体世界中的生存。本体指存在的本源。康德相信，既然人不同于自然，那么人的本体就不可能从自然中获得而只能在自然之外找寻。人与自然相遇时，人受到自然的规范合规律地生活着。但人又不绝对地受自然支配，人还在理性的指导下追求着对自然的超越，表现为"把一切经验条件都排除了出去"① 而合目的地生活着。康德称后者为自由。在康德看来，自由可能是人完全不同于自然的地方，所以他相信只有这完全不同于自然而又不受自然规律支配的自由才是人的本体，是人所以为人的本源。康德关于自由是人的本体的思想在西方传统哲学精神史上具有里程碑意义，第一次在人不同于自然的前提下，在人自身中确立了人的本质和本源，成为近代以来人文主义哲学研究的逻辑起点。

　　康德对自由的思考与确立有两个特点：其一，康德对自由的理解受到人与自然不同的预设所支配，这意味着作为人的本质与本源的自由不可能在经验世界中存在。人在其日常生活中既无法找寻到自由又不能发现自由。如此自由是人的本质和本源，人却对自由不可感受、不可经验；自由不能被我们的感性生命所拥有、享受。其二，对人而言，居于彼岸、远离感性生命的自由在先验世界只能以某种绝对命令

---

① ［德］康德：《实践理性批判》，韩水法译，商务印书馆 1990 年版，第 2 页。

出现。在康德看来，自由源自主体意志功能。主体意志功能将人自己当做唯一目的，并以此确立了自由的基本内涵。所以自由不是感性的、个体的、生物的，而是社会的、理性的、人类的；自由不单纯意味着每个人都能涵盖整个社会的存在，更指整个社会作为人的普遍性存在于个体之中。基于此，康德又将自由表述为"普遍立法"。在"普遍立法"的统摄下，自由在人的实践性活动中显现为"道德律令"。康德认为道德与人的感性欲求无关，完全不受自然的支配。相反，道德远离感性生命，成为人独立于自然、在拥有感性生命的同时超越感性生命的基本标志。

然而，随着20世纪的迫近，人类生存内涵日愈扩展和深化，康德将自由理解为与感性生命无关的本体、道德的思想，在逻辑与现实两个方面逐渐显露弊端，无法应对理论发展和时代生活的挑战。对此，李凯尔特在传承康德的自由可以思考和实践却不能成为感知对象这一思想的前提下，试图使自由返回包括感性在内的、丰富的现实生活，扬弃康德对自由的道德主义注释，从求解人类现实生活出发而不像康德那样单纯从人类理性出发，放弃了康德对自由的绝对信仰，视价值为人类生存发展与建构世界意义的合理尺度，从而实现了从自由本体到价值联系的转向。

李凯尔特发现，康德的自由的本质规定性在于合目的性。合目的性不取决于自然的规律，只能由人的需求决定。人对需求的把握与满足则受制于人的价值活动。价值从根本意义上规范了目的性的基本内涵与外延。就更广阔而现实的生活世界而言，决定人类生存与发展特性的不是自由而是价值。李凯尔特称价值的实质在于它的意义性而不在于它的实际的事实性。换句话说，价值不是物的存在，不是某种不以人的意识行动为转移的客观事实。价值可被创造并存在于人类意识、活动、阐释中，显现为意义，正如李凯尔特所言："关于价值，我们不能说它们实际上存在着或不存在，而只能说它们是有意义的，还是无意义的。"① 康德的自由是纯理性的主体形式：自由的客观性指它客观地存在于人的主体功能之中，普遍地展现于人的信仰、道德等本体实践活动里，体现为一种被先验预设的、与经验无关的价值，但自由本身却不是价值而是存在。李凯尔特的价值虽具有一定的客观性却不是客观存在，价值的存在性在于与某种主体（包含主观在内）的联系性。所以价值是存在着的，但它不像物、事实那样单纯客观地存在着。李凯尔特正是由此坚持并改造了康德关于自由不可认识的思想。在文德尔班的启发下，李凯尔特进一步阐明价值所以不可认识就在于认识涉及判断而价值涉及评价。判断是两个表象在内容上相互包容、统摄，而评价则表示评价者的意识与表述对象之间的需求与文化的关系，这就意味着"价值是文化对象所固有的"②。文化对象是李凯尔特哲学思想中的一个独特概念，指与现实有价值联系的存在。这种存在在人类生活中或被人创造或为人评价。李凯尔特又称价值为财富。他指出客观的未被人创造或评价的"自然现象不能当成财富，因其与价值没有联系"③。

许多人认为如果说作为先验本体的自由在康德思想中还具有客观普遍性的话，那么李凯尔特的价值就完全成为主观随意的产物，据此指责李凯尔特的价值论是从康德自由学说的倒退。李凯尔特则反复强调，他所说的价值并不是纯粹主观随意的。他指出人与文化对象的联系有两种方式：一种方式是价值附着于对象之上，并由此使对象变成财富；另一种方式则是价值与文化主体相联系，通过主体活动变成评价。他用以取代康德自由理念的价值是财富意义上的价值，而不是与文化主体实践功利活动直接相关的评价。他要求人们把价值与"本能地评价和追求"④区别开，同时还要把价值与"情绪的激动"⑤区别开。进而，李凯尔特将评价更准确地规定为"实践的评价"，将价值确立为"理论的价值联系"，

① ［德］李凯尔特：《文化科学和自然科学》，涂纪亮译，商务印书馆1986年版，第21页。
② ［德］李凯尔特：《文化科学和自然科学》，涂纪亮译，商务印书馆1986年版，第21页。
③ ［德］李凯尔特：《文化科学和自然科学》，涂纪亮译，商务印书馆1986年版，第21页。
④ ［德］李凯尔特：《文化科学和自然科学》，涂纪亮译，商务印书馆1986年版，第21页。
⑤ ［德］李凯尔特：《文化科学和自然科学》，涂纪亮译，商务印书馆1986年版，第22页。

指出"理论的价值联系处于确定事实的领域之内，反之，实践的评价则不处于这一领域内"①。从价值与评价的内涵中可以看出，价值与评价的根本区别就在于价值具有客观性、普遍性，评价却不具有客观性、普遍性。价值的客观性并不意味着价值是以物的方式存在着的事物，而是说价值与事实相联系，是人类历史中积淀下的人类文化产物。价值作为人在不同历史时代创造并世代传承的文化产物是客观的，不以个人好恶、心态为转移。而评价，则是当下与个体意识直接相联系、受个体需求与需求满足的支配的判断，为个体所决定。价值不同于评价正在于价值是在历史和现实生活中被普遍承认的。通俗地讲，李凯尔特心目中价值的典型形态就是人类文化知识，而评价则完全属于个人生活。

可见，李凯尔特理解的价值其领域要比康德自由之所在的信仰、道德领域广泛得多：一切充满意义的领域都可属于价值领域。与康德形而上、彼岸性的自由不同，李凯尔特的价值是此岸的，居于现实个体活动之中。

康德哲学思想试图解决人能认识什么、人应该做什么、人能希望什么三大问题。批判哲学倾向于在人类精神领域中探寻解决人类三大问题的方案。但精神领域只是人类生活的一部分而不是全部，因而康德没能完满地解决这三大问题，而且造成了三大问题解决方案之间的联系勉强、生硬。哲学需要阐释人是什么的问题。李凯尔特从主体转向客体，改造了康德人能认识什么、人应该做什么、人能希望什么三大问题，通过建立自然对象的特质是什么、历史对象的特质是什么等问题的文化立场解决人与世界的关系，重释人是什么的内涵，完成了从批判哲学依据人类精神领域向文化哲学立足人类文化领域的转向。

关于文化，李凯尔特的理解十分广泛，既包括具有形而上性质的人类精神活动，也含纳与价值相关的日常生活。他说："文化或者是人们按照预计目的直接生产出来的，或者是虽然已经是现成的，但至少是由于

———————

① [德] 李凯尔特：《文化科学和自然科学》，涂纪亮译，商务印书馆 1986 年版，第 79 页。

它所固有的价值而为人们特意地保存着的。"① 凡在人类目的统摄之下，由人创造而生成或与人的价值相关的事物都可被理解为文化领域中的存在。在李凯尔特哲学中文化概念形式上是被普遍承认的价值的总和，内容上则是这些价值的相互联系。可见，价值是文化的根本，也是文化得以存在的原因，正像李凯尔特所言："价值是文化对象所固有的。"② 用价值的眼光审视文化，我们就可"把文化对象称为财富"③，而这正是文化不同于自然的根本之处。科学研究中，"只有借助价值的观点，才能从文化事件和自然的研究方法方面把文化事件和自然区别开"④。价值不仅区别了文化与自然，区别了文化科学与自然科学，还确立了文化科学研究中区别本质与非本质的尺度。李凯尔特在论及历史学研究时说道："通过与价值联系的原则所要明确地表述的，就是任何人在谈到历史学家必然懂得把'重要的'和'无意义的'区别开时所隐含地主张的见解。"⑤ 李凯尔特借助价值对文化进行考察时还发现文化具有个别性特征。意义是在差异中产生并显现的，意义的普遍承认即为价值，价值生成了文化，因而文化以及作为文化存在方式的文化事件在人类生活中也就显现为具体、个别的。文化及其文化事件总是不可重复的，它与其他存在的差异决定了其存在的独特属性和特征。

对文化及文化事件别具匠心的理解，使李凯尔特创立了在西方哲学史上公认最有特色并深刻影响 20 世纪人本主义哲学研究的文化科学理论。在李凯尔特看来，现实由自然（即与价值无关的存在）和财富（即与价值相关的存在）共同构成。现实中的一切，无论是自然还是财富都是渐进相续、相关转化的，李凯尔特称此为现实的"连续性原理"。现实的"连续性原理"表示现实被主体理解为连续性世界时，现实是普遍相连、具有规律性的；在连续性的视野和背景中，可对现实进行普遍认

---

① ［德］李凯尔特：《文化科学和自然科学》，涂纪亮译，商务印书馆 1986 年版，第 20 页。
② ［德］李凯尔特：《文化科学和自然科学》，涂纪亮译，商务印书馆 1986 年版，第 21 页。
③ ［德］李凯尔特：《文化科学和自然科学》，涂纪亮译，商务印书馆 1986 年版，第 21 页。
④ ［德］李凯尔特：《文化科学和自然科学》，涂纪亮译，商务印书馆 1986 年版，第 76 页。
⑤ ［德］李凯尔特：《文化科学和自然科学》，涂纪亮译，商务印书馆 1986 年版，第 77 页。

知。同时，李凯尔特又坚持认为现实中的一切又绝对不同质。每种存在都有其特定的本质和属性，李凯尔特将现实的不同特质归为一切现实之物的"异质原理"。"异质原理"表明现实中的每一种存在虽相关，但又绝对是不相同的。对不相同的现实之物不可能有普遍的认识，找不到理解的客观统一性。在这一层面上，现实是非理性的。实际上，面对世界是将之视为自然还是视为财富，完全取决于主体对世界的理解。正因如此，面对现实，既不可能有普遍的科学，又不可能有普遍的科学方法论，而只能将现实中的自然与财富设定为不同科学的对象：前者属于自然科学，后者属于文化科学。需要注意的是，李凯尔特将科学区分为自然科学和文化科学的观点超越了西方哲学史把科学划分为自然科学与精神科学的传统。文化科学不仅研究精神领域，还要研究包括传统精神领域在内的一切与价值相关的文化现实，用李凯尔特的话来说就是："宗教、教会、法权、国家、伦理、科学、语言、文学、艺术、经济以及它们借以活动所必需的技术手段，在其发展的一定阶段上无论如何也是严格地就下述意义而言的文化对象或财富：它们所固有的价值或者被全体社会成员公认为有效的，或者可以期望得到他们的承认。"① 一切被认为与价值发生联系的现实都可以成为文化科学研究的对象。从方法论角度讲，用"连续性原理"面对现实时，现实显现为自然，研究便是自然科学，而用"异质性原理"面对现实时，现实将与价值相关，显现为财富，研究便是文化科学。可见，价值决定了文化科学研究的对象，"异质性原理"决定了文化科学的基本方法。

"异质性原理"使文化科学中的个别性、特殊性在研究中具有关键意义。李凯尔特相信必须从对象的个别性和特殊性方面研究文化对象。只有那些与价值相联系的个别性、特殊性在文化科学的研究中才是本质的。为此，李凯尔特以历史学研究为例来说明个别性、特殊性在文化科学研究中的重要性。历史学自古以来就是显学。兰克实证主义历史学诞

---

① ［德］李凯尔特：《文化科学和自然科学》，涂纪亮译，商务印书馆 1986 年版，第 22 页。

生之前，自古希腊始，西方历史学一直涌动着将历史学当做精神现象来研究的冲动，近代甚至出现了历史哲学，试图运用人类精神最普遍的理性形式——哲学来阐释历史现象，从事历史学研究。19世纪兰克的实证主义历史学用实证的观念、自然科学的方法研究历史，颠覆了西方历史学研究传统。在当时，人们普遍认为这是历史学的伟大进步，称兰克的实证主义历史学研究为真正科学的历史学研究。李凯尔特却不以为然而别有洞见。在李凯尔特看来，历史特指人的历史，历史学是关于人的历史研究："我们通常希望而且能多撰写的仅仅是关于人的历史，这个情况已经表明我们在这种情况下是受价值指导的，没有价值，也就没有任何历史科学。"① 价值决定着历史学的性质。实证主义历史学的错误是把"对现实的理解和现实本身混淆起来"②。历史学所涉及的史事并不是历史本身，历史学通过历史学家对史事的研究，叙述或重构历史。所以"对于一个抹杀自我的历史学家来说，就没有任何历史，而只有一堆没有意义的，由许多简单和纯粹的现象所组成的混合物，这些现象是各不相同的，但在同等程度上或者是有意义的或者是无意义的，是引不起任何历史兴趣的"③。历史学家的自我正在于他发现史事中的价值，以意义的方式使史事中的价值之间发生联系，让历史中孤立的事实显现意义。在意义中，史事与史事构成逻辑，最终产生历史学家所称的历史。"随着作为指导原则的文化价值发生变化，历史叙述的内容也发生变化。"④ 从来就没有实证主义所谓的"客观历史"，历史是敞开的、个别的、特殊的，"只有通过个别化，与价值联系的概念形式，文化事件才能形成发展的历史"⑤。可见，历史事物之成为历史学的对象不是历史之物决定的，而是个别化、特殊性的价值确认的。

早在古希腊，苏格拉底便用理性这一具有心理学意味的概念界定人

---

① ［德］李凯尔特：《文化科学和自然科学》，涂纪亮译，商务印书馆1986年版，第76页。
② ［德］李凯尔特：《文化科学和自然科学》，涂纪亮译，商务印书馆1986年版，第76页。
③ ［德］李凯尔特：《文化科学和自然科学》，涂纪亮译，商务印书馆1986年版，第76页。
④ ［德］李凯尔特：《文化科学和自然科学》，涂纪亮译，商务印书馆1986年版，第81页。
⑤ ［德］李凯尔特：《文化科学和自然科学》，涂纪亮译，商务印书馆1986年版，第84页。

对自然的超越之所在。之后，古希腊罗马哲学、中世纪神学哲学、经院哲学、文艺复兴哲学、启蒙哲学都或多或少地借用、使用带有心理学成分的概念来释析人类精神状态，诸如感性、知性、感觉、想象、情感等等。18 世纪，随着心理学作为一门学科系统出现后，哲学更是将心理学不同程度地引入哲学，在哲学研究中形成一种时代特征，尤以英国经验主义为甚。康德深受 18 世纪英国经验主义哲学思想的影响，他的批判哲学有严重的哲学心理学痕迹也就不足为怪了。在《纯粹理性批判》中，康德在论析主体认识能力时所使用的概念基本上是当时流行的心理学概念，如感性、知性、理性等。在其《判断力批判》论述合目的问题时，对主体审美能力和审美目的能力的建构也使用的是诸如情感、想象、表象等心理学概念。因而，后人在释读批判哲学时总能感受到康德用心理要素解决哲学问题的倾向，总有批判哲学未对心理要素进行哲学批判的遗憾。当然，用心理学概念解读哲学问题是一个时代的特征，也是人类探索精神世界时的哲学心路的必然之旅，不能视之为一个错误。

19 世纪末 20 世纪初，心理学已经成熟，人们逐渐意识到，心理学所要解决的心理问题与哲学所要解决的精神问题虽有深刻的联系，但毕竟不是同一件事。心理学作为独立的科学与哲学一样，有着自己独特的研究目的、研究领域、研究方法和研究成果，心理学与哲学不能相互取代。因而，在 19 世纪末 20 世纪初的学术背景和文化语境中，再用心理学概念诠释哲学乃至文化科学的问题，显然有悖于时代精神和哲学研究的进步，是一个严重的错误。李凯尔特基于此对心理学的性质进行了认真的解析，在现代心理学与哲学的分离方面作出了卓有成就的工作，推进了现代人本主义哲学的发展，使批判哲学向文化哲学实现了有力的转向。

李凯尔特是从区别人类心理与人类精神之不同来理解心理学性质的。在李凯尔特看来，人类精神是人类价值的普遍存在形式，精神的积淀和物化，体现为人类的创造和对已在之物的合目的保留、承诺，属于文化范畴，可以被称为财富。李凯尔特将文化、财富的最根本特性设置为个别性、特殊性，因为价值根源于存在所拥有的独特意义和一次性现实过程，所以对精神问题的研究必须采用个别性、特殊性的文化科学方法。心理是人类对外界在机体中的反应。就存在的意义而言，人在最基本的方向上是作为生物机体而存在的，心理首先是人对外界作出的自然机能反应和重现。心理的大部分内容和特质是自然进化的产物，是人作为生物机体的自然性反应，如当人们受到伤害时，就在心理上反应为病痛。只有当文化、财富引起人的生物机体反应时，心理反应的结果才与精神有关，其中的一些成分可能直接属于文化，成为精神。而属于精神领域的心理反应一定是个别的、特殊的，如一个人算出一道物理难题，心理上产生高兴的反应。但不是所有人在解开一道物理难题时都在心理上产生高兴的反应，也许有些人心理上出现的是疲劳或其他什么反应。甚至，人类心理中具有精神成分的方面也只能被理解为评价而不是价值。"心理只有作为评价才与文化相连接；而且，即使作为评价，它与现实中创造出文化财富的那种价值也不是一回事。"①所以李凯尔特坚持说："心理生活本身应当被看做自然。"② 在李凯尔特关于现实的"连续性原理"和"异质性原理"视野中，心理存在以"连续性原理"方式出现，"心理生活的规律也就是自然规律"③。心理是自然，心理规律是自然规律，因此，正如李凯尔特说的那样："心理学被合乎规律地看做是自然科学。"④既然心理属于自然，心理学是一门自然科学，那么心理学的研究就是一种自然科学的研究："每一种现实，也包括心理现实，都可以通过普遍化的方法而被理解为自然的一部分，因而也必须当做自然科学去把握。否则，就完全不能形成一个包括心理物理自然的概念。"⑤ 当然，心理作为自然与纯粹的物质自然还不一样，这是不争的事实。即便如此，李凯尔特还是坚持说："有某种心理学理论把全部心灵生活都纳入普遍概念之

① ［德］李凯尔特：《文化科学和自然科学》，涂纪亮译，商务印书馆1986年版，第3页。
② ［德］李凯尔特：《文化科学和自然科学》，涂纪亮译，商务印书馆1986年版，第26页。
③ ［德］李凯尔特：《文化科学和自然科学》，涂纪亮译，商务印书馆1986年版，第26页。
④ ［德］李凯尔特：《文化科学和自然科学》，涂纪亮译，商务印书馆1986年版，第49页。
⑤ ［德］李凯尔特：《文化科学和自然科学》，涂纪亮译，商务印书馆1986年版，第47页。

下，也不能用这种方法（指个别、特殊的方法——引注）得到一次性、个别的事件的认识。"①可见，李凯尔特对当代运用心理学概念和方法研究哲学是多么深恶痛绝。当然，作为思想家的李凯尔特是冷静的，他承认心理学研究能促进文化科学的发展，他说："心理学从科学上促进哲学的可能性是存在着的。"② 李凯尔特对心理学有助于文化科学的承认，在后来的精神分析学、需求心理学对当代人文社会历史科学的重大影响中得到了印证。

李凯尔特将心理学概念和方法从哲学中分离出去的意义重大。这种分离促成20世纪人本主义哲学家回到哲学自身中去探索解决哲学问题之路。如果没有李凯尔特几近固执地将心理学从哲学中分离出去，也许分析主义哲学、结构主义哲学、现象学、符号学、存在主义哲学等20世纪最有文化转型代表性的哲学思想，就不是今天我们所看到的样子了。所以，李凯尔特名副其实地成为20世纪文化转型的思想先驱，是他开启了现代性文化向后现代文化转向的哲学先河，为审美现代性转向审美的后现代埋下了伏笔。

五、当代西方现代性审美文化转向

自19世纪中叶，特别是19世纪末20世纪初世纪之交的时代，当代西方发生了巨大的变化。当代西方这种变化是总体性的，深刻地改变了西方审美文化的发展轨迹，使西方现代审美文化成为一种完全不同于西方传统古典和近代审美文化的全新的文化形式。

19世纪50至60年代，产业革命在西方已完成。1860年，英国工业生产占西方生产总额的36%，美国占17%，德国占16%。英、法、德、美的钢铁产量已达1.8亿吨。1870年，全欧已有20万千米的铁路。全

---

① ［德］李凯尔特：《文化科学和自然科学》，涂纪亮译，商务印书馆1986年版，第49页。
② ［德］李凯尔特：《文化科学和自然科学》，涂纪亮译，商务印书馆1986年版，第62页。

欧有870万产业工人，手工业工人达1 023万。在进入20世纪时，卡特尔、康采恩已开始成为欧洲各国的主要经济形式。人类对自然的征服超过以往几千年的总和，人们的物质生活极大的丰富，人们开始认识到人是伟大的，人比神、比自然更有威力。但是物质的解放并未使人类摆脱现世的全部苦痛，相反，人类在更高的层面和更深刻的领域承受着痛苦。给予现代人类物质文明和社会文化自信第一次全面打击的是第一次世界大战。从地缘政治来说，第一次世界大战是由帝国主义之间争夺殖民地而引起的战争。1914年，英国有殖民地3 350万平方千米，法国有殖民地1 060万平方千米，俄国有殖民地1 740万平方千米，美国有殖民地30万平方千米，德国的殖民地有290万平方千米。但1914年美国、德国的经济实力是世界的第一位和第二位。在军事方面，德国已成为世界第一军事强国，1914年德国军费已达40亿马克，陆军有51个国防师，75万人，海军有战列舰8艘。1914年6月28日，奥匈帝国皇储斐迪南在萨拉热窝被杀，奥匈帝国军队进入塞尔维亚，德国军队入侵比利时，英、法、美等国先后向奥匈帝国、德国宣战，第一次世界大战遂全面爆发，美、英、德、法、日、俄、意、中等30多个国家参战。整个战争历时4年零3个月，全世界大约有3亿以上的人直接或间接地卷入战争，其中7 000万人上前线作战，死伤3 000万人，死于饥饿、病害的有1 000万人，整个战争共耗资约2 700亿美元。这场战争在人类历史上是空前的，是近四千年来，人类历史上规模最大的战争之一。从文化哲学角度看，这场战争是科学技术恶性发展、物质文明征服精神文化的悲剧。在这场战争中，所有标志着时代先进水平的技术、物质产品皆成为战争工具、手段：自动火器、飞机、轮船、火车、化学武器、电码通讯、坦克等等。人们在光荣革命之后建立起来的仅有三百年历史的社会自信、充满理想性质的文化理性包括审美文化理性顷刻间被摧毁。第一次世界大战后，世界笼罩在一片绝望和悲哀之中，物质技术能拯救人类吗？现代性的理性能使我们走向光明吗？当人们还沉浸在这种绝望的状态中，没能找出一条拯救之路时，不到十年的时间，世界规模的经济大萧条如猛虎般扑到了人们的面前。这场经济大萧条是由自由经济竞争的现代性西方经济方式的崩塌而造成的。从 1932 年到 1934 年，这场世界性的萧条达到了极点，三年后，日本为转嫁危机，发动了对华的全面侵略。1939 年 9 月 1 日，波兰遭到德国军队的大规模闪电入侵，随之第二次世界大战全面爆发。值得注意的是，德国、日本、意大利所以在现代一度出现法西斯主义统治，主要原因是：首先，这些国家没有发生过自下而上的、彻底的资产阶级大革命；其次，产业革命不彻底；再次，政治上传统封建主义势力过强；最后，人民生活动荡不安而民族意识强劲，人民呼唤铁血人物为他们带来希望。在第二次世界大战中，世界有 50 多个国家参战，波及 20 亿人口，战争的残酷性和非人道性空前绝后。化学武器、细菌武器、各种自动武器，还有集中营、焚尸炉纷纷登上历史舞台，最后在两声史无前例的巨响和火光中结束了战争。原子时代到来了。第二次世界大战给人类心灵留下的创伤是永远不会消逝的。第二次世界大战后，西方现代性审美文化的变异形态完全确立并迅速朝向深度、广度发展，最终产生所谓的后现代审美文化。

对于当代西方现代性审美文化转向而言，科学技术领域的新发现、新发明也深刻地影响并改变着审美文化的性质。

1895 年，伦琴发现了 X 射线，1896 年贝克勒尔发现了铀 235 放射能，同年居里夫妇发现了镭。放射元素的发现极大地冲击了传统的物质定义。放射元素的高速耗散与倍速增能的特点一度使人们认为物质消失了，让人们意识到自然存在的本体意义的虚无和自然存在需人来界定其性质的特性。这从根本上动摇了近代西方现代性审美文化赖以存在的哲学本体论根基。19 世纪末 20 世纪初，能量守恒定律、拉瓦锡质量定律、牛顿力学、卡诺原理等近代科学都面临着挑战。正当全世界注视着阿蒙森、斯科特、沙克尔顿、佩阿利等人赴南北两极探险时，科学界出现了两件革命性事件，即相对论和量子论的先后出现。由于技术的发展，许多实验可以实施，由此不断提出了许多无法解释的新的实验结果。1896 年迈克耳逊、莫雷进行的光速测定实验否定了光的以太说。1893 年，洛伦兹和斐丝杰分别提出所谓的洛伦兹收缩。不过洛伦兹收缩假说没有获得任何理论上的证明。1905年，在瑞士伯尔尼专利局任技术员的27岁的爱因斯坦解开了这个谜，创立了狭义相对论。1915年爱因斯坦的广义相对论又完善了狭义相对论，推测出光线通过太阳附近时发生弯曲的假设。在1919年5月29日的日全食观测中，非洲和巴西的观测队证实了光线弯曲，就是所谓的爱因斯坦效应，在理论上弄清了长久以来存在争论的水星近日点摄动问题，也解释了来源于质量很大的恒星发来的光线在光谱线上向波长较长的方向偏移即红移的问题，解决了大爆炸理论的宇宙有限问题和耗散结构的死寂问题。相对论以及量子物理学等新理论的出现，进一步使人们思考一些原来被视为真理的东西，如存在到底指什么？真实本质上意味着什么？宇宙、人类、社会、心理、文化、审美等现象的背后真的有客观规律吗？否定的回答是普遍的。

20世纪的遗传学、心理学对当代现代性审美文化的变革也起到十分巨大的影响。孟德尔从35岁到43岁的八年时间中，对豌豆进行了严密的遗传研究，并在1865年布隆自然科学会的例会上发表了论文《植物杂交实验》，尽管这篇论文在其后的35年里无人问津，但他还是预言："看啊！现在属于我的时代来到了。"1900年，荷兰的德弗里斯、德国的科伦斯、奥地利的丘歇马克三人分别独立地发现了遗传定律。遗传学强烈地冲击了达尔文进化论"适者生存，优胜劣汰"的观念，同时突变论又震撼了源于进化论的渐变论，使人们开始对文化进步论和历史发展论产生了深深的怀疑。而文化论、历史发展论恰恰是近代西方现代性审美文化的基石。几乎在同时，欧洲出现了另一位伟人弗洛伊德。1881年，弗洛伊德获得医学博士以后，与布昌克共同研究精神病，并用催眠法和交谈法治疗"失语症"。一次一位女病人在治疗过程中突然对弗洛伊德做出许多不良动作，使弗洛伊德大惊，他意识到性与精神病的内在关系并认为必须对性进行深入研究。长时间的艰苦研究使他发现家庭、教育、道德、社会对性的压抑生成了巨大的社会文化系统和文明世界，产生了人的现实意识形态。弗洛伊德的精神分析学说彻底改变了现代人对人的本体界定，关于人的美好性质的古典神话、近代乌托邦文明被彻底戳穿，人第一次赤裸裸地面对世界，近代西方现代性审美文化的最后一块基石就这样被搬走了。

　　上述的所有变革共同作用当代西方现代性审美文化的语境，使当代西方现代性审美文化向后现代产生了根本的转向。这种转向从精神内涵上看，表现为当代西方现代性哲学、美学、艺术，一句话，现代性审美文化的最深刻意蕴转向非理性主义。过去一提到非理性主义，人们就想到野兽般的、臆症式的、无理智的状态。长期以来，人们反对西方当代审美文化、排斥西方当代哲学、美学、艺术，都认为它们是痴人说梦，仿佛西方当代人全是精神病患者，所以不值一提。20 世纪 80 年代之后，国内介绍了大量的西方当代哲学、美学、艺术等审美文化方面的著作，许多人也提到了西方现代性文化中的这种非理性主义。但是，一般都认为西方当代哲学、美学和艺术中的非理性主义就是指它们反对理性地把握世界，否定对自然和社会的逻辑理解，排斥思维在认识世界中的主导地位，强调用直觉、梦、情感、灵验来感悟世界的情况。可以说，这种观点有一定的正确之处，也有一定的事实依据。然而，西方当代文化也十分重视思维和逻辑，如科技新思维就是先逻辑后实验的一种科学。分析哲学与美学、超级现实主义和抽象主义绘画都注重理性。其实，西方当代哲学、美学、艺术的非理性主义精神根本不是认识领域的。我们先来看"理性"这个词。古希腊语有两个词均可译为"理性"，一是"逻各斯"，指自然之规律、宇宙之精神，具有极大的客观色彩，在某种意义上，"逻各斯"与中国的"道"相似，是存在于事物之后、主宰事物的东西，不可见，不可感，有点儿像康德的"物自体"。在西方，"逻各斯"只能被思维把握。二是"奴斯"，指人的精神世界，有时指人的灵魂，甚至在亚里士多德那里指人的思维。但总体来讲，"奴斯"是指与动物不同的人的那个根本的东西，也译成"理性"，也许与中国的"仁"同质。不过"奴斯"的核心还是思维，而"仁"的核心则是伦理、血缘之亲。古罗马时期的拉丁语中，也有一词可译成"理性"，即"理智"，

"理智"具有思维与智慧、意志与判断之意。这个词在英语中即"rea-son"。文艺复兴、启蒙运动时期，人们广泛运用的"理性"就是"理智"之义的理性，它成为反对封建专制和宗教迷信的最强大武器。后来，以培根、洛克、霍布士为首的经验主义哲学和笛卡尔、莱布尼兹为主将的唯理主义哲学中所运用的"理性"也是"理智"。到了19世纪德国古典文化时期，"逻各斯"、"奴斯"、"理智"都进入德国古典哲学的描述系统之中。德国古典哲学是对人类文化最光辉灿烂部分的继承和开创，古典的精华在此永存，现代的许多问题也在其中有所展开。"逻各斯"在德国古典哲学中有时是"ideal"，有时就是"exist"，而"存在"在指某种客观的世界精神时，译成汉语也可为"理性"。拉丁语的"理智"在德国古典哲学中则被表述为"rationale erkenatnis"，译成汉语也可是"理性"。我们认为，当代西方现代性审美文化的非理性主义精神实质主要就是否定"逻各斯"意义上的"理性"，而并未放弃了"奴斯"和"理智"的理性。为什么当代西方现代性审美文化以非理性为精神核心呢？我们认为，一方面西方当代非理性主义直接源于经典的理性主义。理性主义作为一种人本主义本体论，是人们对主体的一种信仰和界定，本身就是独断论的产物，无法用经验来实证，带有非理性之色彩。如分析哲学，对语言的进行分析，表面看起来是科学的，但本质上分析哲学不敢承认外部存在，怀疑外部与内部语言联系的有效性，怀疑主体的真实性。像雕塑"游旅者"一类的超级现实主义艺术，看来追求绝对理性、绝对真实，但本质上恰恰表明作者丧失了真实感，找不到真正的真实，只能以视觉真实为唯一的真实。更重要的是，当代社会从社会的政治、经济制度到民众的日常生活方式，从文化结构到个人感受都完全打破了长期以来为西方人所信仰的自由意志的生存理念，劳动的普遍异化、文化的日益工具化，以及战争、失业、罪犯、环境破坏，所有这些彼此相生，个人存在失去了稳定性，个人生活充满了恐惧、痛苦、孤独和绝望，自由意志在当代社会成为虚空的东西，丧失了它的主体功能。这样，以自由意志为基础的理性自由意志也就被世人抛弃了，对人的乐观变成了悲观，对自由的追求变成了逃避自由。西方当代哲学、美学、艺术，或者说，当代西方现代性审美文化否定理性，重新探索个人的价值和生命意义，关注现实痛苦，追求对痛苦的解脱的精神转向就具有超越时代、推动历史发展的深刻而积极的意义。

从方法论上看，当代西方现代性审美文化基本上表现为科学主义和人本主义两大倾向，其实，艺术方面也存在着这两种倾向。科学主义把人与自然、社会与文化看成一个大系统，视它们为认识对象，运用普遍、必然的因果关系，借助各种经验、实验、计算的方法，对世界、对艺术进行定性定量的分析、描述。它们追求的是对世界、人、灵魂、自然、文化、艺术的存在的真实性普遍性研究和表现。例如语言分析哲学，通过对语言的分析来解析客观存在，生物主义用生物学原理解决人类社会问题。美国学者赖特运用心理分析原理，通过对性障碍的治疗来实现社会发展，以期达到社会主义等等。在美学上，实验主义美学在 20 世纪初就通过各种实验，分析人对美的感受，试图用实验的方法探求审美规律问题，而完形心理学则运用电磁场理论来探索美感的根源。在艺术中，未来主义和抽象物件主义如早期毕加索的《三个音乐家》，期冀探索视觉背后的真实等等。科学主义是时代的潮流，科学是两次工业革命后推动人类发展的基本动力。文化中的科学主义为人类进一步探索存在的真实性、普遍性起到一个积极作用，使许多人文现象成为认识对象，其结果成为知识，极大地丰富了人类的智力水平。科学主义原理和科学主义方法有许多优点，但是它的最大弊病就在于把人与自然等同起来。在科学主义的视野中，人与宇宙天体里运转的行星本质上没有什么不同。在关于人的问题上，科学主义生理学、生物学的色彩浓厚，不关心人类的文化历程，只去设想生存的规律，其结果是将手段和目的割裂开，为了目的可以不择手段，造成手段超越目的，手段失控，从而失去历史感。在美学上，科学主义把人的美感等同于快感，而且认为美感是必然的、普遍的，或者说与快感是同一的。在艺术方面，科学主义对艺术过于冷静，缺乏对人的真正关注，在根本上，科学主义不能解决人文问题。当代人本主义方法恪守自然与文化、人与动物是根本不相同的，二者之间尽管有某种渊源关系，但是本质、结构与功能根本不同的基本原则。当代人本主义认为，如果用自然的、科学的、智力的方法研究人，面对文化，就会发生文化的二律背反。所以，当代人本主义认为，科学无法解决人的根本问题。当代人本主义哲学始终把人放在首位，这个人是现实的、活生生的个人。在美学方面，当代人本主义审美文化更关注美的功能和意义，探索美、审美在人生中的价值。它们不注重研究美是什么，而关注什么是美的问题，尤其关注艺术活动的现实功能问题。在艺术方面，当代人本主义几乎成为整个艺术的主体。其实当代各种艺术，包括科学主义的艺术在最本质方面都是人本主义的。如毕加索的《格尔尼卡》，形式上是科学的、客体的，本质上则是梦幻的、哀苦的、恐惧的。但是，当代人本主义有一个致命的缺陷，就是它需要天才的超人，这是当代人本主义常常倡导直觉、内省、灵视的内在原因，所以现代独断论和专制主义每每利用当代人本主义也就不奇怪了。因而，当代人本主义应该有自我批判的机制，这就是科学与民主。科学使当代人本主义不迷信，不创造神话；民主使当代人本主义合理平等而不独断。

第三章 人的问题与审美现代性

一、主体性生存理论与审美现代性

近代西方现代性审美文化的本质是一种启蒙思想，亦是影响广泛的生存哲学与理性反思。而西方近代现代性审美文化的启蒙性质与反思功能就直接源于康德主体性生存理论。

康德的《纯粹理性批判》所要阐释的是自然与人的关系。构成这种普遍关系的双方在何种意义上现实地存在着呢？康德认为，自然作为存在，既不是亚里士多德所说的属物"存在者"范畴，也不是"存在"本身。本体论意义的自然作为"存在"，"它指的仅仅是一般物存在的各种规定的合乎法则性"①。它不可能在现象界中被个人的感官直接感知。自然作为普遍的、必然的、施动的本体"存在"是不可知的，康德称之为"物自体"。他说："我承认在我们之外有物体存在，也就是说，有这样的一些物存在，这些物本身可能是什么样子我们固然完全不知道，但是由于它们的影响作用于我们的感性而得到的表象使我们知道它们，所以我们把这些东西称之为物体（即物自体）。这个名称所指的虽然仅仅是我们所不知道的东西的现象，然而无论如何，它意味着实在

---

① ［德］康德：《任何一种能够作为科学出现的未来形而上学导论》，庞景仁译，商务印书馆1982年版，第60页。

的对象的存在。"①显然，"批判哲学"中的"物自体"完全不同于传统哲学对自然"存在"的界定。

柏拉图以来，西方传统哲学把自然存在界定为"本体实存"（ontologie），这是一种特殊的实存。"本体实存"与一般实存的不同在于它是首创的、范本的，是其他实存的产生原因，但它终究还是具体的，以广延性为方式并且与现实人无关涉的"存在者"。对这"存在者"的"存在"的终极解释只能是上帝。"物自体"却不一样，它既不是现象界的实存范本，也不是具体实存，而是普遍、必然的"存在"本身。它作用于我们的主体感知，却不能被我们的感知所认识。所以，《纯粹理性批判》又称"物自体"为"本体"："此留存之事物之感性的知识不能适用者，即名为本体。"② 这个"本体"不是 ontologie 而是 noumena，noumena 这个词在德语中是普遍的、必然的形式之义。其实该词还隐含着一个更深刻的意义：思维。"批判哲学"中的"本体"概念正涵括了这样的意义，"盖即谓悟性不为感性所制限，且适得其反，由其应用本体之名称于物自身（所不视为现象之事物——原注），悟性反制限感性。但在悟性制限时，同时亦制限其自身，认为悟性由任何范畴亦不能认知此等本体，故必须仅在不可知者之名称下思维之也"③。可见，"物自体"作为"本体"，既是被设定了的、不以人的知性转移而又作用于人的感知的普遍、必然的"存在"，又是一种能够被主体思维所确证的思维"存在"。它不仅不是与人无关的物，而且直接作用于人的感知，并存在于人的思维中，与人构建着一系列的现实关系。因而，在康德那里，自然与人关系中的自然，不是现象的、可感的具体实存，不是与人无关的"存在者"，而是"物自体"。"物自体"便是自然"存在"的本原，它使自然成为人的自然获得了可能性，为人建构与自然的主体关系设定了客体的界度。康

① ［德］康德：《任何一种能够作为科学出现的未来形而上学导论》，庞景仁译，商务印书馆1982年版，第50～51页。
② ［德］康德：《纯粹理性批判》，蓝公武译，商务印书馆1960年版，第217页。
③ ［德］康德：《纯粹理性批判》，蓝公武译，商务印书馆1960年版，第219页。

德对自然"存在"本质的理解击毁了传统哲学中的那个与人无缘或绝对同一的冷漠不驯的无意义自然,为黑格尔辩证自然观和马克思"自然人化论"奠定了理论基础,同时也为现代自然科学的发生、发展提供了哲学依据。

那么,"物自体"是如何与人构成关系的?它如何从本体回到现象,从普遍、必然的不可知的"存在"转换为现实的具体的可被感知的人的对象呢?

在《纯粹理性批判》中,人作为自然与人的关系的另一方,是以主体方式出现的。康德认为,在自然与人的关系中,人的"存在"展示为人所具有的使自然成为人的对象,并将自然的不可知性、本体性建构为实存性、现象性的主体心理功能。人的主体心理功能有三种:"感性"、"知性"和"理性"。在自然与人的关系中,它们共同组建了人的认识主体的"存在"。

"感性"作为人的认识主体"存在"的一个方面,又称为"直观"。"批判哲学"中的"直观"就是时间与空间。《纯粹理性批判》认为,时空不是客观事物的属性,不是具体的"存在者"的客观"存在"方式,而是作为主体的人的一种"存在"方式。对人而言,时空是先验的、纯粹的,表现为主体对客体感性把握时的一种主体建构框架。当认识主体人与作为物自体的自然构成对象性关系时,"物自体"在时空这种主体建构框架中转换为可被表征的质料。质料与时空相统一造就了现实的、可感的、具体的现实定在,即康德所讲的现象:"在吾人被对象激动之限度内,对象所及于表象能力之结果为感觉。由感觉与对象相关之直观,名为经验的直观,经验的直观之对象泛称为现象。"①

时空作为主体"存在"的方式有以下特点:首先,空间不是事物关系中的一般概念,而是一种纯粹"直观",表现为一种无限量。时间亦不是从任何经验中得来的经验概念,时间是一维的,具有相继性。其次,

---

① [德]康德:《纯粹理性批判》,蓝公武译,商务印书馆1960年版,第47页。

空间非由外在的经验引来，它是存在于一切外部的"直观"基础上的必然的先天观念，是所有现象的条件。时间所以可能，也是基于这种先天的必然性上。因而，空间是一切外部现象的纯粹形式，时间则是一切内部现象的纯粹形式。

时空的独特性质与功能使自然在"批判哲学"中又生成了一个新的意义：经验中被把握或构成的物都可以视为本体的显现，是"物自体"在时空中的现象化，"这些物的总和就是我们在这里所称的自然"①。显然，时空是人的一种存在方式，是人的感性的"存在"，自然本体的感性"存在"的获得是由时空给定的。

在自然与人的关系中，如果说时空还只是人的感性"存在"和自然的现象存在的确证的话，"知性"便是人的理智"存在"。在这里自然通过现象的规律，成为人的思维存在。

康德说"知性"是"使吾人能思维感性直观之对象之能力"②。知性是由一系列不同的概念、判断所构成的认识主体"存在"，表现为对客体实施动态判断的建构系统。就判断而言，有量的判断、质的判断、模态判断和关系判断四种；就概念而言，有统一、多数、总体、原因、必然、偶然等。概念诉诸判断中，思维架构系统对现象进行判断，一方面作为认识主体的人获得了超越感知水平的"存在"，这种"存在"是普遍、必然的，具有无限联系性。另一方面这种"存在"又使以定在的现象为方式的自然获得了主体普遍的确认，这种确认是思维的普遍肯定。在确认中，偶然性、个别性为特质的"现象"在主体建构系统中获得了普遍、有效的必然"存在"，具有了真正的客观性。这时，自然的"存在"既是实存的，又是普遍的；既是客观的，又是主体的；是真理，亦是知识。

自然本原的"存在"是"物自体"，在"直观"和"知性"中，

---

① 〔德〕康德：《任何一种能够作为科学出现的未来形而上学导论》，庞景仁译，商务印书馆1982年版，第61页。

② 〔德〕康德：《纯粹理性批判》，蓝公武译，商务印书馆1960年版，第340页。

"物自体"表现为质料和规律，所以自然"存在"的真实性和主体存在的真实性只能靠人来认定。然而人的感性"直观"只告诉我们自然是主体的现象，"知性"思维则只为我们综合了现象的内部联系：规律。当我们进一步去确证这两个"存在"的真实性时，主体便发生了悖论，即将"存在者"伪指成"存在"本身，这直接导致了人理解自然时的困惑："世界有时间上之起始，就空间而言，亦有限界。世界并无起始，亦无空间中之限界，就时空二者而言，世界乃无限；世界中一切复合的实体乃由单纯的部分所构成者，故除单纯的事物或由单纯的事物所构成之外，任何处所并无事物之存在。世界中复合的事物并非由单纯的部分构成，故在世界中并无任何单纯的事物之存在；依据自然法则之因果作用并非一切世界现象皆来自唯一因果作用。欲说明此等现象，必然假定尚有他种因果作用，即由于自由之因果作用。并无自由，世界之一切事物依据自然法则；有一绝对必然的存在属于世界，或为某部分或为其原因。世界中绝不存在绝对必然的存在，世界之外亦无视为其原因之绝对必然的存在。"①这即是"批判哲学"提出的四大"认识二律背反"。"认识二律背反"提示我们，在自然与人的关系中，主体的"存在"不仅是感性"存在"、知性"存在"，还应该是一种更本质、更有意义的"存在"。这种"存在"既不是直观的，也不是逻辑的，而是价值判断的"存在"，康德称之为"理性"。

"理性"既是一种主体先验功能，也是主体确证自身和把握对象的过程，是人在与自然构成的对象性关系中的本位"存在"。它有以下特点：第一，"理性"使"知性"始终现实地统一在感性"存在"中，从而赋予现象以规律的统一性。在这个意义上，"理性可视为在原理下保持悟性之统一能力"②。第二，主体的理性"存在"为知性"存在"的对象，即自然提供了客体性和效用性，并使之具有选择特征和目的趋向，

① ［德］康德：《纯粹理性批判》，蓝公武译，商务印书馆1960年版，第345页。
② ［德］康德：《纯粹理性批判》，蓝公武译，商务印书馆1960年版，第41页。

从而使处于自然与人关系中的人不仅是一种认识的"存在",也是一种行动的"存在"。

把"存在"诉诸自然与人的关系中,在肯定自然的前提下,提出通过主体的能动功能将不以人的意志为转移的自然本体转换为人的对象、人的自然定在,使之成为感性的、现实的自然,这是康德对存在问题的一大贡献。这一理论揭示了自然与人的关系的本质意义,突破了传统哲学认识世界的二而为一、一而为二的存在观模式。

在自然与人的关系中,人的"存在"实际上展现为将"物自体"建构为现象与规律,从而形成符合主体目的、要求的客观知识的过程。在这里,自然的"存在"与人的"存在"只通过现象发生关系。对主体而言,自然的"存在"本原是不可知的,它在主体功能之外时只是一个与人无关涉的物。而人的"存在"在自然的面前,也仅仅表现为主体功能的形式构架,没有体现出以自由为内涵的真正主体性,也就是说,人还没有显示出它"存在"的全部面貌和本体意义。"批判哲学"认为,只有在实践领域中,在人与人、人与社会的关系里,人的本体"存在"才能获得彻底的昭示。

在实践领域中,人的本体"存在"的显著标志是什么呢?康德认为,是人的目的性。目的性不仅指人作为本体有自主的指向和追求,而且指人所涉及的一切实践活动与格局都具有主体的目的性。这又与人的主体功能不可分。在自然与人的关系中,主体功能主要是知,是思维。因而,主体只能以现象为中介,在"感性"、"知性"、"理性"三种意识形式中与"物自体"发生关系,从而获得自己的存在。在实践领域中,由于其结构是由人与人、人与社会的关系组成,主体意志功能在人与人、人与社会关系中的蕴涵和操作就体现为目的性。在实践领域中,目的性不是别的,正是人自己。康德说:"在目的国度中,人(连同每一种有理性的存在者)就是目的本身,那就是说,没有人(甚至于神)可以把他单单用作手段,他自己永远是一个目的;因而以我们自己为化身的人的本质对我们自身来说一定是神圣的——所以得出这个结论乃是因为人是道德法则的主体，而这个法则本身就是神圣的，而且任何一种东西，一般地说来，也只有因为这个法则，并只有契合于这个法则，才能称为神圣的，因为这个道德法则就建立在他的意志的自律上，这个意志，作为自由意志，同时就能依照他的普遍法则，必然符合于他自己原当服从的那种东西。"①显然，当以意志为主体功能的人把主体当做人的唯一目的时，"存在"便是人的"存在"，这个"存在"既是本体的，又是现象的，是活生生的、现实的实践人。

在人与人、人与社会关系中，人的"存在"通过目的性，即本体与现象在意志力操作下的统一和运动，使人不仅在主体意识功能和结构形式中"存在"，而且也使人在主体实践中"存在"，因而人的"存在"就是本体论意义上的"存在"的获得。在"批判哲学"中，这个过程大致需要两个基本环节：超越自我和审视自我。

康德认为，人所以能够在实践领域中成为不依靠任何自然之物的本原"存在"并具有赋予物以"存在"性质和意义的能力，就在于意志诉诸实践，使人的活动具有了普遍、必然的主体对象化操作性，而这一性质，生成于人对自我的超越。人对自我的超越就是人将自身设立为唯一的目的，并摆脱物的困扰，从"存在者"变成"存在"的过程。在此过程中，被超越的自我是那使人沉沦于物的规定性，即人作为动物追求感性快乐的本能。人必须超越这种本能，因为"一个原则如果只是依据在人对快乐或痛苦的感受性的这样一种主观条件上（这种感受性永远只能在经验上被人认识，并且对于一切有理性的存在者也不能同样有效），那么对于具有这种感受性的主体来说，它诚然可以作为主体的准则，不过甚至对于这个主体自己说来，它也不能成为法则（因为它缺少了那必须被先天认识到的客观必然性）。既然如此，这样一个原则就永远不能供给实践法则了"②。"一切实践原理，凡把欲望官能底对象（实质）假设为

---

① ［德］康德：《实践理性批判》，韩水法译，商务印书馆 1990 年版，第 134 页。
② ［德］康德：《实践理性批判》，韩水法译，商务印书馆 1990 年版，第 20 页。

意志的动机的，统是依靠经验，而不能供给实践法则的。"①可见，如果没有普遍、必然的主体对象化操作性，人将永远是动物，永远不能从与物同一的"存在者"处境中跳跃出来成为真正的本体"存在"，即成为主体性的人，人也就不能将自己设立为唯一的目的，而只能是自然的手段。

如何才能实现超越自我呢？康德认为，超越自我是人之必然，怎样实现超越也是必然的，由人的主体意志功能决定的。意志使主体将人自己当做唯一目的，这目的不是个体的、感性的、生物的，而是社会的、理性的、人类的，它不是某种具有特殊内容的物，而是深刻而广泛的主体普遍形式。这形式不仅意味着每个个体都能涵盖整个社会的"存在"，而且也指整个社会作为类的性质存在于个体之中，使人成为大写的人，同时也使人的一切成为"人的"。康德称此为"普遍的立法原理"。"普遍的立法原理"既不源于个人经验，也不产生于逻辑推理，而是先验的。"普遍的立法原理"既不是对自我的强迫，也不是对他人的命令，"因为我们不从经验或任何外面意志借来什么东西，就把一个只系可能、因而仅是或然的普遍立法这样一种先天思想，作为法则，而无制约地以命令形式加于人了。但是这个命令并不是教人实行某事以便产生希求的结果的一条规矩（因为要这样，那个规则就永远受物理的制约），而只是依照意志准则的形式先天地决定意志的一个规则，因此，我们如果想把只施于主观原则形式上的一条法则设想为建立在一般客观法则形式上的一个决定原理，那就至少不是不可能的了"②。

康德还认为，"普遍的立法原理"的主体形式的现实化表现为"意志自律"的道德过程，实现于主体在实践行为中对善恶的选择中，而善恶的选择标准只有一个，就是看它是否符合主体的普遍形式，即是否以人为根本目的。因此，道德不仅是日常生活行为的规范，而且是衡量人

---

① ［德］康德：《实践理性批判》，韩水法译，商务印书馆1990年版，第19页。
② ［德］康德：《实践理性批判》，韩水法译，商务印书馆1990年版，第31页。

是否是本体"存在"的最重要的尺度，它是人的显著标志之一，是理性的真正底蕴。在"普遍的立法原理"的统摄下，人的活动就成为道德活动，是"道德律令"的实现过程，也是人脱离感性本能困扰，超越自我，获得类本质的过程，是人成为本体"存在"，并赋予物以"存在"的必由之路。可以说，康德的这一思想是对传统专制主义蔑视人的价值的反抗，也是对现代资本主义异化现象的批判。同时，他关于人是唯一目的，道德不仅是现象行为的规范，而且是对本体"存在"的界定的观点有效地启蒙了近代西方现代性审美文化，为近代西方现代性审美文化人类争取主体自我本质的复归和当代人的彻底解放提供了积极的理论探索。

二、启蒙的自然观与审美现代性

在西方思想史中，自然始终是认识世界、理解自我的基本参照和重要维度。对自然的界定、阐释体现着人们对世界感知与思考的深度和广度，从对自然的不同解释中可以透视出不同时代的人们对人生意义与价值的不同领悟和期求。在近现代西方现代性文化运动中，现代性思想发展的每一个阶段都伴随着对自然概念的追问，而对自然概念的解答常常成为现代性思想家们思想独创性的标志。作为德国最伟大的启蒙大师，康德将其批判哲学理论指向理性启蒙，并以此来实现人的理性主体性的确立。为此，康德在其批判哲学中设定了由不可知自然、天性自然、合目的的自然三个层面构成的理性自然观，借助这种理性自然观求索人的理性主体性的实现。康德启蒙的理性自然观最终促成了人的理性主体性在近代的全面建立，引发了自然向人生成的理论建设。同时，康德启蒙的理性自然观也是主体性是否应该回归自然的现代性争论和自然被置于边缘地位的生态学困惑的思想原点，成为审美现代性的重要节点。

康德理性启蒙的重要主题就是强调以理性为内核的人之自由。人之理性自由不是随心所欲，而是面对至善的不断进步。但是人毕竟源于自然，不同程度地受到自然本能的限制。人类想要超越自然本能的限制，在至善的道路上不断进步，就必须受到某种终极关怀。在康德看来，能够使人类有所敬畏、有所自觉、有所指引的终极关怀在本体层面上是道德上帝，在现象层面上则是不可知的自然。

不可知自然是存在论意义上的自然，是对人之外一切自然存在的总体性理解。不可知自然作为普遍、必然的自然存在本身，不能在总体上被人类所感知，但却客观存在着。"它指的仅仅是一般存在的各种规定的合乎法则性"①，是人类感知并理解包括人类自然天性和大自然在内的世界万事万物存在的前提、依据。在批判哲学中，康德将这种普遍存在而又无法在总体上感知的自然本体称之为"物自体"，并指出："我承认在我们之外有物体存在，也就是说，有这样的一些物存在，这些物本身就可能是什么样子，我们固然完全不知道，但是由于它们的影响作用于我们的感性而得到的表象使我们知道它们，我们把这些东西称之为物自体。这个名称所指的虽然仅仅是我们所不知道的东西的现象，然而无论如何，它意味着实在的对象的存在。"②

作为不可知自然的物自体在康德启蒙思想中意义重大。一方面，物自体是人类得以与客观世界相遇的必设前提。没有物自体的存在，世界将失去存在的客观性依据，人类无法求解与世界的关系，人类也就不能现实地肯定自身是否真实地存在于这个存在着的世界中，人的认识活动、道德活动、审美活动皆无法谈及，人的生存与生存意义也就灰飞烟灭，无从言说。另一方面，由于作为物自体的不可知自然是人在现象界不可感觉、不可认识的普遍而又必然的总体性存在，不可知自然必先于人而在，是世界具体存在和人类在具体存在着的世界中生存、发展的底端界度，人类无法超越这个普遍而又必然的总体性存在。因而，对这个不可

① ［德］康德：《任何一种能够作为科学出现的未来形而上学导论》，庞景仁译，商务印书馆1982年版，第60页。
② ［德］康德：《任何一种能够作为科学出现的未来形而上学导论》，庞景仁译，商务印书馆1982年版，第50~51页。

感觉、不可认识而又必在并先于人类而在的不可知自然，人类只能信仰、敬畏。康德曾说，位我上空，群星灿烂；在我心中，道德律令。面对无垠无限的不可知自然，人类无可逃避，无法选择，不能超越。人类只有在这不可知自然中，方能明白自我存在的有限性，才能懂得生存的合理性内涵并在有限的生存中追求道德自由对自我的无限超越。因而，不可知自然为人类在现象界中提供了终极关怀，使人类在有限的生存中面临居于其中的无垠世界，怀着无限敬畏之心，认真生活，努力追求着至善，永无止境地进步。

康德批判哲学的重大启蒙意义就在于在西方思想史上第一次明确提出人的主体性问题。在康德看来，人之本质既非动物性，又非神性，而是不同于动物本能，也不同于上帝神性的主体性。主体性是人的真正本位和核心价值，它体现在人所独有的认识能力、意志能力、审美能力之中。具有主体性的知情意三大能力是先验的，不证自明的。过去学界认为康德主体能力的先验性仅指必须假设主体能力的存在先于经验，这种假设是康德为实现先验综合思维方法的预置。但是，究其根底，先验就是与生俱来。知情意三大主体能力是大自然赐予人类的天性，是人类天性自然在人自身中的确证，因为"在最广泛的意义上，我们自己也是自然的一部分"①，人的主体性从发生学意义上讲，不过是人类天性自然的特殊表达，这一点在康德的审美理论中得到充分的证明。

启蒙的理性要求以理性的态度与方式解释世界。当人们面对世界时，认识为人类提供了关于自然普遍规律的两个矛盾结论："正题：物质东西的所有产生都是按单纯的机械规律有其可能的。反题：这样的东西的有些产生按单纯的机械规律是不可能的。"②这就是康德所说的自然二律背反。自然二律背反示意着人类的认知能力无法对自然普遍规律作出具有思维统一性的把握。正因为此，人类有必要运用自身的理性对自然普遍

---

① ［德］康德：《判断力批判》下卷，韦卓民译，商务印书馆1982年版，第24页。
② ［德］康德：《判断力批判》下卷，韦卓民译，商务印书馆1982年版，第38页。

规律作出某种符合人的目的的理性解释。这种符合人的目的的理性解释未必是对自然普遍规律的真实描述，但它却是人类对自然普遍规律的价值判断，表达着人类对自然的某种基本立场和态度。康德将这种对自然普遍规律的理性理解称之为自然合目的性，正如康德所说："对人类的判断力来说，乃是一种必需的概念，所以它为着判断力的使用，乃是理性的一条主观原理。"①人类理性面对自然并将自然普遍规律理解为合目的性的基本内涵是：自然中的一切既是独立自存的又是其他存在的条件和手段，"即在自然中一个东西帮助另一个东西作为达到一个目的的手段"②。如此，整个自然实际被人类理性视为一个巨大而有序的目的系统，而"人从来只就是自然目的的链条的一环"③。

由于西方哲学最早的理论形态是自然本体论，加之中世纪基督教神学的浸润，西方的自然神论传统对西方思想史的影响极深，自然合目的论作为西方的一个古老观念，向来将合目的之终极归之于神或上帝。然而作为启蒙大师的康德，其批判哲学的思想贡献之一就是对传统宗教、神学文化的批判。康德否认自然的最终目的是神或上帝。相反，自然合目的是人对自然普遍规律的理性理解。在自然合目的系统中，只有人是自然的最终目的。因为，第一，自然创造的最伟大成果就是人，而人作为自然的最伟大成果才将自然理解为合目的系统。所以康德说："人就是现世上创造的最终目的，因为人乃是世上唯一无二的存在者能够形成目的的概念，能够从一大堆有目的而形成的东西，借助于他的理性，而构成目的的一个体系的。"④ 第二，人为什么要创造自然目的呢？康德认为，人类为自然创造目的是人的需要，是人类理性的必然要求。人类只有通过自然合目的才能实现人的幸福和人的文化，康德说："这个作为目的来说总之是通过人和自然的结合而得到促进的目的，究竟是什么呢？

① ［德］康德：《判断力批判》下卷，韦卓民译，商务印书馆1982年版，第61页。
② ［德］康德：《判断力批判》下卷，韦卓民译，商务印书馆1982年版，第89页。
③ ［德］康德：《判断力批判》下卷，韦卓民译，商务印书馆1982年版，第95页。
④ ［德］康德：《判断力批判》下卷，韦卓民译，商务印书馆1982年版，第89页。

如果这个目的是必须在人里面才能找到的东西，那么它就须或者是这样一种的目的，通过自然与其对人的慈善，人就可以得到满足的，或者是能力的倾向和熟练的技巧对一切目的均可适用，而这些目的都是人可以因而使用在他以内或他以外的自然的。前一种的自然目的就应该是人的幸福，而后一种就应该是人的文化。"① 第三，通过合目的来实现幸福和文化的根本原因在于人类作为自然的最伟大成果是以文化来体现自身的。自然与文化相对，但文化是在自然中孕育、诞生的，自然是文化之母，是文化的基本参照。自然合目的的根本就在于自然为文化这个人之目的而生成、展开。所以康德说："在一个有理性的存在者里面，产生一种达到任何自行抉择的目的的能力，从而也就是产生一种使一个存在者自由地抉择其目的之能力的就是文化。因之我们关于人类有理由来以之归于自然的最终的目的只能是文化。人在世上的个人幸福，乃至人是在无理性的外界自然中建立秩序与和谐的主要工具这个单纯事实，都不能算是最终的目的。"②第四，通过自然合目的来确立人的最终目的是文化究竟有何意义。康德全部启蒙思想的要旨都在说明人类生活的真正意义在于人类可以并且必须有所进步，而人类进步的根本标准就在于自由的理性至善。将人确立为自然的最终目的，将文化肯定为人的最终目的就是要使人的道德进步成为人类在自然中生存、发展的最终理由，成为人类生活的意义本源。所以康德才说："人乃是唯一的自然物，其特别的客观性质可以是这样的，就是叫我们在他里面认识到一种超感性的能力（即自由——原注），而且在他里面又看到因果作用的规律和自由能够以之为其最高目的的东西，即世界的最高的善。"③

康德启蒙的理性自然观在西方思想史中意义重大，它使西方思想史中的自然观念具有了真正的现代性意蕴。可以说，在康德启蒙的理性自然观问世之前，自然观念在西方思想史中始终与人的观念相脱节。在哲

---

① ［德］康德:《判断力批判》下卷，韦卓民译，商务印书馆1982年版，第93页。
② ［德］康德:《判断力批判》下卷，韦卓民译，商务印书馆1982年版，第95页。
③ ［德］康德:《判断力批判》下卷，韦卓民译，商务印书馆1982年版，第100页。

学史层面上，自然或是宇宙始基，或是质料存在，与人没有内在的联系。自然只是与人相对的自在之在。作为自在之在的自然既无实在的价值规定性，又无演变、发展的历史意义。自然实际被西方哲学理解为某种绝对的本体或理念。在宗教文化层面上，自然不是拜物教的崇拜对象，就是与人疏远、陌生的外在之在。西方思想史发展到康德启蒙的理性自然观时，自然观念与人的观念才发生了深刻的理性关系。自然成为人的生存方式，人的生存意义在自然中获得显现，自在之在的自然因为与人发生关系而变成了具有本质意义的自为之在。正是人赋予了自然以人的本质，自然与人的关系才成为自康德以来人面对世界时最为基本、最为重要的现实关系，自然才真正进入人类思想的历史并成为人类现实生存、发展的历史内容，成为人类生活不可缺少的一部分。康德启蒙的理性自然观的思想影响集中体现在以下两大方面：

首先，康德启蒙的理性自然观是自然向人生成和人的本质对象化的思想萌芽。在康德批判哲学中，自然在人的主体能力的建构下，从与人无直接关系的物自体一步步成为人的对象并最终实现了对人的主体能力的肯定。当自然与人的主体能力未发生直接关系时，自然只能作为绝对的物自体出现在人的面前。由于主体认识能力无法在总体上把握物自体，所以人只能以一种敬畏的态度对待这种绝对的自然。此时，自然对人来说是无条件的、抽象的，缺乏具体规定性，而自然对人的关怀、人对自然的敬畏也只能是终极的。当主体认识能力与自然发生直接关系时，人的感性以时空的结构方式对自然进行建构，使绝对的、总体性的不可知物自体转变成有限的、具体的、可被感知的、具有时空规定性的现实存在，康德称之为经验。人的主体认识能力中的知性运用概念的逻辑判断对已被感性建构而产生的具有时空规定性的可知经验再度进行建构时，经验就产生出具有普遍性的规律属性。对这规律属性的描述就是知识，知识正是人们的认识活动对客观世界把握的主体成果。康德的这一思想对黑格尔的精神哲学影响很大。黑格尔受康德启发，进一步考察了人与自然的关系，将自然之在与精神的辩证运动统一起来，取消了物自体。

自然在黑格尔的人类精神历史运动过程中成为精神的自我意识的一个必然环节，是精神对自我进行扬弃的客观实存。马克思的实践哲学也汲取了康德理性自然观中有益的成分。马克思将自然之在理解为人类实践活动的历史产物，自然在人的实践活动中不断人化，成为人的本质的确证。人的本质也在自然的不断人化过程中对象化进自然之中，成为自然人化的不竭动力。可见，康德启蒙的理性自然观中自然向人生成和人的本质对象化的思想萌芽在黑格尔、马克思的思想中成为最有创造性和时代性的主流哲学思想。

其次，康德启蒙的理性自然观促成了西方思想界在现代性语境中对超越与解放问题的进一步思考。康德提出的作为终极关怀的自然、作为主体能力显现的自然和合目的的自然都蕴涵着一种人在人与自然的关系中既依存于自然又对自然有所超越的理念。席勒根据这种理念，更深入地分析了人与自然的关系。席勒指出，在历史的维度中，古代人类与自然有一种朴素、和谐的关系。人的一切都是自然而然的，人的就是自然的。反之，自然的也就是人的。人与自然一体化，自然的整体性与人性的完满性统一在一起。近代，工业化使人依附于机器，人性的完满性被机器分割成片断。人性的内部发生了分裂并导致人与自然的剧烈冲突。古代与人和谐一体的自然离人类而去，自然只留在人类的记忆之中，人被自然疏远了。如何才使人类再度与自然和谐共存，使人类从疏离自然的状态中有所进步，从而实现人性复归就成为人类解放的根本问题。席勒认为，只要重建完满人性，就可实现人与自然的再度和谐，并最终使人类获得解放。在席勒看来，此在的历史情境中只有以游戏为特征的审美活动是唯一的自由活动。在审美活动中，分裂的人性再度弥合，冲突的人与自然关系重归和谐。以审美的解放实现人的超越就成为席勒哲学思想的亮点。20世纪最有影响力的西方马克思主义思想家卢卡奇，在其晚年提出社会存在本体论和审美属性的理论时充分考虑到康德启蒙的理性自然观，解决了自然之在与人之在是如何通过劳动来实现主客观统一以及审美是如何在自然与社会的统一中获得客观属性的问题并以此为基础建立了他的社会存在本体论。而当代法兰克福学派针对技术理性异化和商业文化的泛滥，反复强调自然天性的合理性和审美的自由性，通过对自然的回归和审美的无功利化展开了对当代资本主义文化的非人性质的批判，其中不乏康德理性自然观的启蒙精神。西方现代人本主义哲学借助对康德启蒙的理性自然观的反思，在非理性主义观念与方法的指导下实现了传统人本主义的深度位移。其间康德关于人与自然关系的理论是西方现代人本主义哲学关注的焦点之一。可以说，康德启蒙的理性自然观从正反两个方面深刻地影响着西方现代化进程中的思想发展。

康德启蒙的理性自然观思想意义重大，然而现代化进程发展到今天，康德启蒙的理性自然观作为西方启蒙思想的一部分，许多方面遭到了当代思想家的追问、质疑。这种以理性为本质的自然观给当代文化带来了以下几个方面的思想困惑。

困惑之一：人与自然是单一关系还是多维关系？康德启蒙的理性自然观表达的是人与自然的单一理性关系。在这种单一关系中，自然在人的理性作用下成为人的客体，并与人构成主客体建构关系。在主客体的建构关系中，人起着决定性作用，人按照自身的需求、愿望、目的建构着自然，赋予自然以人的本质。自然在人的关系中不断地被要求适应人、满足人，造成自然与人的关系日趋紧张，自然被非自然化。霍克海默和阿多诺发现，启蒙的理性自然观的本意是想找到一个自然与人在现代生活中和谐共处的关系，希望通过理性的主动性和创造性来实现这种和谐共处。但是结果恰恰相反，自然与人没能和谐共处，分裂、冲突不断加深，本该向自然交还那属于自然的东西，却在人对自然的建构过程中背叛了自然、取消了自然。霍克海默和阿多诺对启蒙的理性自然观所造成的后果的批判，引起许多当代思想家的共鸣。人们不禁要问，人与自然的主客体建构关系是人所应该理解的人与自然的唯一关系吗？还是应将人与自然的关系理解为多元、多重的关系？

困惑之二：人应理性地生活在自然中，还是应诗意地生活在自然中？毋庸置疑，人类是借助理性的力量从野蛮的自然中走进文明社会的。理性是人类迄今为止最为强大的历史力量。理性为人类设计社会，筹划理想，实现目标。但是，人在拥有理性的同时，也深深感受到理性对人的支配、强制和压抑。理性是普遍的、规则的、客观的、刚性的。在漫长的文明历程中，特别是近现代以来，理性的支配性渗透到人类生活各个领域、各个角落、各个层面，人类的生活日愈独白化、逻辑化。理性取消了人类的感性价值，遮掩了生活的诗意维度，甚至理性成为人类的崇拜对象，而理性自身有时也显得是如此的武断。就人类的历史和人类的现实两方面看，人类都不仅是理性的产物，也是情感的产物。无论在人类的公共生活中，还是在个体私域生活中，只有当情感找到合适的对象时，人才常常觉得生活是实在的，有意义的。因而，海德格尔晚年针对近代以来理性称霸的人类生活追问道，人究竟应理性地栖居在自然中，还是应诗意地栖居在自然中？其实，自现代化以来的数百年中，人类就是以理性的方式生活在自然中。理性的生活在自然中的幸福、进步以及悲苦、困苦，人类已切实地经历并深深地体悟，当代的人们应该更多地去思考、体验诗意的生活在自然中的意义。

困惑之三：人类对自然的权力究竟是谁给予的？当代后现代主义思想家福科在对启蒙进行批评时指出，启蒙思想在反对传统文化时旨在剥夺传统文化对人类生活的统治权，而在启蒙对传统文化的抗争过程中，启蒙自身成为一种至高无上的权力。启蒙以其理性的力量要求生活中的一切承认并顺服它的权力，而且启蒙自觉地将这种权力营造成不容置疑的霸权，使启蒙理性在包括自然在内的人类生活中成为不证自明的。人类对自然的统治权最早出现在《圣经·创世纪》中，上帝造人就是让人替上帝管理大自然的一切。上帝赋予人类对自然的权力成为西方现代化进程之前人类统治自然的唯一理由。近代现代化进程之后，启蒙思想颠覆了上帝，自造了人。这个人是具有主体性的人，是神圣的人，是世界上仅有的可以取代上帝的人。按启蒙思想家的理论，被再造的人对自然的权力是天赋的，用康德的话说就是先验的。人对自然的权力在此前还有上帝作证，现在则成为了一种绝对的无须证明的权力。人使用这种天赋、先验的权力时也就不用考虑权力使用的合法性与合理性，合法性与合理性已经包含在权力自身中了。自然是人类的母亲，难道自然母亲创造人类就是为了让人类拥有一种绝对的权力来统治她、支配她吗？或是应该反问人类，人类对自然的权力的合法性、合理性究竟是什么？权力从哪而来？人类又该怎样运用这权力？

康德启蒙的理性自然观是近现代西方现代性思想中的重要组成部分，对审美现代性产生了重大积极的影响。同时，康德启蒙的理性自然观也为西方包括审美现代性在内的现代性文化带来了许多困惑，对康德启蒙的理性自然观进行学理反思和文化批判可能是西方现代性哲学文化、审美文化转向后现代的重要契机。

三、神学精神的理性重构与审美现代性

神学是西方文化中最富有生命力和魅力的领域，它同样与近现代西方审美现代性的确立有着密不可分的联系。一方面，神学为西方近代审美文化注入了深刻的人文精神；另一方面，神学本身又成为西方近现代社会用审美的方式确认自我的主要参照之一。而神学对西方审美现代性起到的两方面作用又都与康德对神学精神的理性重建有着深切的关联。

上帝在并且与我同在是康德终身的信仰，就像他一生对自由的追求一样。超常的执著和坚定，使康德可以和历史上包括圣·托马斯、马丁·路德在内的所有圣徒相比而毫不逊色。有所不同的是，在其他圣徒那里，上帝怎样在也是确定无疑的，而这却是康德花费巨大精力和心血去理性领悟、深入思索的问题。康德曾多次表示，若能够给上帝如何在这一问题以令人信服的理性答复，那就真正在科学技术已遍布世界、文化知识深入生活的时代中言传了福音，有所惠施，为人类的未来历史指出了一条林中之路。

上帝在、上帝与我同在的信仰和上帝怎样在、上帝怎样与我同在的疑问可能都源自康德的童年经验。康德的母亲 A．R．鲁特是位虔诚的基

督徒。她曾教诲康德信奉上帝，培育他一心向善，引导他幼小的心灵热爱生活，启迪他自觉地聆听来自灵魂的声音。所有这些都终身影响着康德，以致康德晚年临终之际还萦怀不已。但八年的斐特烈公学的求学经历又让康德深受心灵煎熬。斐特烈公学的宗教仪式以及对上帝之在的教条主义、神秘主义和经验化的灌输使康德备受精神压迫。世俗宗教对个人情感与意志自由的伤害和对现世的否决与对来世的狂想，加之教会的虚伪、欺诈，又使康德对世俗宗教观念深深地失望和逆反。

康德理性地意识到："如果上帝是一切事物存在的本源，那它一定为绝对的必然。"①"绝对的必然"不可能被经验所理解，也无法由知性所认知。对于根本不生成于现实经验中的东西，经验与知性又怎么能够把握它呢？可以断言，现象的此岸所言及的上帝绝非现象自身，上帝应是经验世界的非在。但是自古以来，人们从不将上帝之在阐释为我们对上帝的理解，视为我们言说自身的生存处境。亚伯拉罕、以撒、雅各、阿奎那的上帝都是可经验、认知的实体存在。教会则声称，上帝不仅决定着我们的灵魂，而且主宰我们的肉体。上帝无所不能，上帝是人类正义、良知、幸福、快乐的前提，也是人类罪恶的终极审判者。教会作为上帝在人间的寓所，是所有这一切的代言人和传令使者。为此，教会、神学家们一直试图以各种知性的方式论证上帝的实存。康德将他们的种种论证归为本体论证明、宇宙论证明和自然神论证明三种类别，指出，无论哪一类别的证明皆为无法自洽的理论佯谬。

在康德看来，宗教神学本体论采用的是"抽去一切经验，完全用先天的纯粹概念论证最高原因的原因"②。康德从两个方面对其进行了反驳。首先，在逻辑内容方面，关于上帝的本体论推论矛盾深刻。我们知道，在任何一个同一律命题中，如果摈除判断的宾词而只保留主词，判断一定发生逻辑背反，所以宾词必属于主词。而在神学本体论推论中，

① ［德］康德：《纯粹理性批判》，伦敦大学 1924 年版，第 361 页。
② ［德］康德：《纯粹理性批判》，伦敦大学 1924 年版，第 376 页。

上帝是世界的最后因，世界则是上帝的逻辑展开，是上帝的必然结果。世界作为判断的宾词属于判断的主词上帝。然而，绝对、完满的上帝并未演化出一个真善美的具体世界。相反，作为判断的宾词的世界却充满着罪恶、虚伪、丑陋，具有反上帝的性质。这一切就像假设一个三角形却又摈除其三个角一样荒谬。当然，消除这种逻辑内容的矛盾也不是不可能，只要在判断中将主词和宾词全部摈除，就像将三角形和三角形的三个角全部摈除那样，矛盾即可解决。不过，如果对上帝的本体论推论照此办理，上帝也就不存在了。其次，在逻辑价值方面，神学本体论推论上帝存在仍旧荒谬。如果说有世界终极之因，世界当是上帝之在。这即意味着在逻辑价值方面，上帝能够创造一切。但神学本体论在推论上帝为世界之因时，已将上帝含寓在世界之中。于是乎，在主词的上帝与在宾词的一切之间并未增添任何价值内容，这样"即使我在思维一个存在者为最高的实存而毫无缺陷时，这个存在者是否在现实中存在依然成为问题。因为我们不可能在感知中获得关于它的真实内容"①，如此被推论出来的上帝对我们毫无现实的价值意义。一言以蔽之，神学本体论以感知或感性世界为基点推论上帝的存在是无谓的。人们绝对不可能感知到世界的整体，认识世界的一切，人们又怎么能够将世界的所有连成一个线性因果链，找出其间的一切因果关系并以此指证上帝的存在是这一因果链的第一原因呢？

　　神学对上帝之在的宇宙论推论表现为，企图在认识论领域获得一个绝对自足的概念以证明上帝的存在。它的出发点基于将某些偶然随机的经验确立为普泛的存在经验，同时把这独断化了的"存在经验"建构成不受任何限制的绝对自足的概念。这概念既可认知又绝对自足，这就是关于上帝存在的概念。然而任何概念总有所指，宇宙论无疑是说，在一切可能的存在之中，有一种存在具有绝对的无定性的必然特质，而这只能是实在却又完全不同于其他实存的上帝，所以上帝必在。面对宇宙论

----

① ［德］康德：《纯粹理性批判》，伦敦大学1924年版，第369页。

的观点，康德指出，经验世界的一切存在皆为实存，因而皆能够被人感知和认识，作为人对世界认识成果的概念也就必然具有规定性，即特定的内涵和外延。如果说，存在着绝对无定性的实存，那么这实存必不在经验世界之中，我们的经验无法感知它，而它就无异于一人自语道："我从永恒中来，到永恒中去。在我之外除由我的意志使之存在，绝无其他事物存在。"①康德确信，教会的神学家想通过认识论方式设立绝对概念以证明上帝之在，如同诡辩。对于这种诡辩，稍有认识论知识的人，一眼便能看出其中的破绽。

自然神论证明通常将某些具体的主观经验或由具体经验所认知的感性世界的特殊性质作为逻辑起点，依据因果律在三段论的推理形式中为每个实存寻找背后的决定因，直至推演出一个世界之外而又决定着这个世界的最高原因：上帝。康德承认自然的完善和人类社会的合目的性的确容易使人们产生有一种至高的原因在决定着这一切的感觉。如果说上帝之在的神学本体论证明和宇宙论证明还只是神学家的苦思冥想的话，这种源于对大自然与人类社会热爱、敬仰而产生的探索最终原因的冲动，则是绝大多数人在日常生活中确认上帝之在的最普遍的方式。尽管这一切可以理解，但它毕竟是错误的、非理性的。就现实经验而言，没有人能够在日常经验中把握到世界的总体以及诸如世界总体与全能的关系、世界总体与最高智慧的关系等等。自然和社会中如此多的和谐与合目的现象也不过是某种自然或历史之偶然，无法证实其必然性。将偶然现象视为上帝之在的基础和证明上帝存在的根据，本身就使上帝失去了绝对性、必然性。因而康德说："自然神论的证明，虽能引发我们对世界创造的伟大、智慧、全能的赞美，却无法使我们有任何的进步。"②在人类文化心理方面，如果视上帝为世界之最初因、一切的创造者，那么上帝是人神同形的，因为包括我们在内的所有皆不过是它的展开。《圣经》就

----

① ［德］康德：《纯粹理性批判》，伦敦大学 1924 年版，第 152 页。
② ［德］康德：《纯粹理性批判》，伦敦大学 1924 年版，第 386 页。

告诉我们，上帝按自己的形象创造了我们，并给予了我们灵魂，而这是它最重要的性质。果真如此的话，上帝一定高高在上，像一个专制的父亲，他赋予我们生命和其他的一切，我们因此而永远对他有所赊欠，他也就有权用严峻冷森的眼睛监视着我们，威逼我们向他赎还，教会则是现世的催账人，这正是基督教原罪说的实质。人在这种生境中，其对上帝的信仰、赞美不过是一种恐惧和畏避罢了，也是对具有自由意志的人的最大的迫害。所以，康德说，我们应该满怀信心地向一切自命不凡的自然神学家挑战。

康德确信，只有对人的问题能达到最高综合的观念才是真正的理性观念。这样的理性观念只能是关于精神的观念、关于世界的观念、关于神的观念。三大理性观念并非来自人对外在世界的认知，而是源自对主体自身的反思。理性观念指向自我，与外在实存无涉。它亦不以感性、知性为存在方式。它的存在方式就是审视、评判自我的主体先验理性形式。所以，我们无法通过感性和知性认识功能在经验世界中把握理性观念。理性观念也无法用感性与知性方式来理解。世俗宗教神学用本体论、宇宙论和自然神论的方法在经验界、认识界建立关于神的观念，并用认识论加以阐发，必然造成世俗宗教神学建立的各种关于上帝之在的理论偶然随意、意义虚无。经验界、认识界既不能证明上帝之在，又不能证明上帝不在。不掌握关于上帝之在的真理的世俗教会被迫只能拘泥教条、容忍信徒，拒绝与任何人对话，从一开始就使关于上帝与人生的相遇变得不可能，把上帝之在改为了教义、教规之在。实质上，一个团体或个人顽固地坚持刻板的教义教规的立场，就意味着放弃了与上帝的真正对话。康德终生不参加世俗教会活动正说明了这一理性信念。

经验界的上帝死了，长期桎梏着人类的专制父亲终结了，可是传统人文精神支柱亦随之瓦解。心灵的自由不可避免地将人抛向对自身的询问上，人们不得不在与自己的相遇中为未来的解放找寻新的依据。人不仅存在于经验的现象之中，还要生活于精神的本体中。人在认识外部世界的同时还必须理解自我，而在经验中不能证明的东西也绝非无意义。

为此康德不得不转向对人的主体构成的探究。康德发现人有知、情、意三大主体功能。"知"为我们提供感知和认识，它体现了我们的现象存在，但无法产生诸如道德、良知等精神价值。世俗宗教神学正以知求神，所以不可得。神使我们生活在精神界，它与外部世界无涉却回答关于自我的答案；它比知对人类更重要，它体现了我们的本体存在，我们只能在这个领域探索与上帝相遇之途。现象世界中感性纯属个人，经验不具普遍性。知性所提供的知识虽具普遍性却不为个人。本体世界却不同，个人的准则即为所有人的法则，属个人精神的亦为全人类的价值。康德认为，能符合这一本体特质的正是道德，道德就是人类本体，人类只有通过对道德的探索才可能确立上帝的存在。

道德不由现实经验的感性欲望构成，不以快乐与物质满足为旨。道德也不是对自然规律的揭示与描述，不在知性认识外部世界的活动中完成，道德高于科学，超越知识。道德作为社会存在与个体生活的本体应是人类普遍的精神需求与个体的生存价值在内心深处的相遇、重合与显现，是最为属人的实践性行为。在实践性行为中，道德对每个人有效的同时也对全部人类有效，所以道德又被康德称为"绝对律令"。"绝对律令"为所有人立下共同的法度，就是说，每个人必须对人类有义务，对包括自己在内的所有人类负有责任。不过，道德的责任、义务不能被理解为"由外在意志而来的一种任意的、偶然的命令"①，不是权威的戒律或对外在使命的承诺，而是依据主体对生命、自然、社会、人类历史的理性判断和实践性行为所产生的"每个自由意志本身的本质的法则"②，这本质法则不是别的，正是人的自由。道德的核心是责任，而责任的基础则是人对自由的呼唤和实现。"批判哲学"曾从多角度、多层面对自由进行深入的研究。康德认为，自由与自然相对，是关于人的最高规定，是人不同于动物存在的根本维度。自由是绝对的、不受任何感性本能或

---

① ［德］康德：《实践理性批判》，韩水法译，商务印书馆1990年版，第132页。
② ［德］康德：《实践理性批判》，韩水法译，商务印书馆1990年版，第132页。

因果定律的制约。其实，康德所讲的自由就是人用于超越自然的自主选择与自觉行动的主体意志与行为，它的全部复杂、多元的内涵可概括为在任何情况下把人当成目的，决不只当成工具，就是在任何时候都承认人在世界中的优先权，肯定人在现实存在中的中心位置。尊重人，呵护人，反对一切奴役人的思想与行为，将平等、公正和宽容视为人世间所有尺度之上的最高尺度并按此尺度行为。当然自由不可能由经验和知性提供、确认，而只能来自于心灵深处，源自于人类对良知的诚信。良知既为心底深层对假丑恶的恐惧，亦是对至善的渴望。所谓至善，是人类相信人格无止境的进步。人格进步就是人之本体的灵魂的无限提升。当灵魂至于无限，表现出对一切感性欲求和外在满足的全面超越并诉诸责任，并在道德行为中获得意义确证时，人们称之为灵魂不朽。灵魂不朽表达了人类通过道德达成的幸福，是心灵生命的延伸。心灵通向未来，趋于理想时，人们必然相信在所有这一切之中存在着一个伟大的神圣的上帝。这上帝并不高高在上，也不能通过任何公理、逻辑、感知去证明，却深藏于每个人自由意志的尺度中，它就是我们心底自由与良知的福音。可以这样说，正是有了这样的上帝与我们同在，我们的道德、责任、良知、灵魂才有现实的价值。可见，上帝虽不可能是道德的前提，却是道德通过自由、良知所得到的必然结果。的确，某些时刻，在我们不得不独处时，我们于精神之乡的深处与另一个在，一个无法言说的在相遇。有神论者对位于天穹之上的神的顶礼膜拜和无神论者对上帝的断然否决在这一相遇之中都变得毫无意义。因为我们每个人都清楚，我们正在与这个属于我们自己的真善美默默地进行着只有自己才真正明白的对话。这场对话正决定着我们应该怎样，如何希望。

也许人们会想，自由的理性已经面对自己颁布了无条件的道德律令，责任义务已成为人们实践性行为的目的与基础，对道德而言这已经足够，为何还需要上帝呢？康德告诉我们，主体存在的基本方式之一便是不断地向自己询问，并要求自己作出完满的理性答复。人最终会向自己提出这样的问题：究竟是一种什么样的在，一种怎样的真实在日常经验的彼岸等待着我们，准备迎接我们呢？道德对此无法提供答复。不过至善作为道德的终极追求却为这一问题的答复提供了现实的契机。我们知道，至善的动机不是神，而是自由意志的良知鼓动着我们追求至善。宗教不可能使我们成为有道德的人，但至善却达成了心灵投向未来并与理想接轨，这就使我们可以设定有一个彼岸之在等待着我们，接纳着我们，所以道德追求的结果必是对上帝之在的确认。而且我们在现实生活中凭良知支撑着自己的精神，却也常常发现，我们越是深刻而广泛地拥有自由意识，便越真切地感受到生存的不自由，这也不是道德能给我们以解决的。所有这些都要求我们相信有一位彼岸之在居于我们的心底，给我们以坚持，予我们以慰藉。所以无论在精神世界中追求至善，还是在现实中坚持生存都必然产生信仰上帝的结果。正像康德所说的那样，对上帝的信仰"使人目标坚定，并且使人自觉地在道德进步中始终不变"①。从这里可以看出，由于期盼达到道德的圆满实现，人们确立了自由与良知，而为自由与良知达到投向未来希望的至善，才肯定了上帝之在。因此上帝之在是理性的原则而非感性幻想与狂热，不可像世俗教会那样，将上帝之在释为某种经验或形而上学的陈述。上帝之在不可见，也从未作为现象随其他事物出现过。上帝之在是关于上帝的价值。上帝在人间的唯一寓所是我们的灵魂，而对灵魂最有意义的证明则是自由、良知这些非经验所能产生的投向未来的未成之事。或许这是上帝之在于人生中唯一的显现，这一显现又是当下经验和知性认识所不可把握的，只能通过信仰来直觉体悟。在这一领域中，经验与知性有可能最不真实可靠，但这个领域却是个体直接面对自己的唯一领域。面对自己才能面对上帝之在，与自己的灵魂对话，才能与上帝相遇。因而上帝是灵魂存在的最后依据和最终结果，它虽不能被感知、思想，却能为我们提供生存意义，它使道德成为普遍立法，也成为我们追求至善的最终希望，使我们的内心不断更新。在现实中，我们不可以纯然经验或超然地在理论上言说上帝之

---

① ［德］康德：《实践理性批判》，韩水法译，商务印书馆 1990 年版，第 126 页。

在，而只能在生存中，用灵魂理解上帝。因此，言说上帝将终归之于伦理行为，即我们自由自觉地用良知、宽容、博爱的实际行为向不可言说的上帝作出一种真诚的表白，完成与上帝的对话，再依据源自心灵深处的自由、良知的福音召唤，达成人生的和谐，实现自己的生存希望。在此，上帝才能被心灵真正地理解。

康德在给友人 I. K. 拉法特的信中曾写道："我把道德上的信仰理解为对神助的无条件信仰。任何一个人，只要他有一天向道德上的信仰敞开自身，就会不需要历史上的辅助手段，自动地相信道德上的信仰的正确性和必然性。"① 这表明康德对上帝的确立和肯定完全出于对道德自我完善的理性评判。道德自我完善体现为良知的圆满实现，是理性意志对感性现象需求的彻底扬弃，这时主体亦达到了真与美统一和意志自由的至善的最高境界。至善是现世道德的终极理想，也是一切符合人生的上帝之国。因而在道德至善中，人类应相信上帝之在，所以"道德学说无疑是福音的基本理论"②，它使我们懂得必须做什么。同时在这里，上帝之在也确证了理性价值意义，为理性道德的现世完成提供了先验的本体依据，并设定了道德的现世终极目标，而这又使我们明白了我们可以希望什么。康德从道德出发设定上帝，这是一个道德的上帝，也许亦是上帝之在唯一的肯定。在这一肯定中，内在的理性精神将我们引向了一个从未有过的生存向度，引向一个崭新的生活领域。它用无言的方式鼓荡着我们，用巨大的崇高和深刻的神圣感召着我们，但它本身又对我们的现世苦难深深窘迫，而我们则更多地在遭受苦难时直观它、渴望它，向它倾诉，领悟它的启示。的确，人类似乎一直处于等待某种未知却又深感焦虑的状态，常常体验到危机的逼近，摆脱这种处境需要政治、科技和其他社会方面的努力，更需要遵从人性，而是否相信上帝之在的真实性对于这种人性观念又至关重要。只有用上帝之神性反观人类现实，

---

① 李秋零编译：《康德书信百封》，上海译文出版社 1992 年版，第 44 页。
② 李秋零编译：《康德书信百封》，上海译文出版社 1992 年版，第 43 页。

给人类生活以照亮，人们才能再度返回人性。在这一基点上，任何关于上帝之在的知识探讨都无法言表人与上帝之在的关系，也不可能得到关于上帝之在的价值意义。可以说，对现实人生的存在而言，不需要关于上帝的知性学问而需要关于上帝的理性询问。向上帝询问必定有个如何询问上帝的问题。可以肯定的是，询问上帝不会像世人言说物之在一般，语之凿凿，言之晰晰。康德心底有这样的想法，即对上帝的询问不是日常的话语言说。我们实在无法用感性的言说来询问居于心灵深处、只与自己的希望同在的上帝。对上帝的询问只能发自理性的信仰。在人的信仰中"上帝"必然在自己意旨的深层，"隐藏着对我们缺陷的某种补充"①。对上帝的信仰决不是笃守宗教仪式，形式化的外在仪式只意味着对上帝的异化、否定。相反，只有在现实的道德行为中，信仰才能表现为上帝的真实显现，上帝才不是彼岸之在而成为现实人生之在。所以道德的理性行为才是通过信仰对上帝的唯一询问。信仰使我们行动，行动又达成了人与人之间的相互和解，建立了人的尊严，人作为自由和对自己负责的生灵完成了人性的确定，从而使我们相信我们在上帝之中，上帝亦在我们之中。

当我们在信仰中，以行为的方式向上帝询问时，上帝之在已现实地转换为上帝怎样与我在，上帝成为个人自我实现的重要因素。康德"批判哲学"对上帝之在所作的全新诠释，终结了千年来教会神学关于上帝的母题，为近现代神学精神指向上帝与个体对话的探讨打下了基础。同时，道德世界的上帝与我在希望中同在，为我于行动中而在又产生了新的精神内涵。由于本体的上帝不可认知，在对话中，上帝依然是沉默的，不过与上帝对话者却可以在这一无言的对话中经验到自己向上帝的询问、倾诉。我们无法经验上帝却体验到与上帝的对话，经验到我们对上帝的提问、企盼和求索。这样，一方面上帝对所有人而言，既是最亲近的，又是最沉重的。上帝是每一个人本来愿意并必须言说者，又是人们根本

---

① 李秋零编译：《康德书信百封》，上海译文出版社 1992 年版，第 43 页。

无法言说者。另一方面，对话一方的永恒沉默又使对话的人在体验自己的对话过程中相信上帝的沉默意味着它是一个未成事物，需要主体不断地建构，这又使我们为完善心中的上帝永远走在道德自由的旅途之上。

上帝之在不可认知，始终沉默，而我们与上帝的对话又无法借助日常语言，所以与上帝对话，以此使存在于本体界的上帝影响我们经验生存的过程，只能理解为对上帝的一种特殊的思。这种思不是思维和概念性思想，相反是对思维和概念思想的限制。这思有如黑暗中的光明、天穹中的星斗，它使我们在经验中、在行动中直悟到上帝之在，洞彻到上帝与我们的共同精神内涵。可见这思是源于信仰、显于道德行为的生命直觉。在这关涉生命价值的直觉的信仰之思中，人们极有可能真正接近到日常经验之后的生活价值和存在意义，使人们从经验欲望的生存渊薮中醒悟过来，并在醒悟中理解人的此在。当然必须承认，作为用理性重建神学精神的近代启蒙思想家，康德对这一问题的理解还很模糊，也许只是一种直觉。

在康德那里，信仰之思与上帝的对话使本体的上帝通过对至善的行为追求显现在个人的自我经验之中，显现不是人在对外部世界的反映，出现在经验中的并不一定起于经验，亦不一定源于经验。显现是人在对上帝之在的洞明中激发出来的，显现蕴意着上帝成为现实人生的深层向度的主题，成为"人类超越自己的那种东西"①。康德一再重申，上帝在经验中的意义显现只关涉个体的精神体验和道德行为，决不能像世俗教会那样，将之理解为某种集体意志、团体主张，视为意识形态或社会思想。上帝在经验中显现的真实性必须在个人追求自由良知、道德至善的实践经验中，在个人之在的一切价值标准之上才有效。正是在这个意义上，康德指出，人与上帝相遇、对话的历史意义亦不是千年来教会的"历史强权"，而应是个人投入历史的同时又超越此在历史之外，为人们脱离奴役、追求自由、根除痛苦这个有史以来的时代标志的良知奋斗。

---

① 李秋零编译：《康德书信百封》，上海译文出版社1992年版，第82页。

当人与上帝对话，人在心中相信上帝之在的意义时，人的道德行为便是一种向上帝的无言祈祷，道德在作为人的心灵独白的表达的同时亦为与上帝对话的体验，此时，人亦完成了理性反思。理性反思是近代以来所有现代性文化建设的共同任务。康德认为，追本溯源，反思上帝之在本身意味着人类对自我之在的反思。人的本质是自由、是理解，人面对上帝、解释上帝就是在面对自我、解释自己。在解释中，谁真正相信了上帝，谁也就相信了自己和其他人心底深处的人性的真实存在。其实，我们所以要用上帝来解释自己，无非是我们的心灵世界太深奥，无法用思想与语言来表达罢了。当我们坚信上帝之在，并且用道德行为维护这种坚信时，我们也就扬弃了自己的异化之性，超越了自己，也就领悟到我们正向上帝敞开，上帝也正接纳我们。我们的尊严以及属于我们的真正需求亦就与没有上帝时完全不同了。我们成为精神之在，成为自我理解之在，成为自由之在了。因此，康德说"真正的上帝应是人的自由生存的注解，在上帝之中，人懂得了应做什么和应该慕望什么，人成为道德法则的主体"①，成为值得赞美的理性自觉之在。

康德对世俗宗教神学关于上帝存在的证明的批判，否定了在经验世界营造上帝的传统，彻底杀死了一个统治世界千年之久如同残暴君主、专制父亲一般的上帝，让人们有了与属于自己的上帝相逢的机遇，并为人类找到自由的生命希望，这一切有着巨大的意义。一方面，康德对上帝的理性阐释深化了启蒙思想的人本意蕴，为争取人性自由的启蒙思想增添了信仰自由的思想深度，为近代建造中的超越传统审美文化价值精神的审美现代性提供了无可比拟的终极关怀；另一方面，康德对上帝的理性阐释颠覆了经验界的上帝统治，也为近代科学技术的发展扫平了道路，使人们可以在现实经验世界中自由地解释自然，科学地认识自然，合理地利用自然，从而开拓了审美现代性的存在领域，使审美与技术的合作成为审美现代性的特色之一有了可能性。更重要的是，康德此举也

① 李秋零编译：《康德书信百封》，上海译文出版社1992年版，第134页。

使人们在发展科技、征服自然的同时，为精神世界，尤为人类良知、信仰保留了坚固的寓所。正像康德所说的那样，在经验的现象界放逐上帝就是使人们在精神的本体界更好地尊奉上帝，这又为人类防止技术异化、道德沦丧，使人们在更真实、更有益的境况中与上帝同在创造了良机。所有这些思想又使上帝怎样在的问题得以凸出，成为当代文化最关注的理论热点之一，极大地深化了当代对神学价值的理解，并为审美现代性的确认、发展提供了参照。

四、精神文化元叙事的改造与审美现代性

无论何种文明，总有其精神文化的基源。一种文明得以在其发展历程中形成庞大的、有特色的精神文化体系，究其根本原因就在于不断地对自己的精神文化基源进行诠释和理解，这种对精神文化基源的诠释和理解就叫做精神文化的元叙事。精神文化的元叙事是任何一种精神文化体系的价值灵魂和话语基调，对精神文化体系的每个方面、每个层次都起着决定性的深远影响。如果说，中国的精神文化的元叙事是关于仁与义的阐释的话，那么西方精神文化的元叙事就是关于恶与善的解说。换言之，从古希腊到全球化的今天，西方精神文化各个方面、各个层面虽话题繁多、意义丰富，难以一言而蔽之，但是在那繁多难言的话题深处却总隐含着关于恶与善的元叙事。审美现代性是西方现代性精神文化的显著标志和重要话题，其中深含着近现代西方文化关于恶与善的元叙事，也可以说，恶与善的元叙事的现代性改造深刻地左右着西方审美现代性的设计与建造，而这又与康德的贡献密不可分。

康德的批判思想运用先验综合方法，从诠释知、意、情主体功能出发，在真、善、美三个领域中阐明了人能认识什么、人应做什么、人可希望什么三大经典哲学命题，解除了自古希腊苏格拉底，经中世纪奥古斯丁，至近代笛卡尔、休谟以来一直纠缠西方精神文化领域数千年的困惑，被称为哥白尼式的思想家，使西方的文化精神由传统步入现代。据

此，西方精神文化界将康德的批判思想视为近现代人本精神文化的理论圣经。然而，当康德用其批判思想解决了人能认识什么、人应做什么、人可希望什么三大经典哲学问题后，随之而来的另一个更为深刻、宏大的思想问题开始困扰着康德：阐明了人能认识什么、人应做什么、人可希望什么是否意味着已解决了人是什么这个精神文化最基源、最根本的问题？回答显然是否定的。晚年的康德对此进行了痛苦而深邃的长期思考，并以其批判思想为基础，对人性、善恶、宗教、道德、法律、国家、世界历史等一系列问题进行了文化哲学、哲学人类学的研究，以图回答人是什么的问题，为此他撰写了大量文章。这些文章曾极深地影响过谢林、费希特、黑格尔、费尔巴哈、马克思和许多20世纪人本主义思想家。尽管这些文章所论及的问题和表达的思想最终并未以系统独著的形式问世，但卡西尔还是将之称为与《纯粹理性批判》、《实践理性批判》、《判断力批判》并列的第四大批判。康德晚年对人性的恶与善作出的批判性解析，破解了古希腊以来至中世纪到启蒙时代关于人性、宗教、道德的必然关系，发现恶、罪、善三者的文化总体性机制，改造了西方精神文化元叙事的方式，并通过审美与教育的结合将西方现代性精神文化叙事方式注入审美现代性之中，使西方审美现代性拥有了元叙事的深度和力度。

思想的终极在于理解人，并在对人的理解中向人自身施予深深的关怀。当思想说明了关于人的所有具体问题时，哲学必将直面于人，回答人性本质究竟是什么的问题。人们常在许多领域以不同的方式来论述人性的方方面面，然而就其根本而言，人性问题实质表述着人与世界的关系问题，是人试图在世界全面而复杂的图景中确立自身独特性的根本追问和释答。关于人性，西方有性善论、性恶论两种基本而又不同的观念。康德之前，西方文化思想中，多数人相信善是人性本质。古希腊，人性本善是苏格拉底的思想根基。在苏格拉底看来，世间多恶、人生频错并非人性邪恶所致，而由人的无知使然，无知使人性之善无法实现。苏格拉底一生以求知为人生目的并视指引民众求知为己任，就是在表达他对人性本善，只有通过求知达真才能实现人性之善的坚定信念。柏拉图则认为先验的、完满的理念是世界存在的本源。在理念世界没有关于假、丑、恶的理念，因为一旦存在假、丑、恶的理念，理念世界就失去完满性和真理性，理念世界也就失去存在的最后根据。现实生活中的假、丑、恶是人们忘却了理念的结果。消除现实生活中的假、丑、恶的唯一方法只能是对被忘却的理念的追忆。追忆既是求真，也为求善。不过与苏格拉底全面求真、全面达善不同，柏拉图觉得只有哲学家才能通过回忆被遗忘的理念世界，实现得求真达善。尽管柏拉图并未直言人性本善，但浸入其言语背后的思想，可断定他也是持性本善的。如果人性本恶，又如何通过记忆找回迷失的善呢？中世纪基督教哲学普遍坚持上帝创造了人，上帝将无忧无虑的生存方式和纯净无瑕的灵魂赐予人，使人具有着神性，在天堂幸福地生活。人由于违背上帝的旨意而堕落，失去神性而犯罪。罪使人生活在邪恶之中，遮蔽在苦厄深处，只有赎罪，人方能重获神性，再返天堂，灵魂永生。上帝创世，并与真善同在，人为上帝所造，人性本善无论在逻辑上还是在情感上都是注定的。文艺复兴、启蒙运动、浪漫主义运动虽颠覆了中世纪基督教霸权意识形态，性善论却依旧是文艺复兴艺术家、启蒙运动思想家、浪漫主义文学家的内心情怀。文艺复兴歌颂人的自然天性，启蒙运动标榜人的理性智慧，浪漫主义艺术家倡导人的个性情感，所有这一切都基于人性之善良与美好的信念。

也许关于人性的释解涉及对每一个人包括释解者的态度和评价，性善论就成为德国古典哲学诞生之前人们阐释人性的元叙事主流。但是，康德敏锐地意识到，如果人性本善，人又为何追求善、实现善呢？如果人性本善，只是因某种原因而失去善，所以人要重新找回善的话，善的回归究竟具有怎样的本体意义和历史价值呢？所有的一切努力不过是回复到原有的起点罢了。由此，康德断定，人性的本质一定是恶。恶才要求人类在生存中努力向善，恶才迫使人类从落后走向进步，恶才让历史发展具有了必然性、普遍性。

康德从历史与逻辑这两个方面对恶进行了考察。

康德通过解读历史文献发现人类历史并非处处表现为黄金般的时代、天堂似的生活。相反，"人们对世界之邪恶的抱怨就像有记载的历史那样古老，甚至像更为古老的诗歌那样久远"①。恶的古老意味着恶与历史与生俱来，是历史自身之内的某种存在而非历史之外的附加。历史上每一代人都在极力歌颂善、营造善，却无法回避恶时时笼罩着人们生活这一事实。这使得人们在历史中始终涌现着消除现实之恶的冲动。当现实之恶无法根除时，人们又转而寻根，冀望昭示恶之根源，除根以灭恶。康德将历史中人们对恶之根源的探究归纳为三类：第一类，将恶归之于祖先遗传，"邪恶就是一些像绦虫一样的东西。关于这一点许多博物学家就持这种观点，因为不管是在我们之外的任何其他元素中，还是其他运动身上都找不到它，所以它一定在我们的祖辈身上就已存在"②。第二类，认为恶来自对前人遗产的继承，这就是罪的本源。如不通过劳动而获得财富，即使是合法的，却已为此背负一个严重的罪名，因此，必须将这些不劳而获的财富赎还，死亡将是对不劳而获财富的全部剥夺。可见，恶源于罪。第三类，把恶之源归因于人类祖先亲自从事了违抗神意的行动的结果，《圣经》就是如此解释人的罪与恶的。罪在先而恶在后显然是这第三类对恶的解释的特点。

然而，历史上无论是遗传学的、法学的，还是神学的对恶之寻根都不能使康德折服，所有这些原因都可能起源于某种偶然，却不是必然不可避免的原因。对人而言，恶之必然存在，一定有其人自身与生俱来的原因。根据康德的批判思想，人同时生存于经验和本体两个世界中。现象世界感性、具体而有特殊性，最根本的性质是不具人性的普遍性。遗传学属于医学，医学是科学的一个门类。《纯粹理性批判》已明确地告诉世人，科学只能在经验世界中有效，一旦超越经验世界，科学将陷入二律背反，无法证真亦不能证伪。科学不可能发现恶之根源，也无法消

---

① 李瑜青主编：《康德经典文存》，上海大学出版社 2002 年版，第 164 页。
② 李瑜青主编：《康德经典文存》，上海大学出版社 2002 年版，第 184 页。

除恶的本因。今天科技如此发达，却对除恶无能为力，甚至有时被恶利用就是明证。而法律则只能判定一种行为是否合法，行为的人是否有罪却无法证明人是否有恶，更不能揭示人之恶的根源。在康德看来，生活中的法律是具体的，因时因人而定，它维护的是一部分人的现实利益，确认的是人在现世生活中的一部分具体的权利，而不是所有人的所有权利。从根本上说，法律既无法昭示人的普遍之恶，也不能说明人的普遍之恶，只能界定具体的罪。至于世俗宗教神学，康德采取了断然拒绝的态度。在康德看来，世俗宗教神学依据传统、教条和戒律对世人的规范完全缺乏合理性与合法性。因为，世俗宗教神学并不源自于普遍人性，又非对所有人关怀赐爱。世俗宗教神学只是容忍信徒，宽怀服从，镇压异己，排斥自由，世俗宗教神学不仅不能为人类灭除邪恶，张扬善良，而且对生活于经验世界的人而言，它可能就是恶的。康德相信，只有在本体中而不是在现象的经验世界中，才能真正探明恶的本质，寻到恶的根源。根据康德批判思想，人生活在现象的经验世界同时，还生活在本体世界之中。人的本体生存世界指不受自然规律控制，不被感性欲求制约，对人类普遍而在，决定了人所以超越自然界，使人成为人而不是动物的那个生活世界。显然，人的现象经验世界属于日常生活范畴，受到自然、本能、现实经验等方方面面的规定，不可能是人之本体世界。深受启蒙思想教化的康德相信，对人而言，只有一种东西是全人类共有、绝对普遍并全然不受规律、欲求、功利左右，那就是人生而有之、必然存在的自由意志。自由意志就是康德心目中人的真正本体。所以康德坚持认为，恶"不可能是一个经验的事实"[1]，"人是恶的这一观点仅仅是指：他知道道德法则（即先天、本体的自由意志，这是康德对道德法则含义的独创性理解——作者注），但是却因此接受违犯法则的行为准则"[2]。现象经验世界中人的具体生活内容不同，所处环境各异，所拥有

---

[1] 李瑜青主编：《康德经典文存》，上海大学出版社 2002 年版，第 167 页。
[2] 李瑜青主编：《康德经典文存》，上海大学出版社 2002 年版，第 176 页。

的禀赋各有个性，每个人的生活命运大相径庭，他所受到自然规律的控制、欲求冲动的左右、利害关系的决定在内容、方式等各个方面千差万别，过失、错误、罪行也就完全不一样。所以，过失、错误、罪行等等不可能是恶的根源，而只能是恶在现象经验世界的日常生活中的表现。恶根源于人性，是人性的本质特征，正像康德所说："本性是恶的就等于是说，将这种属性视为它这个种类本身就具有的，而不是从人这个特定概念中所能够推断出来的；但是我们却无法凭借着从经验得到的对他的了解来对其作出判断，也许我们可以事先假定它是每一个人在主观上必须具备的，甚至最完美的人也是这样。"①

在《判断力批判》一书中，康德曾自信地宣称，在所有动物之中，唯有人拥有自由意志、理性精神，正因此，人是世界的唯一目的、人是世界最应受尊重的。晚年的康德一再说，违背自由意志、理性精神是恶之根源。然而，人作为世界上唯一的理性存在怎么会违背自由意志、理性精神呢？这是一个严重的逻辑悖论。康德意识到，逻辑自身是无法解决这个二律背反的，唯有返回人的生存，在哲学人类学的层面上，才能扬弃这生存的矛盾。康德认为，人是理性的，这只是说人是唯一的理性动物。人类不仅是理性精神的，同时他还是感性肉身的，人在具备自由意志、理性精神的同时，不可否认地存在着感性生理的需求，康德将人的感性生理需求称之为习性，他指出："实际上习性只是一种追求快乐的倾向，当主体有了体验后就会出现这种倾向，所以，所有未开化的人都有沉迷于事物的习性。"② 可见，感性肉身的习性也是与生俱来的，是人的本能，它是自由意志的对立面，是理性精神的否定。当感性自身的习性背离了自由意志、理性精神，恶便出现了。恶展开在人生三个层面上：第一，人性的脆弱层面。康德曾举例说明：一位传教士说自由意志与我同在，但我不知怎样运用它。这就是人性的脆弱，因为理性精神还只是

---

① 李瑜青主编：《康德经典文存》，上海大学出版社 2002 年版，第 176～177 页。
② 李瑜青主编：《康德经典文存》，上海大学出版社 2002 年版，第 173 页。

某种淡弱的自觉意识而未能成为自主选择和自由决定的生存方式，所以意识到感性肉身之恶却无力抗拒它，这是大多数人有罪恶感的普遍原因。第二，心灵的不纯洁层面。当人已明确懂得应按善行事并将之付诸行动时，却在行动中将善与利己目的挂钩，使善的行动成为实现功利的手段。康德认为，心灵的不纯洁层面的恶是一种罪恶，因为它明知故犯，是对理性精神和自由意志的有意践踏。第三，心灵的堕落层面。运用自己的理性智慧，调动全部的意志能力有意为恶，这是最可怕、最为严重的恶。人类历史上所有重大的浩劫、巨大苦难均由这种心灵的堕落层面上的反人道之恶造成。

值得注意的是，三个层面的恶不仅仅是某些社会现象，而且是人类普遍的天性，是人性本质固有的，它潜伏在人的本体世界中。换句话说，人世间的每一个人都有可能作恶，因为他的本性如此。所以每个人都完全应该对"恶的习性承担责任"[1]，人必须从意志信念上彻底克服这源于人性的恶，否则人在生存倾向上"就有可能从恶"[2]，"人也不再是原来意义上的人了"[3]。由此可见，康德的恶是人性本质的观念是极其严肃的，是对人最为深刻的透视，只有理性而冷峻面对人性本质之恶，人类才有可能借助理性意志，努力向善，才能摆脱野蛮走向文明，才有可能真正扬弃、消除人类自身固有的恶之天性，从而实现人的自由与进步。

对人性的沉思使晚年的康德深深地感到人的本体世界存在着双重国度，人性既有自由向善的一界，又有从恶的另一界。多维度的人整体地生存着，本体世界的人性之善与人性之恶总要相遇。当人性之善意识到本能之恶时，人便会产生发自内心深处的恐惧。恐惧也许是人类自由意志所表现出的最初自觉。恐惧恶，却又无法自主地抗拒作恶，善的疲弱只能为主体设立禁律以防止人作恶。禁律是强制性规则，它使人恐惧作恶的意识固定化、形式化、权力化。这种被固定化、形式化、权力化的

---

① 李瑜青主编：《康德经典文存》，上海大学出版社 2002 年版，第 179 页。
② 李瑜青主编：《康德经典文存》，上海大学出版社 2002 年版，第 175 页。
③ 李瑜青主编：《康德经典文存》，上海大学出版社 2002 年版，第 179 页。

规则在世俗宗教产生后变成教义、戒律，而避恶就善的主体意识经过教义、戒律的改造与固定便对象化为神。神像一位永远知情的父亲，矗立在人的自我意识之中，审视、督察着我们内心的一切，一旦人性之恶在内心有所流露，就会遭受神的裁决和惩罚。当然，人可以逃避或免除神的裁决和惩罚，这便是以特有的方式如忏悔、服从、信奉，甚至杀身成仁等方式与神的裁决、处罚交换。于是在世俗宗教的交换中，恶变成了罪，理性的从善以抵抗作恶变成克己从教的赎罪，自由意志变成了强制性戒律，人们不再用内在的善自觉地消除造恶，而只是专注于教义、戒律的外在规则，恶真正成为本体世界的主角，善从此被无情地抛弃了。正因此，康德强烈批评世俗宗教，认为世俗宗教不过是一群人被强迫共守着某种法律规则和政治制度而建立起来的政治团体。在这样的政治团体中，个人从没有意志自由、理性自主，形同奴役，剩下的只能是供奉上帝、忘我服从，这决不是康德心中的宗教。康德一生从不去教会参加任何宗教活动正是对这种世俗宗教的断然摒弃。

康德对人性之恶的阐发、对世俗之罪的批判、对理性之善的确立彻底改造了西方精神的元叙事构成和元叙事方式，使生活在现代世界中的人们真正懂得人性之缺陷，明白为什么在高度发达的物质文明世界，人们还需要精神的信仰和内心希望，深刻地影响了西方现代性人文精神的发展。

18 世纪，以法国为中心的启蒙运动席卷欧洲。启蒙运动以"平等、自由、博爱"为口号，倡导现代性的"理性精神"，并以理性、自然、情感启蒙教育，教诲民众。在这声势浩大的社会转型与变革时代，审美与教育受到了空前重视。几乎所有的法国启蒙思想家无一不对审美、教育有过论述，其中对康德最有影响和启发的是卢梭。卢梭相信，与文明人相比，处于原始自然状态中的人更健全，更幸福。原始状态中的人平等、自由而富有才华。而文明人则迫于文明礼俗、社会规则的压抑，不仅失去了平等、自由，而且失去了真实与真挚，矫揉、虚伪、平庸。因而启蒙不单纯是对民众灌注理性，启蒙在更为深刻的方面是培养民众的真实情感，洗涤民众身上的世俗，使民众真正回到平等、自由、真实、真挚的自然状态中，实现从文明人到真正的人的回归。而要实现这一目的，卢梭认为情感教育是关键，只有通过情感教育，培养人们真实纯净的心灵、自然质朴的情感、美好平实的性格，人类才能实现回归。为此，卢梭撰写了《论科学与艺术》、《论人类不平等的起源与基础》、《新爱洛绮丝》、《爱弥尔》等一系列著作、作品，并成为浪漫主义运动和自由主义思潮的现代性审美文化的先声，为审美现代性揳入了美育的维度。

由上可见，从古希腊、罗马到 18 世纪启蒙运动，审美与教育始终是思想家们关注的问题。古希腊罗马哲学大师通过对审美与教育的诠释试图建立人类的理性精神和知识系统，18 世纪启蒙思想家们则希望在审美、教育中实现人的重塑与社会变革。尽管他们尚未完全找到审美与教育深度结合、统一的契机，但却为康德使审美与教育的相遇创建了理论背景和思考情致，奠定了深厚的基础。

既不同于希腊人在人类精神维度建构上理解教育，也不同于 18 世纪启蒙思想家将教育用为改革民众、变革社会的工具，康德将教育视为人超越自然、获得自由本质的基本过程，把教育阐释为个体人获得道德普遍形式和知识从而认同群体、走向社会的路径。教育也是人类最终实现感性与理性相统一、生理与心理相协调、自然与人文相符合的必由之旅。

在康德的批判哲学看来，以生命形式存在着的人本质是自由，是对一切可能的和现实的超越。人永远必须通过自身的努力才能获得真正属于他自己本质特征的存在，教育正是这一努力的重要方面。教育有着双重结构，一方面人是教育的创造者，另一方面教育又塑造了人。教育就是人自身生命的创造，它不断建构人的自由本质和解构人的非人成分并以此实现对自然、人、社会三者关系的合理协调。人在这一历程中不断完善，成为属人的人。正像康德所说："人类并不是由本能所引导着的，或者是由天生的知识所哺育、所教诲着的；人类倒不如说是自己本身来创造一切的。生产出自己的食物，建造自己的庇护所，自己对外的安全与防御，一切能使生活感到悦意的欢乐，还有他的见识和睿智乃至他那意志的善良——这一切完完全全都是他自身的产品。"①

从物种意义上讲,人与动物都属于自然的一部分,并像所有动物一样,其生命的最一般倾向在于不断要求确定和完善自身的物种属性,这就构成了人作为物种与一般动物的生存目的的一致性或相似性。但与一般动物不同的是,人的物种属性具有其他物种所不具有的开放性质,它与自然的关系呈现出极大的可能性特征,这导致了在生存方式上人与其他物种的根本差异。这种差异使人同包括周围的物质世界和人的本能在内的自然始终有一种非常紧张的关系。自然常常成为人的威胁和束缚,人亦感到强烈的被压迫感,所以人须要挣脱自然的束缚。挣离束缚并不是断绝与自然的联系,而是把自然的法则统摄到人的主体活动的超越性之中去,使人在自然中获得属人的优先权。在康德看来,也许教育是达成这一目的的方式,因为教育是非自然的,却又能介入自然。正是在这介入中,自然才可能成为属人的自然,成为人的生命存在与发展的一部分。康德曾反复强调,在对待外部自然和人的自然属性这个问题上,绝不能只把知识、艺术、宗教,甚至技术等文化活动视为单纯地提高人类智力品质的活动,它应是顺应自然、超越自然的基本方式。当人以教育为基本方式实现了对自然法则和人的本能的统摄时,自然对人而言就成为非决定性的,人的活动和人对自身活动的阐释便是人类调整自我构成、指导自身行为的真正尺度,人在肉体和精神两方面的存在和发展就都具有了创造性。正因为此,人不仅能够创造自己,而且决定着怎样创造自己,教育使人不再通过生物进化发展自己。

就个体而言,生命存在与自然规则、物种属性难以分离。个体的人在日常生活中既不能脱离自然、经验,又无法借助某种整体性关系来实现生活解放,人的许多类属性在个体的日常生活中似乎都隐藏到个体存在的背后。要想在日常生活中使个体的生活具有普遍的价值意义,只有在生存方式和生活目的两个方面同时获得非日常生活的超越才能实现。

---

① 〔德〕康德:《历史理性批判文集》,何兆武译,商务印书馆1990年版,第1页。

这就需要教育。在康德看来，任何一种教育都是对人的培养、训练融注着道德内容。康德心目中的道德不是人们通过理智的推论或传统习俗所确立的训条戒律，而是以人为目的、以自由为本质、以意志自律为形态的普遍形式。通过教育，以人为目的、以自由为本质的道德成为个体的人生态度、存在使命、生活风范，成为生活具体情致中普遍向善的自我意识，成为生活在不同境遇中的个体发现自己生活意义的源泉。正是教育过程所显现的普遍道德性质，才使受教育的人进入群体，成为社会一员，个体的生活才具有多元和开放的性质。正是在这个层面上，康德说教育"不是教导我们怎样才能幸福而是教导我们怎样才能配得上幸福这样一种科学的入门"①。

在康德看来，教育涉及方方面面，从学校的教科书到一系列熟悉的家庭小陈设，其中都包含着对我们的思想、行为产生一定影响的知识内容和启智方式。因而个体应该向生活求知，去获得包括经验的与本体的、理论的与应用的一切知识，从而使这些知识转化为自己独立思想、自主选择、自觉行动的能力。这一过程既是人生成的过程，又是知识不断发展的过程。所以"批判哲学"认为，一方面知识是所有文化的基础，另一方面教育又构成知识发展的动力。知识的扩张对象化为技术，而技术的展开又必然形成与道德相关的行为活动。知识本身并不具有道德意义，而求知却能达成道德。求知使个体在掌握自然的同时也体悟到人与自然的异质，产生认同、超越自然的意识，而这种双向特征的求知活动就是教育与学习的过程。不仅要设立道德为个体普遍意义之生存目的，更应高度关注这个目的的具体环节过程，即求知的教育、学习过程。只有目的而无这一现实具体实施环节过程，目的将只能成为一种虚幻的抽象思想、非经验化的意识乌托邦，对人的自由实现和主体解放不起任何功能作用。只有在教育和学习的过程中，个体才有可能使这种以人为目的的普遍道德形式转化为具体的日常生活行为和感性经验，自由才能作为个

① ［德］康德：《历史理性批判文集》，何兆武译，商务印书馆1990年版，第151页。

体的存在目的的同时成为个体的存在方式。一般说来，教育与学习过程大致由两个方面构成：其一，通过教育与学习培养健全的主体认识能力，运用知性去认识自然、掌握自然规律、建立自己的知识结构，最终将知识转化为技术，并通过操作技术实现对自然的控制。其二，通过学习对符号的理解与运用，去阐释和运作群体与周围世界的各种人为规则，从而将个体投入到这个意义世界之中，以此获得存在与释义的优先权。教育与学习过程这两个方面一旦完成，个体将成为文化的人，成为社会的主体，而道德也就不再是一个根据理想来处理现世事务的手段，而是一个不断根据实践目的的现实可能性来检验理想与重建社会的过程。所以教育与学习使个体不仅具有道德的生存模式，而且在他们的生命历程中还能获得新的模式，并可对现有模式加以修正。教育与学习既是新的技能、行为规则的掌握，也是道德、意义和表达的生成。因此，严格地讲，教育与学习不仅为个体实现普遍的生存形式确立了实在性，也为每个人从个体的完善走向群体社会的重构提供了可能性。思索人类生存、发展的命运，找寻人类自由解放的途径是康德一生的追求。正是在这终生不渝的追求中，康德发现了教育对于每个人的哲学意义，确立了教育的终极使命。教育正是在使人超越自然、使个体认同群体，使日常生活在具有普遍意义的道路上与审美相遇。

在康德批判思想诞生之前，人们只在精神维度上考虑美、审美与教育的关系问题。因而美、审美与教育似乎总是关联却又各自独立。康德重构了美与审美的关系，认为美并非客观存在，审美亦非对美的认识、反映。美、审美皆源于审美能力，是审美能力在客观与主观两方面的同时展开。主观范畴无法诠释审美能力，客观范畴也不能解读审美能力。审美能力综合了主客观又超越主客观。与精神现象不同，作为主体能力，审美能力通过教育培养而成，只有在教育的方式中，主体能力才能生成、展开。可以说，教育就是主体能力培养、发展的过程。正是在主体能力的塑造、培养界面上，康德使审美与教育深度相遇并将艺术视为现实人类自由的重要过程。

康德以"批判哲学"的视野和方法昭示了审美与教育在哲学层面的内在关系，指出审美与教育的相遇本质是人类与实现人类自由解放之路途的相遇。但是，康德并未在此方向上展开更多的论述和阐释，他的许多观点还不够系统、全面。但这种理论的敞开状态给席勒以及其他后人留下了探寻审美教育的广阔天地。康德之后，德国伟大的思想家、艺术家席勒进一步总结、整合康德在改造西方精神文化元叙事基础上提出的现代性美育思想，建立了系统的现代性审美教育理论。今天，我们正在康德的启示下在人类健全发展和自由解放的广阔天地中继续着这一伟大的探寻。

第四章　现代性历史意识与审美现代性

一、批判哲学理性历史观与审美现代性

与传统西方审美文化不同，近代西方现代性审美文化最显著的思想维度和话语场域是富有人道主义精神的现代性历史意识。近代西方现代性审美文化不仅被理解为现代人类的主体性存在与理性文化的外化，同时被诠释为人类发展过程中属人历史的必然内涵。可以说，想要走进近代西方现代性审美文化，就不能不对西方现代性历史意识有所领悟，而对西方现代性历史意识的领悟则无法回避对作为西方现代性历史意识核心的康德理性历史观的阐释。

"批判哲学"所致力于解决的元命题是人能知道什么、人应做什么、人应该希望什么和人是什么。康德对这四大元命题的"哥白尼式"回答的出发点，便是他的对黑格尔、马克思乃至整个近代西方现代性审美文化产生了深刻影响的理性历史观。

在康德看来，历史所具有的含义与自然相对。在"批判哲学"中，人虽说在宇宙意义上属于自然的一部分，但对人而言，历史却不属于自然而单指不同于自然过程的人的发展历程。换句话说，历史是人在自身演进发展中属人的存在与本质的获得、丰富及显现的时间性展开，是人的全部属人的活动的总程。

在康德的理性历史观中，就形态而言，历史是一个不可逆的有序结构，时间是其属性。康德认为，时间是具有客观普遍性的存在，它

与人的联系呈现于"表象"之中。"表象"只与人的经验有关，是属人的、主体的，却不是自由的，因而时间受到因果关系的规律制约。时间作为历史的属性，使历史过程具有了因果性、规律性。在这个层面上，历史是一个必然的过程。

但是，生活一旦成为历史便不仅具有本质价值，而且具有文化价值。当康德将历史视为时间结构和"表象"序列时，他将人称为"有限的存在者"。然而，历史又是一个本体结构，它是赋予了一切存在者以存在意义的那种存在者的自我展开与昭示。在这个意义上，康德又称历史中的人为"理性的存在者"，认为在历史的自然感性之下，还有一个使历史不同于一般自然过程的终极属性，这便是理性。在康德的历史观中，理性指人的生命存在的非自然性，它的最根本的核心是赋予物以存在的自由。一切存在者的存在本质便是自由本身，而在一切存在者中，只有作为主体的人才是无限的、自主的，所以自由是人的本体。因而，历史不仅在人的自然欲望的驱使下展开自身，同时也在自由的规定下展开自己；历史不仅符合着自然的必然性，而且也遵循着自由的目的性；历史的动因不仅是追求感性欲望、个人幸福的满足，而且也是对理性目的，也就是人的自由的实现。就后者而言，其实质恰恰在于人自主地不受任何自然的、感性的欲望和对象的制约，自觉地把握和实现自己。自由是纯主体的、属人的、文化的，是对动物性的扬弃，是人拒绝自然压迫的原动力，也是人的生命过程成为历史过程的最后因。正如康德所说："一个有理性的存在者必须把它的准则思想为不是依靠实质而只是依照形式决定其意志的原理，才能思想那些准则是实践的普遍法则。"① 我们认为，康德通过设定自由为人的本质去界定历史的终极性质的方法和观点，对德国古典哲学阐述人类历史本质时所形成的精神追求和价值评价直接为近代西方现代性审美文化注入了历史理性，甚至触动了马克思对历史本位内涵的认真思考，其

---

① ［德］康德：《实践理性批判》，韩水法译，商务印书馆1990年版，第26页。

中康德的一些历史意识为马克思积极地汲取。马克思就曾明确指出，人在何种程度上成为历史的主体，就在于它在何种程度上扬弃动物的欲望去生产。

由于康德发现了历史的二维性，作为现代性历史观创建者之一的康德，始终如一地坚定相信，理性是人超越自然的唯一根据，执著地认为，历史最终会扬弃二律背反而实现统一，统一的中介就在于人在历史行程中通过运用实践理性为本质的行为活动对自然的超越。康德曾说：我所谓实践理性的一个（对象）概念乃是指作为通过自由而可能得的一种结果看来的那一个"客体"观念而言。这就是说，与纯粹认识活动不同，历史是一个实践活动体系。与认识活动显现为纯粹主体认知逻辑构架也不同，在历史中，理性现实为实践理性，它具体展开为主体意志构架。所以康德说："至于理性在实践上的运用，情形就完全两样了。在这种场合下，理性只处理意志的动机，而意志乃是能够产生与表象相照应的对象的一个官能，或者竟然是决定自己来实现对这些对象（也就是决定自己的原因性）的一个官能（不论物理的能力是否足够实现这些对象）。因为在这里，理性至少能够决定意志，而且问题如果只在于意向的话，那么理性还是永远有客观现实性。"① 可见，作为理性的展现，意志构架既不是纯主观的，又不是纯客观的，而是主体的，实践的。一方面对于存在于历史中的人而言，它是主体心理功能，这种心理功能是历史主体共同具有的；另一方面意志作为社会构架的准则又是客观的，对一切有理性的存在者而言，它具有普遍有效性。在康德的历史意识中，正是这种主体的意志在心理结构和社会结构中的展开，最终使历史过程可以被看成是一种抗拒机械作用的自由过程和对这一自由过程的价值描述过程。

然而真正的历史是一个多层丰富意义的结构，作为对自然的挣脱和超越的理性的展现，实践意志只是一个主体构架，在历史的动态过

---

① ［德］康德：《实践理性批判》，韩水法译，商务印书馆1990年版，第13页。

程中，它必须现实化。意志的现实化在康德那里便是道德实现，康德将道德实现作为历史中理性统摄感性、本体转向现象、自由扬弃自然的枢纽。在现实的历史过程中，"只有道德才给我们初次发现出自由概念来"①，并以此获得人的真正自由本质，理性使人成为世界的本体。同时道德又是超个体的，它不仅是个人的领悟和行为，而且给社会以普遍立法。这个普遍立法完全自律，不受感性欲望和对象的制约，是历史构成集体社会过程"所依据的唯一原理，是与这些法则相符合的义务所依据的唯一原理"②。不难看出，在康德心里，作为世界上唯一与自然相对立的过程，历史真正的本质与形态应是自由的、理性的。感性欲望恰是历史中的非历史因素，历史就是对此不断的扬弃过程。这样，"道德法则实际上就是从自由出发的原因性法则，因而也就是使一个超感性的世界所以可能的法则，正如支配感性世界中种种事情的那个形而上学法则就是支配感性世界的原因性的法则一样"③。

在"批判哲学"中，康德所讲的道德法则不是由对象来确立的，它实际上被视为纯主体的形式，没有任何具体的名目和条章。如果说它有规定性的话，那唯一的规定性就是它是属人的、自由的、理性的。正因此，历史及其历史的展开不应是历史之外的召唤和境地，而是历史自身的自主演进。但是历史终究是一个时间过程，它受制于必然，道德法则想要统摄时间的必然性，使历史的二维世界统一起来，就须寻求对时间本身的理解与阐释。其实在 1781 年，康德就完成了对时间内涵的全新界定，认为时间的本体不是自然的一个属性，尽管它显现在自然之中，并以因果方式出现。时间是人对客体把握时的一种主体结构框架，它与空间一样，"乃感性直观之纯粹方式"④。在时空的共同结构下，不可知的自然本体界生成为可感知的现象。这样，在康德

---

① ［德］康德：《实践理性批判》，韩水法译，商务印书馆 1990 年版，第 29 页。
② ［德］康德：《实践理性批判》，韩水法译，商务印书馆 1990 年版，第 33 页。
③ ［德］康德：《实践理性批判》，韩水法译，商务印书馆 1990 年版，第 48 页。
④ ［德］康德：《纯粹理性批判》，蓝公武译，商务印书馆 1982 年版，第 55 页。

看来，时间的必然性只是指它是一切个体的人在把握对象时所必定出现的主体形式，而时间的客观性则在于时间作为人的主体结构框架是先天的，在每一次把握对象时，它所显现的模态不以个人的意愿为转移。

由此，历史的必然与自由、现象与本质都是属人的，人作为历史的主体，"就其属于感性世界而言，乃是一个有所需求的存在者，并且在这个范围内，他的理性对于感性就总有一种不能推卸的使命，那就是要顾虑感性方面的利益，并且为谋求今生的幸福和来生的幸福而为自己立下一些实践的准则。但是人类还并不是彻头彻尾的一个动物，以至于对理性向其自身所说的话全然漠不关心，而只是把理性用作满足自己需要的一种工具，因为理性对人类的用途如果也与本能畜类的用途一样，那么人类虽然赋有理性，那也并不能把他的价值提高在纯粹畜类之上，在那种情形下，理性只是自然用以装备人类的一种特殊方式，使他达到畜类依其天性要达成的那个目的，而并不会使他能实现一种较高的目的"①。也就是说，作为历史主体，人类定有一个超越动物需求的目的，正是这个目的使人完全设定了人是属人的，并自觉到人作为历史存在的超限制性和自主性，从而使历史统一为属人的世界，使感性与理性皆成为历史发展的合理动因和真实展开。

康德理性的历史观还认为，历史目的不是自然的一种存在属性，同时也不是由上帝、神灵等超验东西所设计的。目的只能属于历史自身，只能产生于历史之中，由历史设计，并由历史来实现。而历史的本意就是人的存在与存在的展开和昭示，所以"人就是目的本身"②，是现实历史"创造的最终目的"③。为什么对历史而言，人是其唯一、终极的目的呢？

首先，历史中的一切存在者，只有人这种"理性的存在者"才赋

---

① ［德］康德：《实践理性批判》，韩水法译，商务印书馆1990年版，第62~63页。
② ［德］康德：《实践理性批判》，韩水法译，商务印书馆1990年版，第134页。
③ ［德］康德：《判断力批判》下卷，韦卓民译，商务印书馆1985年版，第89页。

予他们以存在的意义，这一本质导致"没有人（甚至于神）可以把他单单用作手段"①。正由于人这种存在者"赋予存在"意义和"非手段"的性质，因而人的因果关系是一种特殊的因果关系，即目的关系。其次，在历史中，人是唯一具有理性的存在者。对于人而言，"理性的原理乃是理性能够只作为主观的原理来使用，也就是作为准则来使用：作为准则的就是，世界上任何东西都是对某东西有用的，世界没有什么东西是无用的"②。也就是说，在历史中，只有对人而言，一切存在者才具有价值，它们所具有的各种物理的、自然的属性才具有意义。也正是因为人，它们才具有历史的性质，社会的性质，它们才成为人的需要并对人有效。再次，必然与自由的统一，即历史同一性的获得，是由人来实现的。人从"感性世界所取来的东西，也就只是纯粹理性自己所能够思想的东西，同时它所带到超感性世界的东西也是可以经由行为返回来现实呈现于感性世界之中"③。必然的感性存在者通过经验成为理性把握的对象，获得了超越经验的本体，并通过人的实践活动，成为属人的现实存在、历史存在。在这一过程中，感性与理性、必然与自由最终统一起来，成为各自存在和实现的根据。从上可见，在历史中，唯有人是世界的目的，唯有人才能使历史真正成为一个属人的过程，而不是异己的、他律的、压迫人自身的物。

在历史中，将人视为唯一的终极目的并不是抽象的，它意味着历史中的一切都以人为中心而被调动起来，然而这一点也需要历史主体的现实活动来完成。康德把人视为历史目的，把人的活动看成一个自觉自主的实践性过程。由于除人之外，一切都不具备自觉自主，所以自觉自主成为人的实践活动的属性，这一属性的展开，集中体现为人的现实的历史选择。

"批判哲学"认为，选择是普遍有效的，因为选择的主体无一例外

---

① ［德］康德：《实践理性批判》，韩水法译，商务印书馆 1990 年版，第 134 页。
② ［德］康德：《判断力批判》下卷，韦卓民译，商务印书馆 1985 年版，第 29 页。
③ ［德］康德：《实践理性批判》，韩水法译，商务印书馆 1990 年版，第 72 页。

地属于历史的主体。换句话说，他们的本质是自由的、自主的、自觉的，具有选择功能。他们的存在内容和存在过程以及结果本身就是选择的展开。人的选择的对象便是对历史目的的塑造，这个目的不是别的，恰是人本身。这样，对历史中存在着的每一个人而言，任何一次选择不仅是对自己计划的实现，也是对他人意图的作用，具有类的意义。每一次具体的选择都影响着历史的进程，都涉及人类属人的历史目的的塑造与实现。所以个人的选择具有普遍的社会性质，当下的选择蕴含着极大的历史价值，选择是普遍有效的。康德的这一观点实际构成了现代性历史意识中个性与群体、个人与社会之间关系的基本价值导向，并对马克思关于人的类关系与类活动理论的形成有积极的影响。

具有普遍性的历史选择的动机绝不能是感性的需求。在康德看来，感性的需求是有限的，受到物质对象的限制，它不可能使历史的选择具有普遍的有效性。历史选择的动机只能是与以人为目的相对应的主体的自由自主的意志功能，正如《实践理性批判》所说："在纯粹实践理性的全部规则中，重要之点只在于意志的如何，而不在于实践能力完成它的意图时所有的自然条件。"① 意志是人的自由本体在主体心理功能上的一种现实与确证，因而以意志为历史选择的动机，以人为历史选择的目的，自由就被认为是经由它而后可能的那些行为的一种原因性。不仅如此，由于自由是产生历史的目的和历史的选择的基源，这样，历史的目的与历史的选择所构成的历史行动过程亦是自由的，它就是历史主体以"道德律令"为法则的理性实践。理性实践既是对以人为终极的历史目的的实现，又是对以意志自由为动机的历史选择的实现，在更深刻的意义上讲，历史的目的和历史的选择正生成于其中。

可见，在康德理性的历史意识之中，历史是一个永远在自觉选择

---

① ［德］康德：《实践理性批判》，韩水法译，商务印书馆1990年版，第67页。

和自主行动中不断建构以人为目的的现实过程，所以历史具有生成的性质，历史是永恒的现在和未来。然而在这永恒的过程中，选择、行动和目的三者的联系少不了手段作为中介。在康德看来，手段由目的和选择之间所具有的对象性关系所决定，选择本身包含着对实现目的的手段的选择，而目的本身亦蕴含实现目的的手段。康德坚决反对手段与目的的分离，认为这是否定人的最恶劣的方式。可以说，现代性历史意识与传统历史观的根本不同之一就在于现代性历史意识中目的和手段是统一的，而且是符合道德地统一的，所以我们才说现代性历史意识是现代人道主义的历史观。马克思进一步发展了康德这种人道主义历史思想。在马克思看来，手段与目的的分离是造成私有制社会异化的原因之一，同时手段超越目的又是客观的，它是推动历史发展的一个因素。马克思从对人类劳动实践的思考中发展了黑格尔的历史运动的善恶辩证法。

综上所述，可以看出康德心中的历史是一个完全属人的、理性的历史。历史这一概念在"批判哲学"中获得了这样一种意义：它不仅是对整个人类曾在、现在和将在的描述，也是对每一个体的生命方式和本质状态的概括与确认。历史现实于每一个理性的、活动的个体生命和社会实践中，而每个个体又存在于群体之中，以群体为自己的存在条件。正是这样，康德认为："在其他一切自顾自的动物那里，每个个体都实现着它的整个规定性，但在人那里只有类才可能如此。"①人的普遍性以及这种普遍性的真实现实，即人的理性的、自由本质的获得与展开，正是一种群体性、社会性、符合"道德律令"的活动。个人价值的全面实现便在于其所具有的社会的、类的意义的质与量。历史所以现实地存在于每一个历史个体的感性存在之中，正是因为这些感性的存在是由理性的社会、群体原则构成，而这理性的、具有普遍价值的主体构成才是历史的真正负载。从这里也可看出，在康德的历史

① 《康德全集》第七卷，莱比锡大学 1924 年版，第 332 页。

意识中，人不是某种抽象的思维人。人一方面与历史是一体的，人的过程即是历史；另一方面，在历史中，人又是具有群体性的特殊个体。

把历史视为人的存在与本质的获得和昭示的过程，并把历史的主体界定为具有群体性的社会理性结构的感性自由现实的个体，使康德深入到了文明与文化的理论层面考察。康德认为，人类历史作为人不断超越动物界、展开自己作为人的属性的过程，其模态就是文明与文化。文明与文化实际上是对人的动物性的扬弃，对人获得人的本质的现实与确证。因而，历史在多大程度上成为历史，人就在多大程度上成为人，自由也就在多大程度上成为人的本质，其主要尺度之一便是人在多大程度上成为文明与文化的。

一般讲，康德把文明视为历史中个体的属人的类性质的获得与显现。康德说："我们被艺术和科学……所教养，我们在各种社会的风范和优雅中……变得文明。"①从康德的话中可以看出，文明作为一种生存状态，与自然状态完全相对，它不是先天具有的，而是通过艺术、科学、道德等人化产物通过个人塑造之后而形成的某种个人的、超越自然的精神与社会风范。换句话说，在康德那里，文明具有极大的精神性质，它作为一个过程，是一个获得属人的、被社会肯定的精神升华的历程。而作为某种状态，文明又是体现于个人行为中的风范、气质、修养的模式，用康德的话来讲，就是人的情操。"情操只是被理性产生出来，它的作用并不在于评价行为，也不在于作为客观道德法则自身的基础，它只是把这个法则作为自己准则的一个动机。"②可见，文明的基础不是别的，正是理性，而理性的模态正是文化。对于文化，康德曾有明确的阐释："在一个有理性的存在者里面，产生一种达到任何自行抉择目的的能力，使一个存在者自由地抉择其目的的能力的来源

---

① ［美］菲利普·巴格比：《文化：历史的投影》，夏克、李天纲、陈江岚译，上海人民出版社1987年版，第89页。
② ［德］康德：《实践理性批判》，韩水法译，商务印书馆1990年版，第77～78页。

就是文化。因之我们关于人类归于自然的唯一目的只能是文化。"① 作为能力，文化完全是属人的、内在的，具有类的普遍性质。如果说文明作为个人品质、风范是个人生活中反复发生的行为模式，那么文化便是反复出现于历史中并产生文明的社会模式，它包括着全部的生活方式和意义模式。由此，康德的"历史的人"是一个趋于自我完成的"文化人"，在此之前，在此之后，在此之外，人是无历史的、非人的。

在康德看来，历史存在于历史中的每一个人身上，因而历史为每一个人而存在，每一个人的存在与意识都是历史的组成部分。这样，人既是历史的主体，又是历史知识的客体。历史的这一概念不仅意味着人的曾在活动，而且包含着人在现在对曾在的记叙和对将在的期盼。历史不仅是已发生了的事实，而且是正在发生的对已发生事实的描述与阐释。如果已发生的事实不作为认识对象的话，按康德的理解，历史将是不可知的。对曾在的描述与解释不仅告诉我们发生了什么，而且告诉我们如何发生和其意义。这就是说，对现在而言，只有描述和阐释才形成完整的、有因果关系的曾在，历史才是一个真实的文化过程。由此可见康德的历史方法是先有现在，后有曾在；先有活着的历史的人，后有死去的历史的人；先有作为历史本体的自由、理性以及主体认识结构，后有作为可理解的历史现象。康德的这一历史方法对当代现代性历史意识起着决定性的作用，通过新康德主义学派、克罗齐、科林伍德等人的努力，这种历史是某种形式的意识史、解释史、当代史的当代现代性历史意识已成为当今历史学观念和历史方法的主流之一，深刻地影响着整个西方现代性审美文化。

二、世界主义意识与审美现代性

近代欧洲社会的发展伴随着工业化进程，形成了两个最具时代性

---

① ［德］康德：《判断力批判》下卷，韦卓民译，商务印书馆 1985 年版，第 95 页。

的特征：科学技术与普遍人性。近代由工业化进程带来的科学技术逐渐成为牵动和推进欧洲物质文明与精神文明不断进步的决定性力量。科技的普遍有效性以及这种普遍有效性带来的巨大物质财富和社会进步，使得欧洲世界主义传统真正被物化了。近代的欧洲第一次看到了世界一体化的景观，这是由科学技术生成的物质进步所实现的。在物质文明进步推动下，全球航海，全球殖民，西方文化借助物质力量迅速遍及全球，世界开始进入逐渐欧洲化的时代。也正是此时，欧洲以意大利文艺复兴、法国启蒙运动为代表的西方人本主义思潮提出了普遍人性的理论。普遍人性理论坚信人的本质是所有人类共有的基本性质，人生而平等，生而自由。欧洲近代关于人的平等、自由权利的天赋化使得对人性的理解具有了世界性。近代欧洲人与世界的关系不再是人与自然的关系，或人与神的关系，或人与人的关系，而是含纳着这些关系维度为一体的人与全球的关系。人的世界一体化不仅成为人们理解自己的视角、阐释世界的立场，而且成为人们普遍信守的文化价值和把握世界的基本方法。这种以普遍人性论和天赋人权论为核心的世界主义传统在法国启蒙运动之后继续以强劲而更富理性精神的方式涌动在德国古典主义哲学、歌德世界文学理论、欧洲浪漫主义运动之中，甚至在马克思共产主义学说中也有所体现。

从上可见，当代全球化并非从天而降。相反，它具有极为深刻的历史背景和坚实有力的文化传统。

欧洲传统的世界主义文化演进为当代全球化理论的历史过程中，康德的世界公民理论有着特别重要的意义。因为在当代全球化理论诞生之前，康德是第一位对如何实现世界一体化问题作出理性回答的人。

康德相信"一个被创造物的全部自然禀赋都注定了终究要充分地并且合目的地发展出来的"[1]只能是人。但是，人的充分而合目的地发

---

① [德]康德：《历史理性批判文集》，何兆武译，商务印书馆1990年版，第3页。

展却"只能是在全物种的身上而不是在各个人的身上"①。换言之，人的全面、属人而合目的发展只能在人类整体意义上被理解。而作为整体的人类，其发展的经历和过程便是历史。

历史所具有的含义相对于自然。在康德看来，尽管人在生物意义上属于自然的一部分，但历史则是对人而言的。历史是人的存在与本质的获得、发展及显现的时间性展开，是人的全部活动的总程。时间作为历史的属性，使历史过程具有了因果性、规律性。在这个层面上，历史是一个必然的过程，体现着规律的不可抗拒性。历史完全受到必然的规律支配，它的运动、变化不受个人主观决定。对于个体而言，历史是他律的，外我的。但在总体上，历史是全人类的历史，历史的主体是大写的人。严格意义的历史是人的自我生存和昭示的过程以及对这一过程的描述与判断。康德确信，人是自由的载体。在一切存在中，人是唯一具有主体性的存在，它赋予一切存在以意义，因此自由是对人的本体的终极界定。在这个意义上，康德又称历史中的人为"理性的存在者"，认为在历史的自然感性之下，还有一个使历史不同于一般自然过程的终极属性，这便是理性。在康德的历史观中，理性指人的生命存在的非自然性，它的最根本的底蕴是赋予人以存在的自由。一切存在都是对人而言的，它们的存在获得是由一个无限制性存在给定的，这个无限制性存在便是自由本身。在一切存在中，只有作为主体的人才是无限的、自主的，所以自由是人本体。历史不仅在人的自然欲望的驱使下展开自身，同时也在自由的规定下展开自己；历史不仅符合着自然的必然性，而且也遵循着自由的目的性；历史的动因不仅是追求感性欲望的满足：幸福，而且也是对理性目的的实现：自由。就后者而言，其实质恰在于自主地不受任何感性的欲望和对象的制约，自觉地把握和实现自己。自由是纯主体的、属人的、文化的，是对动物性的扬弃，是人拒绝自然压迫的动源，也是人的生命过程成

---

① ［德］康德：《历史理性批判文集》，何兆武译，商务印书馆1990年版，第4页。

为历史过程的最后因，正如康德所说："一个有理性的存在者必须把他的准则思想为不是依靠实质而只是依靠形式决定其意志的原理，才能思想那些准则是实践的普遍法则。"①

康德是一位极富现实历史感的思想家，当他指出人类的本质应是理性的自由之时，也为现实生活中人类缺乏自由而深感苦恼。人是自由的，人却在现实生活中无法拥有自由。是什么造成了这种生存的悖论呢？经过长期的思考，至晚年，康德发现了其中的真正原因在于自由本身。自由是人的本质，自由就意味着人在社会中自主的选择和自觉的行为。社会中自主选择和自觉的行动之间并不完全统一、协调，此的自由可能就是彼的自由的否定，具体自由之间具有对抗性，而且这种对抗性在康德看来是由自然先天给定的："大自然使人类的全部禀赋将以发展所采用的手段就是人类在社会中的对抗性。"② 如何在现实社会中消除由自由导致的对抗性，从而实现社会公正、理性的生存发展就成为康德必须予以解决的重大问题。

康德解决自由的对抗性问题的基本方案是确立一个世界公认的宪法社会。他说："大自然给予人类的最高任务就必须是外界法律之下的自由与不可抗拒的权力这两者能以最大可能的限度相结合在一起的一个社会，那也就是一个完全正义的公民宪法。"③ 康德设想，只有在一个符合全人类人性发展和自由呈现的正义社会中，每一个人的自主选择和自觉行动才可能是所有人的自由体现。而且，建立这种被所有人承认并遵守的以宪法为根本规定性的法治社会是人类在近代工业化生活中的当务之急。正像康德说的那样："大自然迫使人类去加以解决的最大问题，就是建立一个普遍法治的公民社会。"④ 在这个普遍法治的公民社会中，每一位社会成员都是世界公民，他们遵守同样的法律，

---

① ［德］康德：《实践理性批判》，关文运译，商务印书馆1960年版，第26页。
② ［德］康德：《历史理性批判文集》，何兆武译，商务印书馆1990年版，第6页。
③ ［德］康德：《历史理性批判文集》，何兆武译，商务印书馆1990年版，第9页。
④ ［德］康德：《历史理性批判文集》，何兆武译，商务印书馆1990年版，第8页。

遵奉着同样的宪法，实现着同样的自由。在选择这样一种法治社会并以世界公民的身份来保证现实生活中个体的自由与人类进步的同时，康德也敏锐地看到对这种法治社会和世界公民身份的最大破坏和颠覆就是战争。实际上，康德已意识到当个体不以世界公民身份生活在非法治的社会中，自由的对抗性最终结果就是战争。想保证人类永久和平，就只能建立每一个社会成员以世界公民身份生活于其中的法治社会："由此（战争，笔者注）而产生的灾难却迫使我们这个物种去发掘一条平衡定律来处理各个国家由于它们的自由而产生的彼此之间的对抗，并且迫使我们采用一种联合的力量来加强这条定律，从而导致一种保卫国际公共安全的世界公民状态。"① 对此，康德确信不移，他自信地说："在经过许多次改造性的革命之后，大自然以之为最高目标的东西——那就是作为一个基地而使人类物种的全部原始禀赋都将在它那里面得到发展的一种普遍公民状态——终将有朝一日成为现实。"②

可以说，康德"世界公民理论"为当代全球化提供了一种理性而高端的哲学理念和政治学、法学文化底蕴。

就一般而言，全球化是对我们所面对并居于其中的时代的一种普遍状况的描述和判断。当代对全球化的理解是全方面、深刻化的，关于全球化的定义也五花八门。1995 年为庆祝联合国成立 50 周年所发表的《我们的全球邻居关系》一文对全球化的诠释最能体现当代人对全球化的深切关怀和价值表述：依据和平创建"一个世界"（oneworld），在全球问题上采取一致行动，意识到我们是"共同人类"。全球化的这一定位显现了从古希腊世界主义传统经康德世界公民理论到今天，当代人的文化追求和价值努力，也表达了当代全球不同于古代世界主义传统和近代世界公民理论的时代特征，即后现代图景中的世界主义意向化和非领土扩张化。

---

① ［德］康德：《历史理性批判文集》，何兆武译，商务印书馆 1990 年版，第 14 页。
② ［德］康德：《历史理性批判文集》，何兆武译，商务印书馆 1990 年版，第 18 页。

欧洲世界主义传统定位于区域的扩大化，试图将单一区域文明推广并确认为世界的唯一文明，康德则力求建立统一的法治社会和建构世界公民身份，当代全球化的世界主义在多元、丰富而又趋同的世界主义意向中实现全球一体化。可以说，欧洲世界主义传统更多的基于贸易交换，康德世界公民理论更多的依赖于社会意识形态，而当代全球化的世界主义意向却生成于当代人对意义交换的理解上。这意味着当代人是通过文化的意义和阐释，不断地为人们特殊的状态与行为定位，并从政治、经济、资讯、文化等错综复杂相互缠绕的生活中阐明是怎样的感受使得生活充满意义。与近代以康德为代表将自由设定为生活的意义本源不同，当代全球化则追求在文化意义上思考、说明"地域"行为怎样才能具有全球化结果，而且，这种思考说明又不像古希腊的世界主义总是从"地方居民"的特殊地域视角去理解世界，而是沉浸于其他文化中，使思考者、说明者成为"全球居民"。换句话说，当代全球化中的世界主义意向的核心就是具有一种全球的认同感，从全球去思考、去行动，而世界正是在这种全球的认同感中实现了一体化。汤姆林森将这种由意义达成的全球一体化称为"复杂的联结"，认为全球化就是复杂的联结，当代生活的最突出的特点就是相互联系、相互依存，并在其中使人体验到一种全球空间的亲近感。当然，所有这一切必须靠网络系统来实现。现代网络系统使当代全球化完全超越了古代、近代欧洲世界主义的内涵。当代的复杂联结使全球化既不像古希腊的贸易模式、宗教模式、也不像近代的政治模式、法治模式，而是以一种文化模式导致单域性（uncity），即世界在历史上首次变成一个具有单一化的社会、文化背景。单域性不是简单的一致性而是极其复杂的全球人类状况。当代人类生活在不同的秩序中，他们彼此相互联结在一起，每一个人、每一个民族、每一个国家联结在一起，在这个意义上，全球化就是当代人类社会各种秩序之间日益增加的相互影响。

当代全球化的另一基本特征就是非领土扩张。由于当代全球化的世界主义意向建立在文化意义的说明与认同之上，因而，全球化的展开在一种非领土扩张的方式下进行着。这就导致了当代全球化与传统世界主义的扩张完全不同。传统世界主义的扩张基本上以战争为手段，以掠夺土地为目的，其扩张具有强烈的破坏性和反人道性，这也是康德为何提出法治社会、世界公民的原因。而当代全球化非领土扩张的一个中心对策就是削弱或消灭文化与领土之间的联系，从古代、近代社会的地方性相互敌对、相互抑制中获得自由，使全体人类的关系跨越时间空间。人们从家园文化的狭隘、偏见中走出，获得解放，从全球多样化的意义中去领悟他人，理解世界，并将这种领悟、理解设定为当代最重要的道德使命。在这一点上，当代全球化与康德世界公民理论一脉相承，只是当代全球化强调一种更积极、更为宏大的世界归属感，体验共同危机感、前景感和责任感，将世界视为众多的文化他者的自觉意识。由此可以断言，全球化的历史将在当代人类地域性生活与地域性文化体验和对地域性生活与文化体验加以转型使之成为世界的结构与力量两个方面展开，从而达成物质交换地方化、政治交换国际化、文化交换全球化。可以这样说，欧洲传统的世界主义理论、近代以康德为代表的现代性世界公民思想只能在当代全球化背景下才有可能实现。

综上所述，全球化是欧洲传统世界主义意识、康德世界公民的现代性理论在当今世界的转向与实现。可以相信，全球化作为当代人类社会最独特景观，是西方文化历史的必然结果，也是西方审美现代性转型的独特文化内涵。

三、马克思的现代人类学理论与审美现代性

作为近代现代性历史意识的核心内容，康德的现代性历史意识直接影响了马克思的现代性思想理论。马克思是西方近代最伟大的现代性思想家，他的思想不仅是西方近代现代性哲学思想最重要的组成部

分，而且他汲取、扬弃、超越康德现代性历史意识并以此为平台建构了他的深刻的现代性人类学理论，而马克思运用其现代性人类学理论所阐发的文艺理论又成为近代西方现代性审美文化中最有特色和启发意义的一部分。

当马克思对人进行全面考察时发现，人是属人的历史存在，人的存在、发展不仅与现实具有普泛的同一本质，而且具有自身历史境遇的特殊性。人是什么，并不是由沉思默想来发现的，人是什么只能通过人本身的生存实践的历史来生成。人不仅是近代现代性意义上的认识主体，更是当代现代性实践意义上的社会存在主体。人的本质是社会关系的总和，人的一切都是社会存在的现实方式，是历史的总程，也就是说，现实的人只能是实践的历史人。人不但是历史的陈述者，其本身就是历史。人的生成、展开和自我发现就是历史的实现，而辩证唯物主义、历史唯物主义、政治经济学和科学社会主义正是马克思主义这一空前伟大的现代性人类学思想理论体系在不同时期、不同思想层面的理论与实践的系统展开。因此，以昭示人类历史发展的审美与审美创造的真谛诉求、以探索人类的文艺实践的规律为终极的马克思文艺思想便具有了重要的现代性人类学意义，成为马克思现代性人类学思想理论体系中不可缺少的部分。

人类的彻底解放是马克思研究人类历史及其意义的最终目的。马克思认为，人的主体性不仅呈现为积极的肯定，而且也有时表现为对人的消极否定，在迄今为止的人类历史中，人作为历史的类存在，其自身的展开还不是全面的。因而人类所有以往的历史，对于人作为属人的存在而言，只是"史前史"，尽管人类一直在为获得解放而进行着不懈的斗争，但人类自古至今的解放活动仍是对人类真正、彻底解放的最终实现的准备。

人的彻底而完全的解放是什么呢？"唯一实际可能的解放是从宣布

人本身是人的最高本质这个理论出发的解放"①，即人的属人的本质全面对象化和人对一切属人的对象的全面占有："作为完成了的自然主义，等于人道主义，而作为完成了的人道主义，等于自然主义。"②所以，人类的解放是最深刻最全面的解放，它不仅是对自然的改造，对社会结构的革新，而且也是对人类精神的全面变更。

人的解放表现为主体的本质力量的物化，这种具有主体性的物化力量是推动人类不断扬弃自身消极因素，积极获得属人存在的决定性动力，它不仅现实化为操纵自然和控制社会的物质力量，也呈现为塑造生活意义、生成主体精神的文化力量，而文艺活动便是这种文化力量的重要构成方面。

文艺是人类物质创造和精神创造相统一的结果，它积聚了人类生活最丰富的内涵。审美情感作为文艺内在的核蕴使文艺不仅仅意味着个人的创造，表现为每一个实践主体的生命存在和社会实践的成果，而且昭示出人类作为社会的、普遍的、智慧群体的存在和发展。所以，一方面，文艺的创作、欣赏过程是群体的、属人的类存在在具体的实践主体身上的现实化。这种现实化使人类的存在成为一种具有特殊个性和个体化境况的历史性存在，也使人类的存在表现为感性的、丰富的、多元的文化实况。另一方面，文艺创作、欣赏过程又是个体返回群体，个人诉诸社会的类化过程。这种类化是生成个体具有的社会普遍性的动力之一，它对个体的精神世界和生命冲动的肯定与折射使个人的、丰富的、独特的活动成为人类的、普遍的、具有共同有效性的活动，正如马克思描述的那样，艺术"不仅为主体生产对象，而且也为对象生产主体"③。

马克思继承、发展了近代西方启蒙以来，特别是康德、黑格尔的现代性人本主义精神，他将人的自由本质的获得视为人类解放的终极。

---

① 《马克思恩格斯全集》第 1 卷，人民出版社 1960 年版，第 467 页。
② ［德］马克思：《1844 年经济学哲学手稿》，人民出版社 1985 年版，第 77 页。
③ 陆梅林编：《马克思恩格斯论艺术》第 1 卷，人民出版社 1964 年版，第 20 页。

但具有革命意义的是，马克思从未将"自由"视为抽象的命题。马克思主义现代性人类学思想认为，在人类发展史中，自由意味着人超越动物界与人的自我文化塑造。人类是在自然界中生成的，它曾经是整个自然界的一个组成部分。人要成为主体的"人类"，首先必须从自然界中彻底分离出来，"凭借现实的感性的对象"①，超越与自然界完全同一的肉体欲望需求。生命的存在一旦超越了肉体欲求的直接满足，生命存在的方式就与动物有了根本的不同。在实践中，人意识到其本身与自然界的不同，必然地将自然作为主体实践的文化对象。这是一个漫长的时间过程，因为"物质生活的这样或那样的组织，每次都依赖于已经发达的需求，而这些需求的产生也像它们的满足一样，本身是一个历史过程"②。但这毕竟是人作为属人的类的存在对自由这一根本规定性的第一次占有。当自由成为人的类本质，对文艺与美的创造便成为人类超越动物界的基本动力杠杆，成为人作为属人的类存在的基本构成与尺度。

马克思认为，自由的获得不只是对动物的超越，其更伟大的文化意义和实践性还在于借助于对自然界的超越，实施人类既按照各物种的尺度，又按照人的内在尺度进行全面塑造的文化实践。人的认识、道德和审美活动，人的工业、农业和文艺生产等等活动都是这种文化实践的具体展开与显现。在这文化实践过程中，文艺的价值是相当特殊的。一方面，它是整个人类本质的物态化，表现为对日常生活的认识、反映，对社会本质的探究，对人生意义的找寻，对人类生活方式的塑造，对文明与文化进步的实现；另一方面，文艺又是以自由为本质规定性的历史个体的主体实践。它以其特殊的符号方式，既表达了历史个体对人的现实生活方式与状态的领悟，昭示了他个人的灵魂世界，抒发了他的审美情感，同时又是创作与欣赏文学艺术作品的历史

---

① 《马克思恩格斯全集》第 42 卷上册，人民出版社 1960 年版，第 168 页。
② 《马克思恩格斯全集》第 3 卷，人民出版社 1960 年版，第 80 页。

个性生命存在的充分展现，是文艺的创作者和欣赏者对于自己的自由本质与社会各种特性的确证，是这个历史个体对自我的揭示与发现，是其对自己在社会大结构中所处位置的指认与标记。因此，作为人类与自我对象性关系的建造方式，文艺是人类不可缺少的特殊的文化存在方式。作为人类不可缺少的文化生存方式的文化，以审美为核心、以自由的形式创造为基本过程、以直观与直观的享受为效应，建构着人与人的包含着自然、社会、心理的世界性关系。客观的超个人的社会结构实现于每一个文艺创造与享受的历史个体之中，同时又使每一个特殊的、具有无限丰富性、多样性的历史个体成为构成整个社会结构的现实成分和组成部分，从而充分地、自由地发挥着自己作为属人的历史个体的存在价值。

在本体论意义上而言，文艺是以情感为基源的。情感作为属人的主体功能是感性的，因为文艺从来就通过感觉形态来保持着主体对其对象的显式结构关系，所以文艺具有现象性，任何文学艺术都以具象的方式显现着自身。同时，作为主体对世界的一种独特的意义判断，情感又包含着主体对世界价值最深刻、最富本真性和人性的揭示与发现。这种独特的意义判断属情感与对象建构关系的深层结构。在此意义上，任何被称为文学艺术的东西都是对人与世界的本真的显示与创造。因而，作为人的一种文化存在方式的文学艺术，其功能不仅只是反映某种事物，还在于建构自然，塑造主体，创生世界。对人而言，文学艺术"不仅仅是（狭隘）意义上的人本学的规定，而且是对本质（自然）的真正本体论的肯定"①。

在《巴黎手稿》中，马克思曾写道："植物、动物、石头、空气、光等等，一方面作为自然科学的对象，一方面作为艺术的对象，都是人的意识的一部分，是人的精神的无机界，是人必须事先进行加工以

---

① ［德］马克思：《1844年经济学哲学手稿》，人民出版社1985年版，第107页。

便享用和消化的精神食粮。"① 在文学艺术的创造与欣赏中,自然界通过主体的创作与鉴赏成为属人的存在。一方面,自然界的物质实物在创作过程中成为人们实现作品的主要物质质料和物质手段,成为显现人的本质、表达人的审美情感的物质载体,而在人类的形式化自由活动中,对属物的材料的操作,也是对属人的存在的创造。不仅如此,在本质上,这种对自然物质材料的操作也是对创作主体本质力量的创造、深掘和确立。这就是说,在文学艺术的创作过程中,不仅自然界成为人的对象,而且文艺也借助自然界使自然成为人的对象,人的本质力量从而得到了塑造和展开。另外,由于自然界的具体物质在文艺创作过程中负有承载人的本质力量、显现审美情感的作用,所以它渗透了人的本质力量,饱含着人类普遍的情感,凝聚着创作主体作为文化存在方式的特殊历史性。因而,当自然界通过文学艺术创作过程成为人的审美对象时,作为审美主体的历史的人对它的鉴赏既是对自然界的把握、观照,更是对确证于审美对象中的人的本质的直观与占有。文艺的这种直观与占有表现为享受与创造的融会,表现为把握了对象与自身之后的喜悦,表现为在喜悦中对自我与对象的再创造。总之,在文学艺术的创作与欣赏过程中,自然实现了与人的统一,文学艺术是人与自然统一的最现实的中介之一。

文学艺术作为自然与人相统一的中介,其现代性人类学思想意义不仅在于它通过创作与欣赏,现实地将自然界变成为属人的自然,自然成为人的审美对象、确证对象,而且在于文学艺术使人成为属人的类存在,成为具有建构自然界、构成人与自然的艺术关系的审美主体。人所以是历史的、文化的存在,就在于他所具有的一切并不是先天具有的,存在与存在的获得是在实践的过程中借助对自然包括人自身的自然的操作加以完成的。在这一历史过程中,文学艺术对塑造主体的

---

① [德]马克思:《1844年经济学哲学手稿》,人民出版社1985年版,第52页。

属人的存在起着直接的作用,"只有音乐才能激起人的音乐感"①,没有文学艺术便没有审美的主体,怎样的文学艺术塑造了怎样的审美主体。文学艺术作为一种社会意识形态,作为属人的本质力量的文化物态化,它对人的审美感觉以及其他审美主体功能的创造,意味着人从自然界的非人转化为属人的人。文艺活动非人的感觉成为人的审美感觉,非人的情感成为属人的审美情感,非人的被动的占有成为属人的创造性享受。

文学艺术是丰富的,多样的。作为审美对象,这种丰富与多样又构成了审美主体的丰富性与多样性。文学艺术所以有这种功能,在于它作为主体的对象决定了主体的感官对客体的肯定方式。"肯定方式绝不是同样的,相反,不同的肯定方式构成它们的存在,它们的生命的特殊性,对象以怎样的方式对它们存在,这就是它们的享受的特有方式。"② 空间艺术构成了主体欣赏空间艺术的能力,时间艺术构成了主体欣赏时间艺术的能力。每一类艺术的具体艺术作品形式又产生了每一个欣赏主体在当下的欣赏过程中所具有的特殊的欣赏能力,而人的审美能力的每一次形成都是人向属人的一次迈进,都是人对属人的本质的一次获得,是人的真正解放的又一实现。

由于人的实践创造,人成为一个丰富性动态结构。这种丰富性动态结构的物化、外化使每一种文化、文明现象都成为社会的独特的功能结构,具有独特的社会价值。它们既构成了人类现实的社会,又构成了现实社会中每一个人的现实性质,这种历史的构成使人的价值实现必须回到社会的大结构之中,"只有在集体中人才能获得全面发展其才能的手段,也就是说,只有在集体中才可能有个体自由"③。由于个人的实现与社会存在之间出现了部分与整体的关系,作为部分的个人是如何在整体的社会中成为社会的人的,二者是怎样相互影响的,整

---

① 〔德〕马克思:《1844 年经济学哲学手稿》,人民出版社 1985 年版,第 82 页。
② 〔德〕马克思:《1844 年经济学哲学手稿》,人民出版社 1985 年版,第 107 页。
③ 《马克思恩格斯全集》第 17 卷,人民出版社 1960 年版,第 149 页。

体结构对部分是如何制约的等等，成为需要解释的重大理论问题。这其中，作为主体创造与直观的文化结构的文学艺术在社会大结构中的位置、功能、价值以及对它们的确认，便具有了极大的现代性人类学意义。

在马克思看来，整个人类社会是一个有序、多层的历史结构，这个结构的基本骨骼是生产力与生产关系构成的包括生产、交换、消费等社会存在与运行系统，这个系统是社会存在的物质基础又称为经济基础，是社会发展、历史前进的根本动力。这个社会存在与运行系统又由生产力与生产关系和上层建筑两个方面组构。生产力与生产关系是基础，二者矛盾运动不仅现实地推动着社会前进，而且以不同的方式、内容、形式多形态地决定着其他社会结构的存在，生产力与生产关系为其他社会文化的发生、发展规定了基本轨迹。在这社会存在与运行结构之上，生长着两个源于生产力与生产关系存在与运行结构之上却又具有特殊功能的社会系统，这就是上层建筑和意识形态。上层建筑是制度的法律、政治等以及社会管理机构，意识形态是一切社会存在的意义模式。经济基础、上层建筑和意识形态共同组建了人类社会的整体结构。从顺时上讲，经济基础决定上层建筑、意识形态。从共时意义上讲，三者相互依存，互相渗透，相互转换，在社会生存与发展中，各自都有其不可取代的作用，因而它们又都有各自的独立性。文学艺术作为文化，属意识形态这个大文化结构的一部分。从马克思现代性人类学理论上讲，它从根本上受制于经济基础和上层建筑，但又有自身的独立性、自足性，而这是文艺能够存在于人类社会中的基本原因，是文学艺术具有人类价值的根本所在，无论是文学艺术的生产还是它的发展，都说明文学艺术是人类存在的特殊方式之一。

首先，文学艺术生产是一种独具形态的，不同于物质生产与其他文化生产的精神生产。文艺生产由于其特殊的精神性质，它的生产主体、生产过程、生产结果和对结果的消费显然不同于其他生产。在这个生产过程中，生产主体是以想象力、情感为主体功能的历史个体，生产过程限定在审美领域，其过程无目的又合目的，借助于对各种形式符号的合规律性的自由创造，对主体融合着认识、功利但又超越认识、功利的情感进行动态的显现、确证与肯定。文艺这一生产过程的结果既不产生物质生产的物质产品，也不产生上层建筑的现实社会制度系统，产生的是作为一种特殊的意识形态的文学艺术的文本。而对这文本的消费，不是认识，不是功利实践，而是鉴赏。特别是，鉴赏作为直观与享受，作为情感判断，正是对创作主体和创作过程以及物化于文本中的人类本质力量的最终确证和占有。在这里，绝对不存在一般生产过程与产品、产品与消费的对立、断裂现象，也就是说，这种生产是一种最能体现和发挥人的自由本性的生产。

其次，文学艺术的发展和存在价值与社会的发展并不完全一致。马克思深刻地洞见到这一点，他说："关于艺术，大家知道，它的一定的繁荣时期绝不是同社会的一般发展成比例的。因而也绝不是同仿佛是社会组织的骨骼的物质基础的一般发展成正比例的。例如，拿希腊人或莎士比亚同现代人相比，就某些艺术形式，例如史诗来说，甚至谁都承认：当艺术生产一旦作为艺术生产出现，它们就再不能以那种在世界史上划时代的、古典的形式创造出来；因此，在艺术本身的领域，某些有重大意义的艺术形式只有在艺术发展的不发达阶段上才是可能的。"①也就是说，物质生产发展水平较低的社会和国家可能出现高品味的文学艺术，而物质生产发展水平较高的社会和国家，文学艺术却不一定发达。而且，在历史上还会出现这样的现象，物质生产发达国家的艺术生产不一定比处在同一时代物质生产不发达国家繁荣，反之亦然。甚至在有些社会和国家中，物质生产水平下降时，其文学艺术则处在繁荣时期，而物质生产水平上升时，其文学艺术却处在萧条时期。这种种复杂的现象有着极其深刻的人类学根源。为什么人类早期的文学艺术迄今仍给我们以美感？马克思认为，像《荷马史诗》这

---

① 《马克思恩格斯全集》第 46 卷上册，人民出版社 1960 年版，第 47 页。

样的古典作品所以能够永恒地具有魅力，就在于它作为人类发展的正常儿童的存在形式充满了令人愉快的天真。古代作品显现的天真蕴含着人类作为历史存在的真实性，展现着人类存在的某种完美性，对它的欣赏正是人类对自我真实而完美的本性的观照，是人类自我的一种复归与创新，古代伟大作品的永久魅力正在这里。

再次，智慧群体的人类所以能够超越自然，在于它用多种把握方式建立着与世界的对象性关系，从而实现着自己的生存与发展，文艺就是这多种把握世界方式的一种。"整体，当它在头脑中作为思维整体而出现时，是思维着的头脑的产物，这个头脑用它所未有的方式把握世界。而这种方式是不同于对世界艺术的、宗教的、实践—精神的把握的。"[①] 需要指出的是，马克思在1857年经济学手稿中提及的这四种把握方式不应只理解为人类的四种认识世界的方式。人类认识世界的方式除了马克思讲的"理论的（逻辑思维）、艺术的、宗教的、实践—精神的（技术思维）"认识方式之外，还有道德的、神话的方式等等。更重要的是，它们并不仅仅是认识领域中的认识方式，还是本体论的、人类学的，是人的存在方式、人的对象化方式，是人认识对象、操纵对象、通过对象确证与肯定自我的方式，在这个意义上理解马克思"艺术地把握世界"的观点，其中的现代性人类学思想意义显而易见。

历史的个体是社会的某种存在方式，这意味着每个人与社会历史有着本质的联系。在现实的生存中，个人的选择、行为、思想、情感都不只是个人的，还是社会的、历史的，其内容与形式都可以找到社会、历史的原型，其本身也干预着社会、历史的存在与进程。社会、历史的总体性正由无限的作为社会关系总和的现实个体选择、行为的过程与过程的物化结果构成。基于此点，马克思确信无论作为历史学范畴、社会学范畴，还是作为美学范畴、戏剧范畴，悲剧和喜剧都是以现实的社会力量为实体的。悲剧、喜剧既不由个人的偶然失误或随

[①] 《马克思恩格斯选集》第1卷，人民出版社1975年版，第108页。

意行为构成，也不是某种理念、精神或情感的产物，而是实践个体作为社会一定存在方式对某种社会力量、历史本质的、审美的、艺术的或叙述的展现，是独特的社会历史进程在历史个体实践活动中的实现。因此，时代、民族、历史、文化的缺陷可以构成个人的悲剧，个人的错误亦造成社会、历史的悲剧。不过，由于每一个个体的人都具有普遍的社会性质，作为一个美学范畴的个人悲剧应当属于历史的悲剧。在阐发悲剧理论时，马克思与恩格斯有所侧重。如果说恩格斯把着眼点更多地放在进步的社会文化在社会大结构中的历史挫折性冲突上，即"历史的必然要求和这个要求实际上不可能实现之间的悲剧性的冲突"① 的话，那么，马克思则视悲剧为一切社会文化的扬弃过程："当旧制度还是有史以来就存在的世界权力，自由反而是个别人偶然产生的思想的时候，换句话说，当旧制度本身还相信而且也应当相信自己的合理性的时候，它的历史是悲剧性的。当 ancien régime（旧制度）作为现存的世界制度同新生的世界进行斗争的时候，ancien régine（旧制度）犯的就不是个人的谬误，而是世界性的历史谬误。因而旧制度的灭亡是悲剧性的。"② 所以，"济金根的覆灭并不是由于他的狡诈，而是因为他作为骑士和作为垂死阶级代表起来反对现有制度的新形式……他是以骑士纷争的形式发动叛乱的。如果他以另外的方式发动叛乱，他就必须在开始行动的时候就直接诉诸城民和农民，就是说，正好要诉诸那些本身的发展就等于否定骑士制度的阶级"③。

喜剧在其本质上也是人类自身历史扬弃的显现，只是扬弃过程的性质、机制不同。马克思指出，悲剧是历史扬弃自身时合理性的丧失，喜剧则是历史在扬弃自身时谬误与荒诞的批判性显现。"历史不断前进，经过许多阶段才把陈旧的生活形式送进坟墓。世界历史形式最后一阶段就是喜剧，在埃斯库罗斯的《被锁链锁住的普罗米修斯》里已

---

① 《马克思恩格斯全集》第 29 卷，人民出版社 1960 年版，第 581 页。
② 《马克思恩格斯全集》第 38 卷，人民出版社 1960 年版，第 310 页。
③ 《马克思恩格斯全集》第 40 卷，人民出版社 1960 年版，第 46 页。

经悲剧式地受到一次致命伤的希腊之神，还要在琉善的《对话》中喜剧式地重死一次。历史为什么是这样的呢？这是为了人类能够愉快地和自己的历史诀别。"① 这里，马克思将喜剧赋予了现代性人类学的意义，喜剧不是某种简单的滑稽，而是人对自己"曾在"的自觉否定。"笑"与"讽刺"作为喜剧的基本因素，是对"曾在"的审美批判，也是对"现在"与"将来"的艺术肯定。正是在历史人类学意义上，悲剧与喜剧获得了统一："一切伟大事变和人物，可以说都出现两次……第一次是作为悲剧出现的，第二次是作为喜剧出现的。"②

　　马克思文艺思想的现代性人类学思想意义具有强烈的当代批判性。人类自开始其文明与文化的历程以来，迄今未能彻底解放自己，尤其是进入私有制社会特别是当代资本主义社会以后，私有制弊病越来越充分地展开了它的罪恶性，人的异化趋向极至。劳动产品与劳动者的分离，劳动与其自由本质的分裂，个人与其类存在社会的分离，人与他人的分离，导致了深刻的社会冲突和文化危机。在当代资本主义社会里，一切关系都是物与物的关系，一切都成为金钱交换结构中的一部分，包括曾经在建构自然、塑造自我过程中起着积极的创造性作用的文学文艺。"作家所以是生产劳动者，并不是因为他生产出观念，而因为他使出版他的著作的书商发财，也就是说，只有在他作为某一雇佣劳动者的时候，他才是生产的。"③ 在这特殊的历史阶段中，文学艺术必须具有伟大的使命，文学艺术一方面表达和确证着人的属人的本质，将审美的文化和善良的人性高扬，使真善美不仅作为工作应有的直接需要，而且成为工人阶级"作为人所应有的各种需要"④，成为工人阶级作为获得人的存在与权利的有力动因。另一方面，文学艺术又是一种强大的社会批判武器，是对丑恶现实和人性异化的批判与否定。

---

① 《马克思恩格斯全集》第 2 卷，人民出版社 1960 年版，第 479 页。
② 《马克思恩格斯全集》第 2 卷，人民出版社 1960 年版，第 479 页。
③ 《马克思恩格斯全集》第 3 卷，人民出版社 1960 年版，第 84 页。
④ 《马克思恩格斯全集》第 2 卷，人民出版社 1960 年版，第 66 页。

马克思对英法批判现实主义作品的非个人趣味的赞赏就是从此出发的。在异化的资本主义社会里，人性的复归、对人性的高扬、人的彻底解放具有伟大而彻底的普遍意义。正是在这一点上，批判现实主义作品对现实的关注，对黑暗的揭露，对异化的批判以及对美好的希望具有了现代性人类学思想的意义。可以说，近代资本主义社会的文学艺术对人类的解放起着积极作用，是人类最终摆脱枷锁，获得新生的动力之一。

纵观西方现代性审美文化，审美文化的历史效能作为一种简单的、非主流的审美现代性特质在伏尔泰、卢梭、狄德罗的启蒙思想中开启，经康德、席勒、谢林、黑格尔的美学思想的提升，审美文化的历史效能提升为历史理性，成为西方现代性审美文化的重要内容，最后通过马克思对卢梭、康德、席勒、谢林、黑格尔的改造、升华，历史理性成为当代审美现代性的基本性质和显著特征了。

四、卢卡奇与审美现代性的坚守

在西方现代人文主义审美文化中，有一股虽无存在主义影响之大，却对东西方现代文化有着极深远影响的审美文化思潮，这就是西方马克思主义。西方马克思主义在现代西方文化系统中是十分独特的。一方面，它全力地批判西方当代审美文化样态乃至极力抗击西方现存的社会方式、生活方式，遭到现代西方官方意识形态的敌视；另一方面，西方马克思主义极力倡导马克思早期哲学批判理论，并以此反对当代列宁主义和社会主义，因而遭到了现代正统马克思主义的拒绝。与存在主义一致，西方马克思主义相信文学艺术应是对现实的否定，因为现实是绝望的、异化的。但与存在主义不同的是，西方马克思主义又认为，所面对的绝望、异化的现实是可以重构和超越的，因而在否定现实的同时，审美文化，特别是文学艺术应重建现实。可以说，存在主义审美文化达成了对人的理性存在的舍弃，从而导致现代性的转向，西方马克思主义的审美文化则实现了对人的理性存在的深化，使得审美现代性在当代被再次坚守，这一点在西方马克思主义鼻祖卢卡奇的文学理论中体现得最为明显。

文学，无论作为人类社会的意识形态，还是作为主体审美情感的语言符号化显现，归根结底是属人的存在。而卢卡奇文学类属性理论正是以发展的态度和扬弃的方法为从实践的历史唯物主义角度全面揭示文学存在与本质底蕴提供了人本阐释的范例。因此，把握与领悟卢卡奇文学类属性理论，对理解西方现代审美文化中的西方马克思主义文艺思想有着重大意义。

马克思在揭示人类存在的本因时发现，人的总体存在方式是实践性的群体。在这群体之中，构成群体的个体之间以及个体与群体之间有着一种独特的联系中介，这就是人的类属性。人的类属性一方面在个体中直接地表现为生命的存在，另一方面这种生命的存在及其存在的过程又显示了整个群体与其中每个个体的同样的规定性。因而人的类属性绝非生物意义上的物种性质，而是社会意义上的"内在尺度"，即实践的历史性。实践的历史性使人类永远摆脱了自然演进的樊笼而成为真正的社会过程，使个体的人成为社会本体并规定了这个个体与其他个体以及群体之间的关系。换句话说，由于人的类属性生成并现实为实践的历史性，人的存在与人的本质的展开才成为一个无限丰富的世界，经济、政治、宗教、文学艺术等等都是这个不断展开的人的世界的存在方式、表达方式、实现方式。正是基于对马克思这一伟大思想的深刻理解，卢卡奇认为，在说明文学本质的道路中，只有将文学视为人的类属性的展开，将现实的人"直接地、连同他内在和外表生活的全部丰富性"① 如此具体地在文学中展开，使对文学的理解直接成为对世界的洞察，才能彻底昭示文学的本质。任何心理学、语言学、自然科学的方法的孤立使用都不可能达成对文学本质的彻底理解。

---

① 《卢卡奇文学论文集》第 1 卷，中国社会科学院出版社 1987 年版，第 227 页。

在《1844年经济学哲学手稿》中，马克思曾精辟地指出，存在是与对象性一致的，非对象性的存在就是非存在。文学作为人的社会存在的有效方式，其所具有的人的类属性在本质上展现为人与人的世界之间的中介。这意味着，文学的存在是以一定形式的对象化实施着与其他存在的联系：肯定或否定、再现或表现、确证或扬弃着其他的存在。"所以文学既非纯粹的自我表现，亦非单纯的语符功能显现"，文学在本原上是主体对现实世界的重构，它生动地体现着对人类社会实践的历史性整体而不是某一片断的理解与建立。卢卡奇相信，文学类属性所生成的这一独特的存在模态，直接决定于构成文学类属性的社会实践。社会实践作为人的存在基础，其外化便是人的存在的类属性：历史性。同时，作为文学存在的所有要素的基础，实践在使文学诞生于人的存在的类属性的过程中又使文学效用于人的存在的类属性，从而成为社会实践的历史性自身的显现和确立，而且这种显现和确立以意识的方式使人类实践的历史性不再沉默，不再被物化了的自在实存所遮蔽，真正成为自由自觉的普遍辩证法，成为对人的存在的理解，使人的存在成为自然性不断递减而社会性不断丰富的过程，在更高层次上实现并完善人对自我的设计。这是对文学内蕴的真正领悟，文学存在的终极也正在这里。由此出发，卢卡奇在思索各种具体的文学问题时，总是把文学的实践性、历史性视为解决文学问题的钥匙。

按卢卡奇的观点，文学的类属性一旦被理解为实践的历史性，就应将之视为人类生存的"感性世界形式"。而在马克思看来，人的"感性世界"的本体是能动实践的主客体辩证运动关系。因此，文学的类属性的形象展开既是历史存在的实践过程，同时也可以理解为历史活动的主客体统一。任何文学，一旦被视为艺术，它绝不会是对生活的机械叙述，也绝不会是作者纯粹主观的梦呓，而一定是现实生活在语符中的多元动态显现和审美重构。不仅如此，卢卡奇在阐释文学主体关系时还进一步认为，当文学作为人类社会的一种存在方式并显现实践的历史性时，构成文学的主体绝不是疏离社会整体的个人，文学主体实际上应被确定为一个具体的整体，即社会历史的存在与展开的生命过程。因而文学的主体不只是与客体对立的主体，文学主体实际上应被确定为一个具体的整体，即社会历史的存在与展开的生命过程。文学主体在作为主体时还是文学所把握的客体。文学是人学，文学所把握、塑造的客体——社会的人，正是文学的主体。基于对文学主客体关系的这种理解，卢卡奇深刻地指出，文学"在这里不是对对立客体的认识，而是客体的自我意识"①。进入 20 世纪以来，人们对文学的主客体关系、对个体作者所创作的文学的主客体关系高度重视，对个体作者所创作的文学作品何以具有人类问题众说纷纭。荣格将答案归之于心理学，认为集体潜意识原型在种族演进中不断积淀在作家心理结构之中，通过创作，集体潜意识获得意识化表现，从而使个体的创作具有人类性。这一观点得到很多人认同，却很少有人提出集体潜意识在个体心理结构中的积极的社会本体论根据是什么。而卢卡奇站在文学类属性的高度，将每个历史的文学主体视为人类社会客观存在的方式，用文学客体本身来破解主客体关系之谜，为这一问题的最终解决提供了一条更为有效的途径。文学的真实性是卢卡奇时代最敏感的文学问题之一。对这个问题的阐发，卢卡奇坚持主客统一论。一方面，文学的真实性必然有着自己客观存在的基础，没有客观的规定性，就不能产生真实性而只有纯粹的幻想。真实性的客观基础正是现实的矛盾生活。另一方面，文学的真实性又绝非自然主义的生活写照，它必须是在客观基础上对生活的主观揭示，对现实的自主重构。主观性是文学真实性现实化的主要手段和实现方式。在卢卡奇那里，文学真实性是文学在重构生活时，重构主体成为重构客体而重构客体成为主体存在前提时才形成的。这时形成的真实性正是社会现实的整体性显现，是社会存在的类属性的审美表现。卢卡奇对真实性的这种阐释明示了

---

① ［匈］卢卡奇：《历史和阶级意识——关于马克思主义辩证法的研究》，商务印书馆 1985 年版，第 154 页。

任何作家都是文学所重构的客体——人类社会整体性存在的一种显现。当作家用文学重构生活时，作家绝不是一个与所重构的社会生活隔绝的孤立事实，而是人类整体性存在的不同层面、不同角度、不同性质的结构方式。所以，其作品必然在一定程度上体现了人类性。

文学类属性作为对实践的社会存在历史性的艺术显现，以其客观性为存在依据和价值本位。因而在文学的主客体统一中，主体以客体为意义基础，没有客观的现实生活，主体的意识性也就失去了真实性。任何文学作品，只要是类属性的表现，它便不可能与客观性断裂，它对客观性的表现与思考正是其类属性显现的真实性所在。与此同时，卢卡奇指出，文学客观性的实现并不是来自于客观性自身。客观性作为不以人的意志为转移的自在存在，必须由主体的能动操作才能成为主体的基础与依据。因而在文学主客体统一关系中，主体仍是统摄客体的主导因素。文学是人的表现与塑造，在人那里不存在简单的被决定的可能性，人的生活状态作为过程的存在是由主体的能动性加以实现的。所以文学最自由，最能体现人的能动性和人类未来发展前景。文学所昭示的真理就是一种历史真理，是正在产生的与社会现实相协调的人类普遍价值。从这个角度讲，文学主体性对客观性的统摄使文学成为建构现实的有效途径，是培养人类全面发展与和谐一致的有效手段。

文学对人类存在与本质的物化表现是社会存在以情感意识方式辩证的、主体性的运动变化的结果。而社会存在以整体性的方式构成历史，因此人的本质的获得与存在的对象化亦是在实践活动中被整体地确立。作为表现这一现实过程的文学，只有用整体方式才能真正揭示历史与社会生命个体的类属性，只有将作品视为社会存在的整体显现，作品的内容才能被解读，作品所表现的情感意识和社会生活才具有真正的现实性。具体作家具体创作的作品都不是孤立的存在。所谓孤立只是一个单一事实，只是物，不可能被视为艺术文本，而且个人的非社会化的产品永远不会被历史接纳。只有文学以自身独有的深刻方式去揭示现实生活的整体性，才能显现人的本质，表达人的存在，并充分揭示其间的矛盾斗争，文学才能具有自身重构生活的永恒性。所以卢卡奇要求所有从事文学事业的人们必须"更深刻、更广泛、更真实地概括生活的整体性"①。

文学的整体性具有极大的特殊性，这些特殊性是文学整体地展现人类实践的历史性的真正秘密。忽视了文学整体性的特殊性也就泯灭了文学整体性，因而就消解了文学的类属性。卡卢奇指出，文学显现社会类属性的整体方式就在于它是"具体的整体"。当文学对生活中真实的原型加以重构，对现实中深刻的底蕴加以把握时，世界的整体性并没有呈现各种因素、各种成分毫无差别的同一。相反在文学的艺术意象和形式中实现了差别的统一。文学的整体性不断地以具体的、富有当下性的方式显现着自身，文学中的人物、情节、情绪、意象以最大的程度体现着类的整体性。因此，这种显现着整体的个别性艺术意象与形式如同哲学、科学的普遍性一样，是文学存在的基本范畴。只有丰富的、特殊的整体性才意味着文学所确立的类属性是一种被划分开来、内蕴丰满而差异并存且统一的整体，这一整体在文学中的具体体现是文学自身效用实践的历史性的基本手段。所以卢卡奇认为，文学的"具体的整体性是支配现实的范畴"②。这里，卢卡奇充分发展了恩格斯"这一个"文学观念，将这对人物、情节的要求提升为对文学存在的普遍性设定。

不过，文学的"具体的整体性"的实现首先取决于实践本身。如果没有社会实践主宰文学的起源和作品的终结，即使在本体论意义上也不能设想具体的存在，更何谈具体成为整体的存在方式。因而，文学只有在把握与表现含蕴了主体性并确证着人类深刻情感的社会生活时才能真正地具有"具体的整体性"。所以，这种"具体的整体性"

---

① 《卢卡奇文学论文集》第1卷，中国社会科学出版社1987年版，第26页。

② ［匈］卢卡奇：《历史和阶级意识——关于马克思主义辩证法的研究》，商务印书馆1985年版，第11页。

必须具有双重规定：一方面个别性表达了类属性的一定历史阶段所形成的可能定在趋势。另一方面这种可能定在趋势又直接地显现为具体的、现实的、形象的艺术作品。正是这种双重规定使在文学中处于中心地位的个体艺术形象的经历、遭遇和发展透视了整个人类的进步与命运，使文学的具体世界成为我们观照整个世界历史过程的有效途径。因此在思考抒情诗时，卢卡奇得出这样一个结论："诗人的主观性、感受、感情和印象等都直接扩展为对世界的概括，并同时紧缩为他个人在瞬间存在的轮廓。"① 显然，没有对文学的"具体的整体性"的彻悟就不可能得出这种结论。

实践的历史性在文学中的具体的整体性显现同时又意味着作为文学客体的社会生活在文学主体世界中的广泛联系的非机械的共时性。所谓非机械性，指存在的矛盾性及其转化的辩证性。文学只有将各种复杂的，甚至难以用日常语言表达的生活矛盾性、转化性表现出来，才能做到以具体的整体性传达实践的历史性。卢卡奇认为一个作家在何种程度上是一个伟大的作家，一部文学作品在何种程度上具体地整体性地表达了人类社会的类属性，直接取决于他或它在多大程度上表现了人类社会现实的矛盾性，并对最客观的矛盾作出具体辩证的解决。卢卡奇所处的时代正是东西方意识形态尖锐冲突的时代，历史的时代力量殊死较量的特征乃是疗治日常生活的痼疾，卢卡奇正是从这一点出发来捍卫马克思主义的。在卢卡奇看来，现代资本主义社会中的日常生活性质是以极度扭曲的方式存在着的，生活的日常模态完全物性化，物的必然性以异化的形式拒绝着人的主体辩证性，生活不仅丧失了自身的真实性，而且还自觉地遮蔽了对生活真实昭示的可能。因而人们不能够在日常的最简单的事实中找到生活存在的根据，不能够把当下存在视为一种生成与发展，生活不是历史过程的有机集合体而成为凌乱的因果片断。这种残酷的现状，导致文学类属性的展开必须包

---

① 《卢卡奇文学论文集》第 1 卷，中国社会科学出版社 1985 年版，第 227 页。

含着对日常生活的批判。只有全力批判异化了的日常生活，才能充分地在现实中显现文学的实践的历史性。一切文学艺术作品，只有突破日常的遮蔽，摆脱物性的异化，塑造真实的现实，建构灵动的人性，才会获得伟大价值。因此，卢卡奇高度倡导现实主义创作方法的参与功能，反对自然主义创作方法的旁观形态。

文学类属性的展开是对实践的历史性的昭示，同时也是具体的形成整体性艺术世界的辩证过程，这使文学类属性的存在具有不可逆性。

卢卡奇在一系列著作中都强调，存在的真正客观依据源于时间性。显然他所理解的时间既不是纯粹的物理时间，也不是单一的心理时间，而是蕴含着物理时间与心理时间的历史时间。基于人类实践的过程性，历史性时间使实践的历史存在中的一切事实皆融化于主体生存发展的流程中，成为互相矛盾、互相渗透又互相转化的运动。任何文化、社会现象的可解释性都离不开历史的时间性。

时间之质即运动的不可逆性，历史的时间性就是历史主体的辩证运动的不可重复性。作为审美地重构社会存在与发展的类过程，文学亦具有不可逆性。这种不可逆性的总体作用方式是整个文学类属性表现的又一形式。它不仅构成了作为文学生命的创作、天才、灵感、鉴赏等机制的存在基础，而且更为关键的是，它使文学这一人类存在方式较之其他人类存在方式更具整体性、丰富性。人类的历史亦同时多样态、多结构、情感化地显现于历史主体的操作过程中，并凭借着历史时间的自由性质使这种多样态、多结构、情感化的整体始终留在具体境遇与形象中，从而造成文学艺术中的每一个具体境遇都凝结了整个人类历史的综联性与必然性，每一个形象都传达出人类生存与发展的主体性与真实性。文学艺术不仅在细节上，而且在总体上成为人类历史过程的整体标记，其自身亦被理解为不断生成、发展与不可重复的历史的过程。卢卡奇对文学类属性展开的不可逆性的这一论述，是对马克思在《政治经济学批判导言》中对希腊艺术不可重复性描述的理论深化与拓展。事实上，在研究具体文学问题时，卢卡奇总是尽力运用文学不可逆理论去解析问题的。如谈到文学作品与艺术形象的审美特性时，卢卡奇就认为："艺术反映所创造的形象具有结构的历史性（即不可逆性），也就是说，艺术作品就其客观本质而言是历史的，它的具体起源是作为艺术作品的审美本质所不可或缺的一个客观的组成部分。因此其起源是与审美特性完全不可分割的。"① 卢卡奇文学不可逆理论肯定文学在人类发展中对历史进程的确证与扬弃所具有的不可取代性。作为人类生存方式的文学正是以无数不可逆的过程，构成了对人类整体性传达的具体历史。

文学类属性展开的不可逆性有着极为复杂的机制，它是文学活动的目的性、因果性和选择性系统的动态整合的结果。人类社会与自然界的最显著区别之一，就是人类社会的运动发展本源于人的有目的活动，人的一切存在方式都由目的性劳动所缔造。卢卡奇认为，作为人类存在方式的文学活动就是两种有目的性的活动。具体的文学创作与鉴赏无论有多大的无目的性、随意性，但总体上都是以人的存在为根本目的的。所以社会对每一次具体文学存在过程的要求都是"以自觉的目的性活动的形式实现"②。这恰恰构成了文学艺术的存在及其价值生成的本体论基础，即文学生成与发展不是自然而然的演进。文学对生活的把握、对现实的重构不是自发的过程，而是实践主体根据实践的历史性有目的选择与行为的结果。在全部文学活动中，自觉的目的总是先于必然的因果且是文学必然因果的起点和价值尺度。但是，卢卡奇并未把目的性作为文学的唯一特质。如果仅仅有目的性，文学便只是一种非历史的意念事实，文学失去其不可逆的过程性，文学的类属性也就消解了。事实上，文学的目的性永远不能变成文学对象，它也不可能改变自身有序或近于有序的运动原则中的因果规定。文学过程在由目的性出发开始运动后，依然保持着自身发展和把握生活、重构现实、展开人类属性的因果规律的性

---

① ［匈］卢卡奇：《审美特性》，徐恒醇译，中国社会科学出版社 1992 年版，第232 页。
② ［匈］卢卡奇：《社会存在本体论导论》，沈耕、毛怡红译，华夏出版社 1989 年版，第52 页。

质。在文学以自律的方式展开自己的世界时，文学自身的因果规律性发挥着积极的作用。它使目的性获得客观性，使显现类属性的目的成为对类属性的确证与物化，使作为一种意识形态的文学成为人类历史的一种客观存在方式。因此，文学目的性与文学规律性的协调一致才能彻底地、完美地实现文学的存在。

每一次具体文学目的性的设置还是其他具体的文学目的性设置的因果必然性的一个环节。一方面，文学内在结构中的任何因素都直接而无例外地本源于文学目的性，文学的一切因素都不是规律本身独立生成的。另一方面，任何一次文学目的性的实现都毫无例外地启动着文学因果链的有序展开。这种有序展开虽然或多或少地受制于目的性，但文学实践的历史性实现的总体过程并不决定于目的性，而决定于文学因果必然的客观性与目的的主观性之间的合力。

文学目的性与文学因果规律性之间有一种主体辩证中介，这就是文学主体对文学的选择。其实，文学作为社会的存在方式是意识性的。意识设定了文学的目的，同时也操纵着文学的因果律。目的性通过意识的选择与因果规律性关联起来，并成为因果规律系统的一部分。没有选择，文学的目的性与因果性就不会发生联系，文学便不会存在与发展。就具体的文学过程而言，任何一次文学活动只能通过具体的创作与鉴赏的选择才能转化为现实的存在过程。

需要指出的是，文学的这种主体选择性虽然直接源于文学的意识性，但在文学目的性的选择决定中，选择的旨向是从文学具体设置的对象中即所把握的生活、所塑造的现实中实现。所以对选择本身的选择必定受到对象的制约，否则选择便失去了真实有效的基础。同时，文学的选择与文学因果性相关涉。在目的性通过选择去达成时，因果规律是达成目的的基本手段和实现的过程方式。因而不仅目的性借助选择对因果规律的手段性质有着制约，而且因果规律作为实现目的的手段也通过对选择本身的制约去影响文学目的性的设置。选择总是在现实手段可能的范围中的选择。这里我们可以看出，卢卡奇在考察文学存在所具有的选择时，不只注意到选择的主体能动性，也自觉地意识到选择所具有的客观实在性。这种由主客观两方面因素决定的选择引导着整个文学过程中的每一个具体环节，促使一个文学主体从他自身的状态中获得创作或鉴赏的"问题"，并通过选择使目的与因果关联起来，运动起来，从而在具体的创作或鉴赏中回答自己的"问题"。

文学的选择性实际上通过目的与规律的辩证统一产生了文学的价值和意义，文学所以有与其他社会存在方式不同的价值，特别是每一个具体的创作过程与每一个具体的鉴赏过程都有自己的文学价值，其秘密就在于这种目的性、选择性与因果性的辩证统一。这种统一是文学类属性显现具有不可逆性的关键所在，它使整个文学活动的各因素、各成分的相互不同的多样性所产生出来的偶然性发挥着强有力的作用，"没有偶然性的因素，一切都是死板而抽象的。没有一个作家能够塑造出活生生的事物"[1]。这种偶然性在文学的不可逆中成为一种表现形式，越是复杂的文学过程，作品所含的社会化因素越丰厚，这种偶然性就显得越重要，"在全部人类生活方式的领域内发挥作用"[2]。

卢卡奇文学类属性理论十分深广，具有极大的理论与实践的影响力，成为当今世界文学理论的三大支柱之一。对它的研究不仅可以丰富与发展马克思主义文艺思想，而且对西方现代审美文化也有一定的积极意义。

---

① 《卢卡奇文学论文集》第 1 卷，中国社会科学出版社 1987 年版，第 40 页。
② ［匈］卢卡奇：《社会存在本体论导论》，沈耕、毛怡红译，华夏出版社 1989 年版，第 158 页。

第五章 美的本质问题与审美现代性

一、美的本质问题

对美的本质的阐释历来是建立美学体系的逻辑起点。基于怎样的方法、持何种理念诠释美的本质决定了美学体系的构成、样态。美的本质成为美学最基本亦无可回避的问题。反思千年的西方美学史，回望一个世纪的中国现代美学历程，在纷繁复杂的理论观念、林林总总的思想体系中不难发现，关于美的本质的探索，近现代西方审美现代性经历了从寻找美的本源到建构美的本质，再到确认艺术的思想之旅的过程。艺术的凸现，实现了美的本源向美的本质的真正回归，艺术的破解最终肯定了美的本质的成立。这是一个极其艰苦、危险却又充满着勇敢精神、自由意识的过程。在为审美现代性建立美的本质的过程中，康德对传统审美性的美的本质的二重解构起到了关键性作用。

与美学相遇的康德发现，自柏拉图始，人们对美的本质的理解就一直处于尖锐的二元对立之中，或诉诸客观或偏执于主观，互不兼容，难以调和。究其根源，在于对美的本质的探究始终囿于古希腊时期形成的本体论传统。自古希腊米利都学派，经赫拉克利特、苏格拉底、柏拉图、亚里士多德、斯多葛学派、经院哲学至近代哲学，一直将本质误释为从何而来（where）而非其是何（what）、为何（how），美的本质异化成美的本源。20 世纪中国现代美学也有相似的过失，譬如将美的本质视为"人的本质对象化"，世界之在有何不是人的本质对象化的成果呢？本质指此在根本规定性，是其作为此在的根据。此在从他在而来，但他在毕竟不是此在。将作为本源的他在视为此在之根本性质，甚至理解为此在自身，无论在逻辑上还是在现实中都是一个谬误。康德认为，美的本源既不是客观的形式或神的理念，也不是主观的感觉或心理的快感。美的本源出自居于人的理性能力与知性能力之间的审美判断力。审美判断力既非客观的，又非主观的，它是主体的。审美判断力就其为主体能力而言包含着客观性，它不以人是否意识到它的存在而在；审美判断力又拥有主观性，它在人的意识中获得体现和确认。就美的本源而言，康德的审美判断力之概念超越了西方古典美学关于美的本源千年之久的二元对立，这正像20世纪起中国现代美学在80年代以实践的观念消解美是客观抑或主观的论战一样。但是美的本源绝非美的本质。康德始终强调审美判断力并不是美的本质，美的本质是审美判断力在其判断活动中展开的涉及质、量、关系、模态四个方面的规定性。正是这四个方面的规定性共同构成了美的本质。美的本源无法真正解释美的本质，而美的本质则可以深刻地应答美的本源问题。同样，对美的本质的界定只是问题的开始，美的本质问题只有在关于艺术本体的阐释中才能得到终极解决，这正是康德在《判断力批判》一书进行"美的分析"之后论述艺术的真谛所在。

从美的本源到美的本质，再从美的本质到艺术，康德通过对美的本质的二重解构，为西方审美现代性重新打开了美的本质之门。西方美学从19世纪放弃美的本源研究而转向美的本质重构，再从20世纪展开对艺术的诠释，不能不说受到康德对美的本质二重解构的启迪。康德对美的本质的二重解构就像黑暗中的明灯，照亮了西方审美现代性通达美的本质的曲折路径。

自柏拉图提出"美的本身"，西方古典美学就将美的本质误解为美从何而来，并为美源自客观还是主观争论了千年之久。存在论命题变成了本体论问题，美的本质被遮蔽。康德则力图昭示美本源于审美判断力。审美判断力既非与人无关的客观，亦非主观意识，而是兼容客观与主观，体现着人的现实生存的主体能力。美的本源返回人自身，而这正是康德对西方古典美学关于美的本质的第一重解构。由此，美的本源转向美的本质，美的本质之谜开始了真正的释解。

美的本质命题由柏拉图在《大希庇阿斯篇》中明确提出。作为一个存在论的命题，柏拉图在《大希庇阿斯篇》中并无答案而只留下"美太难"的感叹。以后的《斐德若篇》、《理想国》等论著中，柏拉图以诗、诗人为谈论的对象，一而再、再而三地思考过美的本质。也许捕捉美的本质真的太难了，柏拉图采用由米利都学派开创的本体论方式，以其理念论范式探究美的本质，得到了美是客观理念的结论，敞开着的美的本质命题被本体论范式和方法所遮蔽演变为对美的本源思考。亚里士多德秉承先师柏拉图的精神意志，以更具逻辑精神的形而上方法在本体论领域审视形式与质料的关系，寻觅生成美的原因。新柏拉图学派则将美归之于宇宙大法，认为美是宇宙大法的流射，美以宇宙存在为源。以奥古斯丁为代表的基督教哲学则将美的本质归于上帝，美由上帝创造并向世人呈示上帝之全能。经院哲学则依据亚里士多德的观点认为美源于形式因范畴，是超越认识功能之上的秩序。近代理性主义执著于理性形式和知性功能，将美的本质理解为理性的特殊状态，莱布尼兹、鲍姆加登都认为美源自于感性、模糊的认识，是理性的原始态。近代经验主义直接将美归于感觉，将快感理解为美的本质。在他们看来，快感是美的真正本质。从上可见，康德之前的西方古典美学将美的本源与美的本质混为一谈，把产生美的某些原因解释为美本身。美作为存在的本质不是美自身的规定性而是产生这些规定性的他在，正如 20 世纪 50 至 60 年代中国美学界将美源自于主观还是客观理解为美是主观还是客观的一样。

在西方文化影响与学术语境规范下，康德对美的本质的沉思亦从美的本源起始。但所不同的是，西方传统古典美学大多在探索宇宙之本源的本质论研究中把握美的本源，而康德则在解释人与世界的关系时与美的本源相遇，这决定了康德对美的本源的理解完全突破了西方古典美学将美的本源归于人之外的传统，提出了主体审美判断力是美的本源的思想。美的本源真正找到了属于自己的领地，这为美的本源返回美的本质，真正破译美的本质之谜，揭示美的本质之所在提供了理论可能、方法前提。

在解释人与世界的关系时康德遇到了一个无法回避的问题。其原有理论构成中人与世界的建构关系源于人所具有的既非物质存在，又非纯主观意识的知性能力和理性能力。知性能力使人成为认识主体，自然被设定为经验的客观对象，人与世界构成了认识关系；理性能力使人成为意志主体，人的社会活动被视为行为的客体，人与世界构成了实践关系。建构实践关系的理性能力的基本内核是自由意志。康德坚信自由意志是人的存在的终极本体。自由意志无法通过认识来把握，而只有在人的实践活动中实现。因而，人与世界的关系处于认识与实践这两个互不相关的领域中。但是人必须是完整的。人的存在的确有着不同的领域、不同的方式，不同领域、不同方式的存在又应该相互联系、互动互补。所以一定有着某种既不属于知性又不是理性，然而能够将这两种能力统一起来，使人类认识活动与实践活动、经验世界与本体世界发生联系的主体能力。康德把这种具有中介功能的主体能力界定为判断力。判断力分审美判断力和目的论判断力。审美判断力具有知性能力和理性能力无法取代的功能。知性能力以一整套主体逻辑框架展开自身。杂多的经验进入知性时，知性能力的逻辑框架使杂多归于统一，建构出系统的认识结果——知识。知性能力用整体统摄个体、普遍包含特殊的方式把握对象。由知性能力构成的人类认识活动实际上是一个以逻辑为中介的分析综合过程，并被严格地限定在经验界。认识活动一旦超越经验界就会导致认识的二律背反，认识结果将失去真理性。理性能力为主体建立理念原则，提供的是以自由为底蕴的道德律令和伦理法则。理性能力和知性能力都不能在特殊中显现普遍，在现象中包孕本体。相反，介于知性能力和理性能力之间的判断力却可以做到这一点。"一般来说，判断力是包容在普遍之下的对特殊进行思维的能力。"① 审美判断力不能像知性能力那样提供概念，也不能像理性能力那样生产理念，却能在特殊与普遍之中达成现象与本体、认识与实践的通连，并在特殊的事物中找寻普遍规律。审美判断力是产生美的最初基源，它从个别现象中寻找普遍本体时首先面对的是经验现象，审美判断力必须通过对感性经验的建构，昭示理性的本体。所以，审美判断力一定先于经验而存在。先验并非超验，审美判断力只有回到经验中，通过对经验的判断，才能将认识与实践统一起来。同时这还意味着在审美判断力中，特殊与现象符合着普遍与本体的存在目的。审美判断力的这些特性都在一系列主体功能中介下达成了美的现实存在。

康德将审美判断力确立为美的本源，创立了西方近现代美学始终固守的人的生存和主体自由的主题。正是在人的生存和主体自由主题的感召下，19 世纪的德国古典美学、马克思主义美学，20 世纪表现主义美学、精神分析美学、存在主义美学、西方马克思主义美学等众多影响巨大的学派对几乎所有的美学问题进行了人本主义重构。而中国 20 世纪美学也是受康德美本源于人的自由主体的思想的深刻触动，在马克思"实践"观和"人的本质对象化"理论指导、统摄下走上了拆解 50 至 60 年代形而上学、重释美的本质的美学之途。

本质指此在所以在的根本属性。康德相信美的本源只说明了美从何而来却未昭示美是什么，美的本源不是美的本质。美的本质是作为美的本源的主体判断力与世界发生建构关系时，主客体双方当下呈现出涉及质、量、模态、关系四个方面的属性。康德将之称为审美契机。这在由判断力与世界产生互动的审美过程中出现的审美契机才是美的真正本质。康德的这一观点消除了西方美学表达千年之久的形而上迷雾，使美的本质研究回到了"美本身"，也为康德进入艺术领域，对美的本质实现再度解构迈出了一步。

---

① ［德］康德：《判断力批判》，牛津大学出版社 1952 年版，第 18 页。

美的本源只说明了美从何而来却未昭示"美本身"。然而，美的本源又是把握美的本质的前提，为美的本质的发现提供了视阈和途径。这与作为美的本源的审美判断力有关。康德认为，当目的由主体来设定并仅仅为着主体时，合目的便是主体需要的满足。主体需要的满足引发了主体的愉悦情感，它含纳着判断对象的存在又显现着主体的价值，从而完成了"从自然概念领域向自由概念领域的转化"①，这正是判断力作为美的本源的关键之一。判断力"只将客体的表象与主体联系在一起，不让我们注意到对象的性质，而只让我们注意到那决定与对象有关的表象能力的合目的形式"②。换言之，判断力在对世界下判断时，对象的内容与主体不发生意义联系而对象的形式则向主体呈现意义。判断力的关键之二是审美判断力的核心——想象力。康德多次谈到想象力，想象力具有感性与知性之间的中介功能。在认识过程中，想象力将感性直观提供的杂多经验按知性的逻辑形式排列起来，使之具有获得规律的可能性。同时想象力又使知性的逻辑框架图式化。想象力在审美判断中却起着另一种作用。审美判断力本是介于理性能力与知性能力之间的能力，想象力则具有知性能力与感性能力的中介功能。因而审美判断力中的想象力与知性能力也就发生了某种关系。从这种关系引起的主体情感的愉悦可以断定，想象力与知性能力的关系就是这两种能力的和谐。和谐的外化即为对象的形式符合着主体的目的。正因此，审美判断力在判定对象美或不美时，"不是借助知性将它的表象与主体及客体相联系，而是借助想象力将它的表象与主体及主体的快感和不快感相联系"③。不仅如此，审美判断力中的想象力还具有一种有效的综合功能。它将对象的形式与主体的情感创造性地组合着，既"从各种的或同一种的难以计数的对象中把对象的形象和形态

① ［德］康德：《判断力批判》，牛津大学出版社 1952 年版，第 17 页。
② ［德］康德：《判断力批判》，牛津大学出版社 1952 年版，第 70 页。
③ ［德］康德：《判断力批判》，牛津大学出版社 1952 年版，第 41 页。

再生产出来"①，又将对象的形式"不作为思想，而作为心意的一个合目的状态的内在的情感传达着自己"②。

审美判断力的合目的性、想象力、由特殊找寻普遍及其只与对象形式联系的特征使其在展开的判断中生成了审美过程。而美的本质就居于审美过程之中。康德正是在作为美的本源——审美判断力生成的审美过程中从质、量、关系、模态四个方面厘定了美的本质：

第一，判断的质方面。美是一个主体的情感过程。但这个过程中的情感性质既不同于具体欲望满足所产生的纯感性愉快，也不同于道德行为引起的纯理性愉快。纯感性愉快和纯理性愉快都与对象的实存有关，关涉对象的具体内容。这两种愉快都在各自同化对象、使对象失去独立存在意义中实现。换个角度看，情感关涉内容必受到内容的限制，因而纯感性和纯理性的愉快都具有功利成分，也都是有限的、不自由的。而在美中，判断只涉及判断对象的形式，这形式又契合着判断的目的，所引起的情感愉悦始终观照着形式自身，对象形式在鉴赏过程中处于自足的位置上，拥有独立的价值。由于只涉及对象形式而远离内容，美产生的情感自然不会受到实存的影响、内容的限定。所以这种情感是自由的。

第二，判断的量方面。美作为判断功能的实现，其判断是单称的。判断客体与判断主体的关联不以概念为中介却孕纳着普遍性。这是因为一般单称判断的对象是先于判断的实存，只有主体在同化它时引起主体反应后才能对它的性质下判断。显然在一般单称判断过程中，主体反应在前，判断在后，判断结果仅对判断个体有效。美则是先有了判断，然后才在判断的过程中生成了被判断的对象——形式和主体反应——情感。美的判断在先，快感在后，对象与情感的单称性蕴涵着判断的先验性，表达着判断力在想象力作用下产生的形式符合由想象

---

① ［德］康德：《判断力批判》，牛津大学出版社1952年版，第79页。
② ［德］康德：《判断力批判》，牛津大学出版社1952年版，第154页。

力与知性能力之间的和谐所建构的普遍性。

第三，判断的关系方面。在一般的判断过程中，判断对主体的满足总具有直接而明确的目的。但美既与实用、欲望、伦理、实践无关，又无明晰的概念逻辑，从而也就与任何特定目的无涉，仅仅是想象力与知性能力趋于一定的和谐自由才使美具有了某种合目的性质。这种合目的性是"没有目的的目的性，只要我们并不把这个形式的原因归于意志，而只有通过溯源到意志，使它的可能性的解释对我们是可理解的，并且我们对于它的可能性并不总是要从理性的观点去认定它。我们至少可以依据形式，察觉到一种合目的性，而并不去把它归诸某种目的"①。

第四，判断的模态方面。美体现着合目的性，具有着普遍的有效性。所以美不仅是感性现实的，也是本体必然的。

通过以上四个主体契机方面的考察，康德确信：（1）美不涉及对象的内容并与功利性质无关。美不是实践。（2）美是单称判断，不涉及概念。美不是认识。（3）美不涉及明确概念和目的，却使对象的形式暗合着主体的心意活动。美无目的而又合目的。（4）美是一种具有合目的普遍性和传达有效性的观照过程。

康德对美的本质的厘定有三点值得高度关注。首先，西方古典美学总是认为因为有了美的本质才生成展开了美，而康德则告诉人们美的本质不是美的本源，美的本质与美无论在逻辑上还是在现实中都是共同体。当人们与美相遇时就意味着与美的本质相遇。同样，当人们思考美的本质时就是在思考美。美的本质是美的基本属性，美是美的基本属性的感性化、现实化。其次，美的本质不是自在的、静止的。美的本质存在于审美活动之中，就像美存在于审美活动中一样。审美活动结束了，美的本质也就消失了。在更深刻的意义方面，美的本质就是对审美活动的抽象与概括。再次，由于美的本质存在于审美活动

——————————
① ［德］康德：《判断力批判》，牛津大学出版社1952年版，第60页。

之中，这就决定了美的本质既离不开审美活动的客观方面，也与审美活动的主观方面密不可分。从主客体关系而言，美的本质也可说是对审美活动中主客体关系的描述与界定。西方古典美学对美的本质误解的重要原因在于没有意识到美的本质与审美活动的根本性联系，不懂得只有在过程活动中主客观才存在，主客观才具有相互依存、相互对应的关系，造成了将美的本质或囿于客观或归于主观的局面。由于单向的主观或单向的客观对美的本质都无解，所以导致了西方古典美学转入探讨美的本质的基础，美的本质就被美的本源取代了。而康德领悟到美的本质与审美活动以及美的本质与审美活动中主客体的关系，才真正发现了解开美的本质之谜的秘密，重新确立了美的本质。20 世纪 80 年代之后的中国美学的发展可以视为对康德这一卓著贡献的旁证。20 世纪 50 至 60 年代中国美学界对美的本质进行了激烈的争鸣。但争鸣的各方无异于西方古典美学，皆将美的本质归于主观或囿于客观，未能窥视到美的本质与审美活动的根本性关系，长时间的争鸣也就不可能有理论的突破。直到 80 年代中国美学界受到康德的启示，在马克思"实践观"指导下，发现了美的本质与实践活动、主体与客体的建构关系后，美的本质才被逐渐明晰和正确地揭示出来。

当康德昭示了美的本质既非主观又非客观而是主客体的关系，美的本质居于人的审美活动中，是审美活动的根本规定性时，对美的本质的研究超离了形而上的哲学预设和逻辑推演而进入艺术领域。艺术是现实中最普遍、最经常，也是典型的审美活动。审美活动的全部多样性集于艺术之中，美的本质展开的复杂性亦寓于包括创作主体、创作过程、文本和鉴赏在内的艺术活动之中，艺术使康德发现了美的本质与自由的关系，艺术才使美的本质真正回归。康德这一深邃的思想实现了对美的本质的二度解构，引发了美学研究的革命。德国古典美学之后的西方美学和 20 世纪 90 年代后的中国现代美学全面转入艺术研究，正是康德带来的这场审美文化革命的深度延续。

康德在《判断力批判》中将"通过以理性为基础的意志活动的创

造叫做艺术"①。根据康德批判哲学的阐释话语，理性在认识论中意为对感性与知性的限制，在本体论中人所以为人的本质规定，康德又将之称为自由。当自由以主体理性能力展开为行为时便是意志活动。显然，康德将艺术界定为通过以理性为基础的意志活动时，是在本体论层面使用理性这一概念的。如此，艺术是以自由的意志活动方式存在着。自由的意志活动多种多样，如信仰、宗教、道德、法律等等。艺术所以不同于其他自由的意志活动，在于艺术"凭借完全无利害观念的快感和不快感对某一对象或其表现方法的判断"②，"不依赖概念而被当做一种必然的愉快"③，"是一对象的合目的形式，在它不具有一个目的的表象而在对象上被知觉"④，"不凭借概念而普遍令人愉快"⑤。而这正是从质、量、关系、模态四个方面被厘定的美的本质。换言之，艺术活动是美的本质展开的审美过程，艺术的根本属性是美，而美的本质的基因是自由。在此，康德揭示了美的本质、艺术、自由三位一体的关系，即自由是美的本质和艺术的核心，美的本质规定着艺术，使之为特殊的自由活动。美的本质则在艺术这一审美活动中现实地存在着。就这种三位一体的关系而言，谈论艺术的实质就是在诠释美的本质，艺术将未成之物生成为已成之在，将有限之在创生为无限之有。当人们居于艺术之中，人便挣离了把握与占有对象主体的狭隘，超越了对象的物性而直接以主体情感直观的方式对自由加以呈现，既确证了个体的生存价值，又体现了人类作为世界意义之本的目的性与普遍有效性。而所有这一切正是对美的本质最现实、最深切的实现。

---

① ［德］康德：《判断力批判》，牛津大学出版社 1952 年版，第 163 页。
② ［德］康德：《判断力批判》，牛津大学出版社 1952 年版，第 50 页。
③ ［德］康德：《判断力批判》，牛津大学出版社 1952 年版，第 66 页。
④ ［德］康德：《判断力批判》，牛津大学出版社 1952 年版，第 81 页。
⑤ ［德］康德：《判断力批判》，牛津大学出版社 1952 年版，第 85 页。

二、审美形式的合目的性问题

与传统审美文化的审美形态相对简单、平面化不同，近现代西方现代性审美文化具有多元性、丰富性的审美形态，其中悲剧、喜剧、优美、崇高等审美形态已逐渐构成近现代西方现代性审美文化的思想范畴，而在传统审美文化中，悲剧、喜剧只是两种戏剧形式，崇高不过是雄辩术中的修辞手段，优美则根本没有诞生。随着启蒙现代性的进程，审美文化日愈分化、发展，特别是优美、崇高的出现，意示着近代西方现代性审美文化有了属于自己特有的审美形态和美学范畴，也表明审美现代性已被确立。在康德之前，英国启蒙思想家柏克首次对优美、崇高进行了全面的描述，从而在审美形态上肯定了优美、崇高，为近代西方审美文化建立了属于自己的审美形态。而康德则进一步从人本理念、人与自然的关系、人与他人的关系、人与自我的关系出发，对优美、崇高的文化内涵、心理机制、审美效应等进行了深刻的思想设计和理论阐发，使优美、崇高成为近代西方现代性审美文化的标志性范畴，深化了审美现代性的内部建设。

康德认为，对人的肯定性价值取向的审美确认在思想语境中表达为主客体审美关系中的优美范畴。优美作为对人的肯定性价值确认，在近代西方现代性审美文化中又被理解为审美形式，即"form"，而康德的审美形式理论集中体现了近代西方现代性审美文化凸现出的对人的自由的确定。

近代，唯理主义把审美形式归属于认识论，然而经验主义对此却极不以为然，他们借助于直接的审美经验来证明其开创者约翰·洛克的权威。康德的审美形式理论渊源于唯理主义的传统，其理论的特殊内容又与经验主义的观点有着密切的关系。正是这样，康德的审美形式理论有着极丰富的人文与科学内容，迄今仍是最使人信服并对当代审美文化有着积极影响的审美形式理论。

　　康德的审美形式理论的主要渊源是唯理主义的哲学与美学。从笛卡尔开始，唯理主义就陷入唯理与情感的关系问题的沉思之中。尽管笛卡尔认为情感不同于理智，但到莱布尼兹，情感包括审美才作为一种生命存在的经验被唯理主义加以研究。在这里，情感第一次获得了现代性哲学的承认并作为与"明晰的"思维或逻辑相对的"混乱的"意识而存在。莱布尼兹认为，当作为"混乱的意识"的情感观照客体时，并不涉及对象的原因和结果，而只涉及客体的形式。莱布尼兹的继承人鲍姆加登进一步对"混乱的意识"进行了深入的研究和系统的表述。他首次用"审美"一词来概括"混乱的意识"，用"美学"来命名研究"混乱的意识"的学科。总之，在康德之前的唯理主义都认为，感觉的世界需要修复，修复的结果是"明晰性"。当情感、经验以一种"明晰"的方式呈现出来时，它总是与个别客体有关。这个别客体的形式就是优美的审美对象，而对优美的形式凝神观照，便产生优美感。必须指出的是，在康德之前，没有一个唯理主义者指出过形式的主体价值与心理的必然愉快有关，但他们关于意识、情感和形式的看法对康德审美形式理论有着深刻的影响并在其理论中得到显现。

　　除了唯理主义的哲学观念和思维方式之外，康德的个人趣味对他的审美形式理论的形成起着重大作用。康德在手稿中有这样一段话："我们的时代是一个以小为美或者说梦幻崇高的时代，古人则更接近自然，我们却在我们与自然之间设置了许多人为的障碍。"① 对当时审美风尚的反对，伴随着对希腊文化的呼唤，显示出康德作为启蒙主义者和浪漫运动导师的精神气质。他反对后期伪古典主义颓废的艺术品，同时也反对感伤主义的新狂热。他把前者蔑称为"以小为美"的"洛可可风格"，把后者称为"梦幻崇高"的"哥特风格"。但是康德也意识到这两种错误趣味中包含着的真谛。"洛可可"风格中的生动、活泼的形式和"哥特"风格中的神秘、深邃的浪漫情调都给康德以极深刻

---

① ［德］凯恩：《康德论人类与行为》，莱比锡大学1924年版，第385页。

的印象并烙刻在他的审美趣味之中，以致最终反映到他的审美形式理论里，成为其审美形式理论的特征之一。

康德审美形式理论的形成还与他所使用的先验思维方法和他所希望使之统一的哲学体系分不开。康德接受的是唯理主义和经验主义的二重教化，这使他一方面认为"我们所有知识起源于经验，这一点是不可怀疑的"①。在他看来，经验为知识提供了机会和内容。但另一方面，他又坚持经验从不能保证认识的真理性这一唯理主义观念。那么经验是怎样成为具有真理性的知识的呢？借助于保证认识的真理性这一唯理主义观念，借助于对认识心理状态的把握，康德发现，在认识过程中，有两个主体功能被使用着：一个是想象，它综合感觉材料；另一个是知性，它根据范畴来建筑感觉材料。这两种功能，一个提供经验，一个赋予经验以形式，使经验具有真理性和普遍有效性。这两种主体功能的协调运动就是认识。当想象与知性的协调摈弃了概念，完全和谐一体并且主体感受、体验到这种和谐时，我们就有了真正的优美感。不过康德始终认为，在审美中，被经验到的内容本身具有一种内在的"彼岸"形式，这样想象的经验内容与知性的逻辑形式的融合才有可能。所以康德坚持用"vorstellung"来指示优美客体，而"vorstellung"的德文本义是"主体观念"。康德用"vorstellung"来表述优美客体，主要是为了强调优美客体的"彼岸性"。

总之，康德的先验方法所导致的结论是优美客体必须基于它的"彼岸"形式。可以断定，康德这一历史性的结论是康德第二大批判，即《实践理性批判》中哲学运动的继续，他希望综合他整个哲学思辨体系。

我们认为，康德审美形式理论的核心是：主体对被观照的客体以协调，而客体又只是一种只能存在于想象和知性和谐之中的形式。也就是说，优美客体既不是感觉的，也不是逻辑的，它是一种代表了可

---

① ［美］特尔顿：《康德传统》，普林斯顿大学 1936 年版，第 364 页。

以判断审美价值的客体形式，而且对于感觉和个人感情而言，它是"彼岸"世界的，具有共同有效性。

在《判断力批判》一书中，康德追求从客体中独立出某种形式，并通过一个颜色、一个符号的重新组织来展示这种形式。他说："第一种客体的形式不是形象，就是游戏。"①"形象"一词在德文中是"gestall"，它有着比通常我们讲的形象更为广泛、深刻的内容，包括客体的全部组织过程。这种客体是在被知觉的瞬间中给予的，如欣赏过程中的绘画、雕塑就是这样。"游戏"在德文中是"freispiel"，它涉及另一些客体，如诗、音乐等。它们的形式在时间中展开，它们的整体只有在记忆的帮助下才能被把握。

无论作为优美客体的形式是直接呈现还是断断续续地呈现在优美主体面前，它都具有这样的"彼岸性"性质，这一点甚至在"gestall"和"freispiel"的德语词源中都能看出来。"彼岸性"与"此岸性"是对立的。"此岸性"在康德那里特指人在后天生活中获得的感性现象的经验性质，而"彼岸性"却指人的先天就有的作为人的内在根据的普遍本质。这种普遍本质规定了人不同于其他动物的性质。"彼岸性"是经验所无法给予的，但它却要诉诸经验之中，使经验成为具有共同有效性的人的经验。优美客体作为形式，具有这种先验的"彼岸性"的普遍本质就在于："判断力为了按照诸经验规律对自然界反思而先验地假定自然适合于我们的认识机能，悟性同时客观地承认它是偶然的而仅仅是判断力把它作为先验的合目的性。"②优美形式把握主体感性的个人，但优美感的获得却具有普遍性。这个被把握的优美形式不是感性的、个别的，它与把握者的认识功能协调一致，使知性和想象和谐运动，融为一体。这似乎符合某种目的，具有某种目的性。而在康德看来，这个目的性"是一个超验的原理，因为这些对象的概念处在这

①　[美]特尔顿：《康德传统》，普林斯顿大学1936年版，第368页。
②　[德]康德：《判断力批判》，商务印书馆1964年版，第23页。

个原理之下，只是可能的一般经验的对象的纯粹概念，不含任何经验的东西在内"①。

如此看来，审美形式所以具有"彼岸性"，就在于这种被称为审美的形式在被个体观照时必然地与个体的认识功能相对应，与知性和想象的和谐相协调，从而给欣赏者以普遍的快感，而且审美形式的这一特性存在于对它的任何一次观照中。这样，不仅审美形式是必然的，而且对它的单称判断也因此具有了必然性、普遍性。这一现象被康德描述为"形式的合目的性"。康德说："一个关于对象的概念在它同时包含着这个对象的现实性的基础时唤做目的。而一个物体和诸物的只是按照目的而可能的品质相一致时，唤做该物的形式的合目的性。"② 本质上，审美形式作为"形式的合目的性"，"既不是一个自然的概念，也不是一个自由的概念"③。所谓"自然"指的是在经验中显现的现象，它是感性的，既没有普遍有效性，又没有共同规律性。审美形式的本源是本体的、"彼岸性的"，所以其本质与感性材料无关。所谓"自由"指的是作为人的本质的最终性质，它直接存在于人的实践活动中，通过价值活动诉诸人的感性世界。经验与科学不能认识自由，只有道德、信仰和意志才能把握它。作为本原，自由是审美形式的最后根据，审美形式的普遍性以及其普遍性所展示的价值都根源于自由。但是审美形式并不是自由本身。首先，审美形式不是纯粹主体，而是凝积了主体自由的客体，而且在审美形式中，自由是以扬弃了概念和功利、目的的情感方式即"理念"的物化来显现自身的。其次，审美形式存在于现象界中，它的自由本质是通过现象界的个体单称判断来展示的，而且只有在现象界，通过感性个体的单称判断，蕴含于审美形式中的自由本质、普遍价值才能得到揭示，这是审美形式与认识客体、实践客体的根本不同之处。

---

① ［德］康德：《判断力批判》，商务印书馆 1964 年版，第 19 页。
② ［德］康德：《判断力批判》，商务印书馆 1964 年版，第 18 页。
③ ［德］康德：《判断力批判》，商务印书馆 1964 年版，第 22 页。

正是这样，康德认为审美形式的"合目的性"具有两个特点。第一，"审美形式的合目的性是在某些其必然性不能用概念来证明的法则中出现的"①。它与感性的内容无关，也不涉及关于客体内容的任何概念。这形式与美的关系不是通过概念的把握由认识功能所赋予的，而是通过形式本身符合主体的想象与知性以及这两种主体功能的和谐运动所赋予的，因而这种形式只能是情感的对象。对这形式的把握不是认识，不是通过概念判断才能实现的认识活动，而是审美，是通过情感观照来实现的鉴赏活动。这种鉴赏活动比认识活动更具有主体性，更集中地体现出形式所蕴含的自由本质。第二，合目的性的概念在这里"丝毫没有涉及欲求的机能"②。作为优美对象的仅仅是一种形式，它与任何日常性的感性内容无关，不仅如此，它与实践性的善也无关。这种形式不仅不能满足人类的物质需求，而且也不能满足人们的道德、伦理需求。这不仅因为审美形式既不是感性的"现象"，又不是理性的"本体"，而且因为"要把一个对象看做善的，我们就必须知道这对象是应该用来做什么的，对它就必须有一个概念"③。所以对审美形式的把握既不是感性的占有活动，也不是理性的实践活动，而"是一种不凭利害计较而单凭快感或不快感来对一个对象或一种形象的显现方式进行判断"④。

康德对审美形式的合目的性本质的揭示，使美学史中第一次出现了这样的观念，即优美客体的本质是主体自由本质的形式化。它的存在价值就是通过形式自身与主体功能的协调来显现这种自由本质，并使欣赏主体体验、欣赏到这种自由，从而解放主体，丰富主体。我们认为，康德这一美学观念是他对启蒙的自由信念的极大发展，对反对专制主义，促进现代性文化的发展，反对传统古典主义审美文化，推

① ［德］康德：《判断力批判》，商务印书馆 1964 年版，第 20 页。
② ［德］康德：《判断力批判》，商务印书馆 1964 年版，第 25 页。
③ 朱光潜：《西方美学史》下卷，人民文学出版社 1978 年版，第 360 页。
④ 朱光潜：《西方美学史》下卷，人民文学出版社 1978 年版，第 361 页。

动审美现代性的到来起到了不可低估的积极作用。

从理论渊源上讲，审美形式的合目的性还是唯理主义的。莱布尼兹、鲍姆加登都曾涉及这个问题，只是没有康德说得那样深刻、系统。当康德将优美形式与经验主义所讲的快感联系起来时，康德的审美形式理论终于超越了唯理主义，同时也赋予了经验、情感以全新的意义，这一点则又是经验主义没有做到的。

《判断力批判》指出："当对象的形式，在单纯对它反省的行为里，被判定作为这个客体的表象中一个愉快的根据时，这愉快也将被判定和它的表象必然地结合在一起，不单是对于把握这形式的主体有效，也对于各个评判者一般有效。这对象因而唤做美，而那通过这样一个愉快来进行判断的机能唤做鉴赏。"[1]审美形式是主体愉快的必然根据，主体的愉快与客体形式不可分。康德讲的审美形式的合目的性在经验形态里就是指形式符合主体的某些功能，从而引起主体的必然愉快。

前文我们在谈到审美形式的合目的性时，曾一再指出形式与感性内容无关，它不是满足感性要求的对象。按康德的话来讲就是："美是无一切利害关系的愉快的对象。"[2]相反，当对象是满足感性要求的客体时，这个客体对象所引起的愉快只能是个别的，不具普遍性，而且也只是偶然的。审美形式引起的愉快则不同，"人自觉到那愉快的对象在他是无利害关系时，他就不能不判定这对象必具有使每个人愉快的根据……判断者在他面对这愉快时，感到自己是完全自由的"[3]。"这时他就假定别人也同样感到这种愉快，他不仅仅是为自己这样判断着，他也是为他人这样判断着，并且他谈及美时，好像它是事物的一个属性。"[4]

审美形式所引起的愉快与知识所引起的具有普遍性、必然性的愉

---

① 朱光潜：《西方美学史》上卷，人民文学出版社 1978 年版，第 29 页。
② 朱光潜：《西方美学史》上卷，人民文学出版社 1978 年版，第 48 页。
③ 朱光潜：《西方美学史》上卷，人民文学出版社 1978 年版，第 48 页。
④ 朱光潜：《西方美学史》上卷，人民文学出版社 1978 年版，第 49 页。

快又不同。这有两个原因：首先，审美形式不是认识对象，它的本质不是经验的现象而是本体的自由。其次，对认识对象把握运用的是"知性"的概念、范畴，它所得到的普遍、必然的愉快根本上是逻辑的、理智的。而对审美形式的把握是观照，优美的必然愉快根本上是属于情感的。所以康德说审美形式引起的判断"不涉及对象关于性质的概念和内在的或外在的可能性，无论是由此或由彼原因"①。

审美形式那种引起主体的既不是感性、又不是理智的愉快所具有的普遍性、必然性又被康德用"gemeingueltugkeit"一词来表述。这个词译成中文，其义是"共同有效性"。康德说："凡是不基于对事物的概念的普遍性，绝不是逻辑的，而是审美的。那就是说，它不含有判断的客观的量，而只是含着主观的量，对于这种量我们用共同有效性这一词来称它，这名词不是指表象对认识能力的关系，而是指表象对每个主体的快感及不快感的关系。"②这样，审美形式引起的愉快所具有的普遍性、必然性在康德看来是主体性的。而且他还用另一个更富有主体意味的词"共通感"来解释这种普遍性、必然性。《判断力批判》说："鉴赏判断必须具有一个主观性的原理，这个原理只通过情感而不是通过概念，但仍然普遍有效地规定事物令人愉快，事物令人不愉快，一个这样的原理却只能视为共通感……只有在这样的共通感的前提下，我说，才能下鉴赏判断。"③"共通感"不仅是解决审美形式的价值之谜的钥匙，也是解决康德审美形式理论的关键。"共通感"是什么？康德似乎没有明确的回答，只说："共通感是有理由被假定的。"④但是，我们仔细研究康德的有关论述，还是可以把握其大意，即："共通感"本质上是形式的合目的性的主体基础和在此基础上的反应，指审美形式引起想象、知性的和谐而产生的愉快感。在这愉快感中，不仅形式

---

① 朱光潜：《西方美学史》上卷，人民文学出版社 1978 年版，第 58 页。
② 朱光潜：《西方美学史》上卷，人民文学出版社 1978 年版，第 51 页。
③ 朱光潜：《西方美学史》上卷，人民文学出版社 1978 年版，第 76 页。
④ 朱光潜：《西方美学史》上卷，人民文学出版社 1978 年版，第 77 页。

与想象、知性和谐是必然的，而且引起主体心理诸因素的协调也是必然的、普遍的。"合目的性"与"共通感"的不同之处是："合目的性"侧重于表述形式作为审美客体与主体的对应关系；而"共通感"侧重的是情感作为鉴赏判断的主体功能和结果。康德下面这段话便能佐证我们的理解："如果愉快和直观对象的纯粹形式的把握结合着……表象就不映系到客体，而只联系到主体。在这样的情况下，愉快就只是客体对于诸认识机能的一致……所以它们只是客体的主观形式的合目的，因为在想象力中诸形式的把握若没有反省的判断力，将永远不能实现。"①

康德对其优美形式理论中的许多问题都论述得十分模糊，而且我们对这些论述的把握有时也难免失之肤浅和片面。但是，康德审美形式理论的历史价值仍是不可低估的。它第一次从哲学高度指出了优美所引起主体必然愉快的自由性质，赋予了审美形式引起主体愉快以普遍性、必然性，这不仅为当时启蒙文化反对传统文化，现代性审美文化超越传统古典主义审美文化提供了强大的思想内驱力，也为席勒的审美游戏理论、黑格尔的审美认识论和马克思对象化与全面发展的审美理论学说提供了思想先导，为西方审美现代性建立了自身的内在范畴环节，意义十分重大。

三、崇高理论

在康德美学体系中，最使人迷惑不解的是其崇高理论。著名康德研究专家 R．W．巴雷特尔认为，康德的崇高理论几乎不能被论述清楚。然而全面地考察康德美学体系并昭示其崇高理论是通达自由本体的一种否定性取向时，康德崇高理论中的许多困惑便迎刃而解了。

在沉思崇高的构成时，康德不仅完全放弃了朗吉奴斯、柏克开启

---

① 朱光潜：《西方美学史》上卷，人民文学出版社 1978 年版，第 28 页。

的通过对象的性质判定崇高特征的经验方法，而且改变了他在解析优美和艺术时所使用的综合视角，对崇高的界定一开始便是分析的。

康德发现，作为崇高判断的对象与其判断结果是间离的，也就是说，判断的逻辑形式并不等同于它的语法形式，判断对象与判断主体是对抗着的。这就要回答一个重要问题：引起崇高经验的是这个经验的对象本身吗？据康德观察，人们通常指认的崇高对象大多是这样一些现象：无垠的星空、电闪的云叠、肆虐的火山、狂啸的海潮、荒墟的原野……这些现象就其本身而言，给人的经验应是惊怕、恐惧，而不是像在崇高判断中主体所领悟到的生命力洋溢的快感。这使康德断定，崇高判断的对象绝不是引起崇高感的原因。在康德看来，现象只是时空直观的产物，实际上是表象自身的东西，其存在本源不为主体所感知，只能被设定为物自体。当它呈现为实存时，其效应受制于它作为现象的方式，而这个方式是由主体时空构架决定的，因而现象的性质取决于它能被主体认识功能所建构这一事实。但是作为崇高判断的对象却不是认知的直接对象，当主体认识系统建构这一对象时，判断的谓词无法从主词中获得具有客观综合性的结果，即无法获得客观知识，而只有某种主观的经验。不仅如此，这种经验是否定性的、痛苦的、压抑的。可见，崇高判断的对象既不是认识对象，不能给主体带来知识，为主体获得真理，也不能使认知主体感到愉悦和扩展，因而崇高判断给予判断者的审美快感绝非来自于判断对象。

康德相信，对崇高的理解只能返回主体，只能在认识领域之外找到崇高构成的答案。按照他的理解，宇宙中唯一现实的主体是人，人不只是认识领域中的现象，更是超越认识领域的本体。因为人之外的任何存在都不是普通的谓词，没有具体规定性，只能由人赋予它们在宾词中以性质。人所以为本体还归于自我意识，自我意识源于"统觉的先验统一"，而统觉的统一用康德的话说就是"诉诸一切感知的

'我思'"①，即理性。在审美判断中，理性显现为理念，一种情感状态的主体自我意识，它使人类情绪性质取决于每个人所独有的、能够被激发为愉快或不愉快的情感。这样"真正的崇高只能在判断主体的意识中而不在自然对象中"。也就是说，在审美判断过程中，当主体经验到对象为崇高时，主体已具有了一种使对象能够成为崇高的情感，这个情感并不来源于对象，而对象的性质则是这个情感所给予的。"所以，崇高不存在于任何自然对象之中，相反恰恰内在于我们的心中——当我们能够自觉到，我们超越了自然（身外自然和身内自然）时。"② 这里，崇高显然是与优美相背反的，优美是主体在对象的现象形式中获得一种契合的确证和效应，是对外我的自然和内我的自然的一种肯定。而崇高则是对现象形式的拒绝，通过判断主体的自由投射，将客体主体化，将自然人化、情化，从而否定自然，昭示人的超越必然律的自由本质。正是在这个意义上，康德从来不称自然的某些巨大、有力的现象为崇高，而只称它们为"崇高的对象"。

崇高既然是在审美判断过程中产生的，崇高的对象便有了自身的独立价值。一方面它成为主体崇高的情感的载体，通过它的物化，主体崇高情感成为可被审视的物化存在，而对这物化了崇高情感的对象的审视，正是主体崇高情感的现实化，使主体真正能够在对自然的审视中体悟到"主体自身使命的崇高"③。另一方面崇高的对象所具有的感性特征又使个体的崇高情感普遍化，使个体的情感物化在审视的对象中成为群体本质的肯定，成为人类使命的展开与延伸，成为对自然包括人所具有的非人的自然性的否定，成为真正本体价值的揭示。

康德曾对崇高有过两次分类。在1764年出版的《对美感和崇高感的观察》一书中，康德把崇高划分为恐怖的、高贵的、华丽的三种类型，并将这三种类型的崇高与人的日常生活中的社会伦理情绪和个性

① ［德］康德：《纯粹理性批判》，伦敦大学1924年版，第131页。
② ［德］康德：《判断力批判》，牛津大学出版社1950年版，第114页。
③ ［德］康德：《判断力批判》，牛津大学出版社1950年版，第106页。

气质结合起来，以考察它们的特点。康德的考察带有极为明显的经验主义意味，更多地倾向于借助对象的感性物质特征和个人自然气质之间的契合来区别崇高感的质差与意义。显然，在《对美感和崇高感的观察》一书中，康德尚未对崇高的本质及其意蕴作深入的哲学思考，而只就崇高对象与崇高感的一些表层特征作了纯属个人喜好式的经验描述和趣味判断。在本书中，康德对崇高的论述与其说是美学的分析与论证，不如说是个人日常经验的、现象形态的随笔。这无疑是康德前批判时期自然科学研究兴趣的一种延伸和用科学主义方法研究人文状态的失败尝试。在 1790 年出版的《判断力批判》一书中，康德专设"崇高的分析"一章，对崇高这一美学问题进行了深入思索。在"崇高的分析"中，康德将崇高分为两种类型：数学的和力学的。康德对崇高的领域界定、性质设计到形态确立，全面地显示出处在批判时期的康德完全放弃了在《对美感和崇高感的考察》中所使用的经验实证方法，而采用了他所独有的先验哲学的批判方法。

《判断力批判》一书认为，在主体与自然构成的无认识而又趋于认识、无功利而又蕴含着功利的主观合目的规律的情感对象性关系中，关系的存在方式不仅表征为美，亦表征为崇高。前者关涉主体对客体的判断质：一种对客体形式与主体想象功能和知性功能统一的和谐性肯定；后者却关涉主体对客体的判断量：客体对主体想象功能和知性功能统一的破坏，而这种否定性破坏又导致主体理性力对客体的包容。对客体否定主体想象功能和知性功能统一与唤起理性对客体的统摄的不同方式是康德划分两种崇高类型的契点。他认为，当主体的情感把握巨大量的空间时，而这个量超越了情感的构成功能，即想象功能和知性功能所能总括的极限，便使想象功能和知性功能统一陷入崩解。在康德看来，想象和知性是建构现象界有限经验的主体功能，当一个空间量不能被想象与知解时，这个空间量只能是无限。无限作为一个整体概念是超验的，而对超验的无限空间量，只能使用于经验界的想象和知性失去客观尺度，发生二律背反。情感中的想象功能和知性功能的二律背反，唤醒了情感中把握先验本体的功能：理性。理性抗争着对象的无限空间量并统摄它、战胜它，使之从外我的压抑主体、排斥主体的对象成为属我的高扬主体、确证主体的对象，这对象是崇高的对象，而主体的这种否定性扬弃感则是崇高感，康德在《判断力批判》中将这一主客体建构过程称为数学的崇高。力学的崇高则是在自然作为一种无限强大的势力被主体建构时产生的。力学崇高的产生也是一种否定性扬弃过程。从康德对两种崇高类型的分析中可以看到，真正引起主体崇高感的东西并不是自然对象中的属性而是超越自然的某种东西，这种东西只有在人类身上才能找到并获得意义。明确地说，自然界所以能成为具有审美意义的崇高对象，就在于真正的崇高应被理解为主体，作为崇高对象的自然界只是主体的一部分并为主体的理性力所规定着。这样，崇高在自然对象中通过理性力的中介寻找到真正的审美价值，这就是人自己。

从康德对崇高的构成的独特阐释中可发现，崇高的判断对象与判断主体是对立着的，它们的直接关系就是相互否定。对象在感知中摧毁了主体的想象功能和知性功能的统一，将一种和谐的感觉生命力否定为恐惧与惊吓，使对象无法成为人们直接经验的对象，这导致对象本身失去其形式性。所以崇高的对象总是无限的大或无限的有力，没有任何具体的有限规定，因而崇高的对象对主体生命力的否定是如此的彻底，以致在否定主体想象力和知性力的同时也将自己的感性存在特征从自身中否定出去，对称的性质与特征最终只能通过主体来给予、规定。对主体而言，在审美判断中，情感的理性功能对对象的统摄亦是否定性的。对象的强暴唤起的理性功能首先便是充分地意识到主体的不可屈服和对感性自然的优越，这是无限空间量或无限广大的势力成为崇高的对象的先决因素。理性自主地担当着想象功能和知性功能，使想象功能和知性功能的背反消解在理性之中，而理性功能不是将那造成想象功能和知性功能崩解的对象作为操作对象去实践，而是将它包容在巨大的主体优越之中，使它的无限巨大的空间与势力被扬弃为承载主体理性、显示主体优越和价值的客体。在这种状态下，崇高的对象中具有的非人化感性因素完全丧失了自己的功能，它只能在呈示着主体理性观念的过程中表象着自己。由此可见，崇高的对象在康德看来与其说是一个实存，不如说是被这个实存所承载着的理性观念，而崇高判断的主体完全否定了其判断对象的自然属性，使对象的性质成为主体的。这样，在崇高判断中，不仅判断者是主体，判断对象亦是主体，判断过程则是主体对客体的自然属性的否定而获得的对主体的确立、肯定。缘此，崇高的审美享受总是一种对渺小、卑琐的蔑视，一种挣脱感性枷锁的自由喜悦，与对美的判断相比，崇高的这种理性特质使崇高往往具有某种关怀的终极性。在崇高的判断中，判断者完全可以领悟到人生的意义、生命的价值、人格的力量，把握到个人存在的无限性、理性价值的自由性。所以康德认为，崇高虽是一种否定性审美判断，却比肯定性审美判断的美更令人激动，更富有内涵，更积淀着主体对自我确证的意义。事实上，崇高正是摆脱了形式的、认知的限制成为最为自由的本体自由过程。

不过，崇高的否定性质还有着极其深刻而复杂的主体功能运动机制。在康德的先验思想体系中，主体的各种心理功能与生俱来，并不是生成于后天的需求与操作中。相反，后天的需求与操作则由主体先天的心理功能所给定并为之建构。但是在主体功能进行需求设定与行为操作时，主体必然与对象发生先验综合式的关系，一方面主体功能统摄着对象，另一方面对象亦对主体心理功能产生影响，而这一切都要求主体自身保持统一和谐。就崇高判断中主体情感的审美需求的现实过程而言，对象的无限大或无限有力造成主体想象力和知性力背反，使主体感受到生命威胁。在这种状态下，主体心理功能要求自身产生新的和谐，否则作为一种主体单称判断过程的审美将被超越，整个判断将失去主观合目的性和个体性。所以面临着对象的强暴性、不可想象性、不可理解性，主体的心理功能则追寻着统谐，不过实现这一统谐的道路是艰难的。当主体情感去把握那无限大或无限强的对象时，对象本身便是对情感中想象与知性和谐的破坏、否定。这种否定具有"恶"的性质，它使主体感知系统陷入困境，崇高判断主体在把握对象时感受到的是强烈的痛苦感，这痛苦便是主体感知功能遭到对象否定的结果。而在更深的层面上，痛感还有着更为深刻的原因。想象功能与知性功能的失谐，就是主体对自然的屈服，是主体多因素构成的有限性的体现，它又是对人的本质的自由性的否定。然而康德认为，正由于想象和知性对主体自身的否定，使主体要求着无限大或无限有力的对象作为一个整体出现，而具有无限性的整体使主体对感官世界的诸存在的量的估计的不适应性恰为主体内部唤醒了一个超感性功能：理性。理性揭示着想象力与知性力的现象性局限，并将这种现象性转化为本体性，从而重新整合着想象功能和知性功能，使主体的心意再次和谐起来。这时，理性不仅否定了想象和知性的有限性、感知性，而且使主体在判断中自觉到主体对客体的强大与优越，最终扬弃了自然对象对人的强暴，使之成为主体理性价值的肯定，成为人能够战胜压迫主体、强暴主体的非人存在的确证。在这个意义上，自然无限大或无限有力的对象对主体的否定又具有"善"的性质，是一种扬弃。它不仅扬弃了主体的有限性，也扬弃了自身的非人性，使主体生成出能与一切相抗衡的自尊与优越。所以在主体情感把握无限大或无限有力的对象时产生的痛苦感之后，随即便是对这种体质上的痛苦感的否定，并获得一种领悟性的愉快感。这种领悟性的愉快感是非感性的、理性化的，它既是生命力的洋溢，又是人格意志的树立与扩展。正因此，康德亦将崇高界定为超越任何感觉尺度的意识能力。在这里可以看出，康德对崇高的否定性质的分析有着深刻的人道主义价值取向。

那么，理性功能的文化本质究竟是什么呢？在康德的批判哲学中，主体有三个基本功能：感性、知性、理性。感性又被称为直观，即时空，被感性直观的结果便是经验。在感性之上的认识功能是知性，知性是由一系列概念、范畴构成的，知性对经验的把握即是知识。感性与知性作为认识功能，只能在经验中具有有效性。但理性严格讲不是认识功能，它对经验的关涉只是为限制知性对经验界的超越。理性的实质是人根本区别于动物的主体意志。按康德理解，认识活动和功利实践活动都不能看做绝对属人的活动，因为它们都受制于自然对象的限制，是不自由的。而意志却完全是出于人自身，并且不受意志对象与人自身自然倾向的限制，所以意志不存在于经验界，与感性、有限的现象无关，它是本体的、自由的。这个本体、自由直接显现便是道德。道德完全超越自然，不受任何感性、功利的限制。道德的存在首先是对一切有限制性的自然、功利的自觉否定。作为自由本体的道德在康德的意识中不是某种抽象教条或消极戒律，而是深伏在主体灵魂中的。正是这种主体的道德诉诸于崇高的判断之中，使判断主体面对否定主体的自然对象才敢于统摄它、战胜它，并使主体领悟到强烈丰富的、具有神圣性、使命性的愉悦享受。崇高的永久价值正是归因于人的道德观念、主体的自由意志。康德本人对自己的这一论断坚信不疑并颇感自豪，他甚至用这一理论去阐释悲剧，认为"悲剧不同于喜剧主要就在于前者激起崇高感，后者引起美感"①。康德认为悲剧引起鉴赏者的审美享受绝不是亚里士多德讲的"恐惧感"、"哀悯感"，而是属人的道德情感、意志品质。

　　康德用本体的自由意志、道德界定崇高本质，其意义不仅仅在美学理论本身，在对近代人格自尊、个性解放和对自由、道德、意志的深刻思考上也具有深刻的意义。这使他的批判哲学在认识与实践之间架起了一座桥梁，崇高正是认知、情感向伦理、意志的本体界通达的途径。不过在康德那里，崇高作为审美判断与道德作为伦理实践有着根本的质差。在崇高的判断中，主体与对象是情感的审美关系。在这种关系中，理性是自由意志表征，道德只是被显现为对主体自身有限性超越的领悟。对判断主体而言，判断中对本体先验界的理解只是一

———————

　　① ［德］康德：《对美感和崇高感的观察》，曹俊峰译，哈尔滨出版社1990年版，第8页。

种观照、一种单称判断，不具有任何实在内容。而道德作为自由意志的直接实现，直接诉诸伦理实践，实践活动对道德的理解不只在解读，更在其对道德目的的操作性实现，它给予道德本体以具体的内容。这样，自由意志在崇高判断中只作为观照的最终因而被判断主体自觉地给予着，而在伦理实践中，道德作为自由意志的表征则是当做伦理主体的行为目的被设立着，两者虽有深刻的联系却不同质。从另一个角度讲，尽管在崇高判断中，想象和知性受到崩解，但由于理性功能对自然对象的否定和对想象与知性的扬弃，使想象与理性产生一种新的和谐。这时，想象不是受着感觉与知性的支配，而是由理性统摄着，使"想象力获得了一种扩张和势力。这扩张和势力大于它被扬弃的，并根据它自己无法感知的理性去揭示理性"①，从而使对象的无限大或无限有力成为理性的一个工具。可见，想象作为崇高判断的心理因素之一，始终恪守着情感判断，使之不越出审美领域成为实践操作。同时，康德明确指出，虽然崇高作为以本体自由为特征的情感观照必然地要引出判断主体对最高存在者的信仰，但这个最高存在者绝不可理解为传统宗教中的上帝。康德对传统宗教极度厌恶，他认为宗教是对人的否定、贬弃而不是肯定、张扬。由是，康德所说的崇高引出的最高存在者只能是现实中的理性道德理性的自由意志。

崇高本质基于理性的自由意志，使崇高与优美有着极大的差别。

首先，从判断的对象上来讲，优美的判断对象始终被界定在经验领域中，对象契合着想象力与知性的统一，因而优美的对象是有形式的，这形式既非纯知性的认知形式，也非纯感性的想象形式，而是表征着想象与知性的自由。作为形式，优美必定有限，只能被判断主体的体质快感所把握，一旦这个形式超越了想象力和知性，形式的自由性便将失去，对象不复为优美了。崇高则不同，在崇高判断展开的一开始，作为判断对象的无限大或无限有力便是想象力和知性所不能把

---

① ［德］康德：《判断力批判》，牛津大学出版社1950年版，第120页。

握的，对象不具有想象力和知性所可以审度的形式。由此，康德所说崇高的对象无形式并不是说它无存在方式，而是说这对象不存在感知所能把握的方式。不过崇高的对象的无形式的否定性却又有着积极的价值取向，对象对感知的否定所产生的痛感唤起了理性来审度这个对象，理性以其本体的自由意志、道德力量建构对象使之成为主体理性的物态化确证，并使主体最终享受具有文化意义的自由快感，而这种快感的获得与感知形式无契合关系，正是在这个意义上，康德说崇高只能在对象的无形式中发现。

其次，对象的差别又必然产生主体把握优美对象和崇高对象的不同效度。在审美判断中，对优美的对象的判断是对象的形式与心意的和谐自由，因而对优美的判断过程始终使主体品尝着轻松、舒适的优雅，主体的物理属性与心理属性、肉体机能与心灵机能自由地游戏着、统谐着。在对优美的对象观照时，主体只是一种把玩，一种将自身投入对象的陶醉。优美对象的形式肯定着人的生命感知，使主体的感性世界在判断的直观中得到一种充分地扩展，并且这扩展自由地物化在对象的形式之中，所以对优美的对象和审美主体的效应而言，都具有明显的表象特征。而崇高的心意效度与优美的心意效度则大相径庭。判断对象的无限的空间必然否定着判断主体的感知心意，使主体感性世界饱含压抑，感知功能遭到摧残，判断者深切地感受到对象对自身感性价值的否定带来的困惑、惶恐、震惊和恐惧的痛感。正由此，康德从来不把优美与崇高看成美的两种风格或形式，而认为优美、崇高，甚至艺术并不是同一质的。如果说它们有着本质联系的话，只在于它们三者皆是主体的审美判断产物，都介于知性与理性之间的情感领域中，都是人类无功利无目的的自我直观与确证的过程。除此之外，三者完全自律自身。但是就崇高而言，虽然感知无法建构它，使之成为审美对象，理性却能够使它成为审美对象，这个对象和对主体的效应不再是表象的而是领悟的。领悟作为主客体的中介，作为主体的审美感由崇高判断的本体性产生。崇高对象的无形式性使对象的性质由主体的自由意志所给定，对象只是自由意志的主观合目的的符号。这样，对这种超感性意义的对象的审视只能是主体理性观念的情感启示。这启示是理性功能以情感方式对自我的本体把握，它再也不是对象的形式在何种程度上对主体感知心意的契合，相反，是对象怎样通过其无形式性对主体自身感知有限性的否定和对象被赋予了多深程度的主体自由本体的确证。当领悟到对象所确证的自由本体意义时，主体所获得的是另一种与优美的轻松愉快不同的快感：人格高扬、自我超越。在这个层面上讲，崇高感是从对体质快感的否定到对主体文化快感的肯定。就这一点可以说，优美和崇高作为主体审美判断的两种方式，表征着人具有的两种存在倾向。在人与自然构成的情感关系中，人既需要通过情感外化自我，使自我沉浸在对象之中，将生命力返回曾给它以存活的自然中去，这便是优美。换句说话，优美所以使主体感到轻松、舒适，就是这时，生命力回到了自己的家园。而当人通过情感同化对象，使自我投射到对象中，使对象成为自我，使生命力超越原生态的自然，崇高使主体领会到否定性的压抑，主体的抗争经历就是因为这时的生命力正按照文化所界度的目的搏斗、挣扎。

最后，优美与崇高的判断机制亦有很大的差别。按康德的理解，对优美的判断所具有的普遍有效性基于想象力与知性的统一，这种统一被康德称为"共通感"。"共通感"是所有人类先天具有的共同心理功能，正是"共通感"使任何一个对优美的判断都必然地获得一切人的同意。但是崇高则不同，对崇高的判断无法基于"共通感"而是对"共通感"的破坏，康德研究权威布雷特尔因此认为，崇高的判断没有普遍性。但是认真研究康德的思想便会发现布雷特尔的结论是错误的。在康德美学中，任何审美判断都必然普遍有效，这是审美判断作为一种特殊的单称判断与其他单称判断的质差所在。崇高的判断机制虽不基于"共通感"却基于"道德律令"。在康德眼中，人的本质既不是洛克讲的"白板"，也不是卢梭讲的"自然状态"，而是文化。文化与自然相对，最根本的本质是道德理性。每个人心中都存在着"道德律令"，它使人成为人，使人有着共同的目的、愿望和追求。崇高判断将主体的道德投射到对象上，当判断者获得对自我的领悟和对道德的启示时，这一领悟和启示对一切人都会有效，这便是由每个人的"道德律令"所决定的。

还需要指出的是，康德美学中的崇高与现代美学中"丑"的审美范畴有着根本不同。"崇高"在康德的理论中是属人的、严肃的，它尽管对主体的感性存在具有深刻的否定性，却又是通过这种否定在理性的更高层次上的自由本质。但"丑"不同，康德似乎不理解"丑"的审美性质，认为"丑"是"奇异的、不自然的事物"，"是凶残荒诞的"①。崇高是人的自由本质的表现，而"丑"则是人全面异化后主体焦虑与沉沦的外化。作为对人充满着希望的近代人道主义者的康德当然不能从审美上把握"丑"的价值。不过，在全部"批判哲学"中，康德从未将"丑"视为"恶"，这又是令人深思的。

作为审美形态的优美、崇高证明了近代西方现代性审美文化在形态方面的独特性、丰富性，而作为审美范畴的优美、崇高又充分表达了西方审美现代性深刻而独立的人性内涵和文化外延，优美、崇高的确立从一个侧面意示了近现代西方审美现代性的建成。

---

① ［德］康德：《判断力批判》，牛津大学出版社 1950 年版，第 90 页。

第六章　艺术问题与审美现代性

一、艺术家与艺术作品关系问题

　　基于美的本质、艺术、自由的三位一体，康德在《判断力批判》一书中对艺术活动的诸方面进行了深入探究。

　　作为美的本质展开的艺术活动另类于人类的认识活动，也不同于人类的实践活动。

　　在康德看来，作品意味着美的本质在艺术中的实现。艺术正是在作品中最终敞开了美的本质。换言之，作品不单纯为某种文本，更重要的是，作品是一种方式，是艺术得以将其自身审美本质普遍化的基本存在方式。因而，作品的真理就在于是否能将艺术的审美本质普遍传达。在批判哲学中，审美的最基本属性之一就是审美属个体却又具有普遍有效性。就艺术的基本存在方式——作品来说，将审美本质普遍传达实际意味着艺术的审美本质如何在作品中显现自身。康德认为在作品中，艺术的审美本质以美的理想和审美意象来实现自身显现并确立作品的存在。艺术介于日常与非日常之间，传达着现象与本体的双重意义。美的理想更侧重于对经验世界的审美认同。由于审美不能以概念方式存在，又无法明确为范例，美的理想在作品中只能以个别具体的形象来暗含着普遍的审美经验。

　　的确，康德对艺术的理解今天看来显得有些陈旧、枯燥，而且诸如语言、风格、修辞、结构等许多重大问题均未涉及。但是，他将艺术定位于审美过程，视艺术活动为美的本质现实居寓和展开，最终解构了西方古典美学对美的本质的封闭、静止、形而上、非现实化的传统，开通了由艺术走向美的本质的必由之路，其美学史意义不可估量。

可以说，第一个使艺术成为美的本质研究的基本视野和主要领域的是康德，从康德通过黑格尔、马克思、克罗齐之后，几乎成为20世纪西方美学的主流。西方当代关于美的本质研究从形而上走向形而下的一个特征就是高度关注现实的艺术问题。而中国20世纪90年代后的美学转型的主要标志即是将艺术作为美学，特别是美的本质研究的主要对象。

从美的本源到美的本质再从美的本质到艺术，康德对西方古典美学美的本质理论的二重解构导致了西方美学的巨变，激发了中国现代美学的变革，并将继续深远地影响美学的发展。而这一切也将成为一个重大的美学史问题引发我们深思与研究。

艺术家与艺术作品的关系是最古老、最本源性的文艺学问题。艺术家决定艺术作品抑或艺术作品决定着艺术家昭示着两种大相径庭的文艺释读立场。在争论不休的漫长历程中，亚里士多德建立了艺术家决定着艺术作品的观念传统，而历来被学界视为最有影响的亚里士多德的追随者贺拉斯则开启了艺术作品决定艺术家的理念，并持久地影响了在西方文艺史占重要地位的古典主义。

希腊思想大师亚里士多德的《诗学》主题即文艺是模仿。作为模仿者的艺术家以不同的方式对不同的对象进行模仿就产生了不同类型的艺术作品。譬如，对一个有过失的人的完整行为的模仿就产生了悲剧作品。亚里士多德创立的此种文艺阐释立场最经验化、现象化，常为创作实践所证实，也就最易为世人所接受。从古希腊至浪漫主义的数千年中，大多数人都立足于这一立场，通过解析艺术家释读艺术家所创作的作品，甚至在20世纪的前苏联和中国，人们还对此坚信不移，用自己的辛勤劳作证明着这一文艺释读立场。

希腊化时代的文艺学家贺拉斯，虽被后世尊奉为亚里士多德的传人，却在艺术家与艺术作品关系问题的诠释方面得出与亚里士多德相左的结论：不是艺术家决定了艺术作品，而是艺术作品决定了艺术家。这看似古怪的结论源自贺拉斯对希腊作品的崇拜和笃诚。在贺拉斯心中，希腊作品是最完美的杰作，后世不可企及，只有模仿、效尤。作品从内容到形式的一切因素皆已被希腊作品规定好了。艺术家只要将这些被规定好的因素按照希腊人习惯的方式组合起来就完成了创作。所以在贺拉斯看来表面上艺术家创作艺术作品的背后是艺术作品的规则在决定着艺术家的创作。贺拉斯的不朽之作《诗艺》的全部努力都在向艺术家明示希腊作品的具体规则和告诫艺术家如何模仿希腊作品。贺拉斯所坚持的艺术作品决定艺术家的文艺阐释立场被古典主义奉为基本文艺态度。从古罗马到 18 世纪浪漫主义之前古典主义盛行的时代，人们就是以此为阐释理念分析文艺作品、解释艺术家与艺术作品的关系的。20 世纪的形式主义、结构主义、语言分析主义等文艺思想的阐释理念拒绝艺术家对作品的主体渗透，封闭文本，力图揭示作品语言背后的非艺术家所及的文本功能和意义，与受到贺拉斯开启的艺术作品决定艺术家的阐释立场的影响不无关系。

面对艺术家与艺术作品的关系这一古老、本原性问题，康德的应答既不同于亚里士多德，也不同于贺拉斯。康德认为，艺术家与艺术作品的关系属非时间性关系。先于作品存在的艺术家并不是艺术作品之居所，时间过程中在先的艺术家不等于在后的艺术作品，因为艺术家决定不了艺术作品的本质。同样，艺术家与艺术作品的关系也非现象化的经验关系。艺术作品并不栖息于艺术家，作品不是艺术家的属性。由此，艺术家与艺术作品之间并没有决定性因果关系，谁也决定不了谁。在本质方面，艺术家与艺术作品的本源是艺术。艺术决定了艺术家，同时也决定了艺术作品。于是康德完成了对艺术家与艺术作品的关系这一古老而又本源性问题的第一次解构，实现了审美对艺术家、艺术作品的全新建构，并对 20 世纪海德格尔对艺术家与艺术作品关系的二度解构提供了理论与方法的准备。

艺术家不能决定艺术作品，就像艺术作品不能决定艺术家一样。决定艺术家和艺术作品的是艺术。艺术既不是单纯的认识，也不是纯粹的实践。艺术归属于审美存在。艺术是艺术家和艺术作品之本源。所谓本源指某物从何而来，并为何成为某物。艺术作品并非因艺术家的存在而成为艺术作品。艺术家也不是由于艺术作品的存在而成为艺术家。艺术家和艺术作品都因为艺术的存在而存在。那么，何为艺术之本质？康德认为艺术的本质是审美，而审美则是主体特殊的存在方式。与传统思想家对人的单向度理解不同，康德深信人以多维度方式生存于世界之中。主体以其不同的能力与世界发生着生存关系，从而使人在世界中以不同的存在方式存在着。

首先，人的认知能力规定了主体在现象世界中的存在。现象世界的人生存图景表现为主体与世界构成的经验关系与逻辑关系。当主体以其感知与现象世界相遇并发生关联时，主体的感知以时间与空间的方式对世界建构。建构的结果在主体呈现为可感知的经验，在客体则为现实物存。世界也从陌生的、不可知的物自体转变为可感知的世界，成为主体感知居所。面对由主体感知能力建构的可感知世界，人的主体逻辑能力再度实施建构时，世界进一步呈现为可认识的世界。此时，主体通过建构活动获得了知识，客体则为客观存在着的普遍规律。可感知的世界与可认识的世界共称为"现象世界"。在这个世界中，人的生存是以认知方式实现的。世界呈现为可认知的对象，人则为认知主体。人在认知活动中生存于这个世界中。不过这个世界严格地限定于经验界域中，具有明确的此岸性。一旦人逾越了经验，主体的生存便出现"二律背反"，现象世界也就成为陌生的、不可认知的物自体。

其次，人在世界中还以实践方式生存着。实践生存维度具有彼岸性，不可经验，无法认识。然而这不可经验、认识的彼岸性生存方式却规定了人作为主体的本源。因为实践生存维度的本源是自由。康德看来，自由就是无限制性。而人在现象世界中处处有所面对，事事受到对象的约束。因而现象世界只有必然、因果和规律，不可能自由。

但是在实践活动中，活动着的实践主体以设立目的的方式确证着人自身。作为摆脱动物界的人，拥有着超越自然、自我、物之世界的冲动和渴求，此种冲动与渴求绝非经验所获，也不可能在经验中确证。经验在本质上是自然、自我、物之世界对人的规范和主体对客体的顺应。这种冲动与渴求正是人之为人的本质——自由的展开。自由以其不受限制性的本源决定了人在实践维度中理性地生存着。身处各种限制、生存于感性物之世界中的人正因为自由，使其可以在实践维度上自尊地意识到自己不是物在而是超越物在的人之存在。人在实践维度中，由于自由的支持，可以其意志品格战胜自然规则和生物本能，可以不顾时空与因果的限制，自主地选择自己，设计自己，使人成为这个世界中唯一能自我生存并自我决定着的存在。正是这种性质又使人成为人所生存于其中同时又与之相面对的世界的价值施发者和意义赋予者。实践维度中的人使自然具有了生命，使社会具有意义，使世界具有了历史，使宇宙具有了价值。人自由的实践维度生存的最典型领域就是信仰、宗教、思想、道德等。

人不仅感性地生存于此岸世界，与经验构成认识关系，不仅理性地生存于彼岸世界，与自由构成实践关系，人还生成于此岸与彼岸之间的情感世界。康德认为，人的情感生存并不囿于现象的有限之中，它还在有限的形态中生成无限的本质。这一情感过程的存在在对象上呈现为美，在主体上表达为审美。当人们"不凭任何利益计较而单凭快感或不快感来对某一对象或形象的呈现方式判断"① 时，人所拥有的生存状态占有并体偿着全部生命力的洋溢和灵魂的升华，具有解放的性质。这种解放既不是对信仰的单纯顺从，也非对客体的顺从、认识，而是内心的自觉欢悦，想象力与解知力的自主和谐。所以，介于此岸与彼岸两个世界之间的情感世界——审美，是超越了对象的物性而直接以自觉的方式对人的显现，也是回避了主体强迫而以自由的样态对

_____

① ［德］康德：《判断力批判》，牛津大学出版社1957年版，第50页。

人的肯定。正是这作为生存方式的审美才是艺术的真正本质，它在决定了艺术家的本质的同时，决定了艺术作品的本质。艺术则是审美的一种特殊存在方式。

作为艺术家与艺术作品的本源，艺术以审美存在着，满足着审美存在的基本规定并以此另类于人类其他生存活动。艺术家在创作过程中以主体的身份出现，而艺术作品在创作过程既是创作的客体又是艺术家活动的成果，是艺术家对象化后造就的客观存在。在存在的层面上，艺术家与艺术作品虽有密切的联系，但本质上则是独立的、自治的实存。独立存在的艺术家与艺术作品因其共同的本源艺术而存在。换言之，艺术的存在使艺术家与艺术作品现实地存在着，如果艺术不存在，那么艺术家与艺术作品也就不可能存在。问题的关键在于使艺术家与艺术作品现实存在的艺术是如何存在着的。

康德在《判断力批判》中将"通过以理性为基础的意志活动的创造叫做艺术"[①]。根据康德批判哲学的阐释话语，理性在认识论中意为对感性与知性的限制，在本体论中指无法为经验所感知、知性所论证的一种能力。理性能力不受自然限制，不受外界对象规范却又能在超越自然的同时建构自然，在摆脱外界对象规范的时刻选择外界对象。这种能力使人与自然界、动物界区分开来而成为另类，是人所以为人的本质规定，康德又将之称为自由。当自由以主体理性能力展开为行为时便是意志活动。显然，当康德将艺术界定为通过以理性为基础的意志活动时，是在本体论层面使用理性这一概念的。如此，艺术是以自由的意志活动方式存在着的。

然而，自由的意志活动有多种存在方式，除艺术外还有信仰、宗教、道德活动等。艺术作为自由的意志活动则以审美为本源，审美决定着艺术的基本存在方式。换言之，艺术的自由本质是在审美的规范中呈现并展开的。审美作为艺术的本质满足着四个基本条件，康德称

---

① ［德］康德：《判断力批判》，牛津大学出版社1957年版，第163页。

这四个基本条件为"四个契机"：（1）"凭借完全无利害观念的快感和不快感对某一对象或其表现方法的判断。"① （2）"不依赖概念而被当做一种必然的愉快。"② （3）"是一对象的合目的形式，在它不具有一个目的表象而在对象上被知觉。"③ （4）"不凭借概念而普遍令人愉快。"④

艺术的本真在这四个契机规范下呈现为人在情感过程将未成之物生成为已成之在，将有限之在创生为无限之有。当人们居于艺术之中，人便实现了在把握与占有对象时对主体的囿束的摆脱，超越了对象的物性而直接以个体形式对主体的呈现与确证。既实现了个体作为自由存在的生命价值，又体现了人类作为世界意义之本的目的与普遍有效性。

艺术敞开着人的存在的特殊真理，它的创建必定以天才的方式在创作过程中实现。天才的创作过程使艺术所表达的真理既显现自然的要求又传达着历史的目的。

以审美为存在方式的艺术不同于认识，其真理的生成与呈现便不可能通过模仿来实现。古希腊人的艺术即模仿的传统建立在知性认知的基础上，是认识逻辑的产物，无法展示由情感所承载的具有超验性质的艺术真理。就连坚信艺术即为模仿的柏拉图面对这一问题时也只能将之归于某种神秘的"迷狂"。同时，艺术真理的生成又非纯粹超验世界的展开，不是道德、宗教、实践领域的操作，而是在此岸的现象世界显示彼岸理性的自由活动。艺术的这种特殊性质决定了必有这样的一种存在者在某种特定的活动中来实现艺术真理。康德将此存在者称为"天才"。《判断力批判》说："完美的艺术必然被视为天才的艺术。"⑤

---

① ［德］康德：《判断力批判》，牛津大学出版社 1957 年版，第 50 页。
② ［德］康德：《判断力批判》，牛津大学出版社 1957 年版，第 66 页。
③ ［德］康德：《判断力批判》，牛津大学出版社 1957 年版，第 81 页。
④ ［德］康德：《判断力批判》，牛津大学出版社 1957 年版，第 85 页。
⑤ ［德］康德：《判断力批判》，牛津大学出版社 1957 年版，第 168 页。

天才在康德那里并不神秘，他将天才理解为人的能力的一种。他说："天才是内在的心智能力，这种心智能力令自然规范艺术。"① 艺术不是认识，主体无法运用认识能力把握艺术。艺术不是实践，主体亦无力用实践能力创造艺术。艺术只能用属于艺术的能力去创作，这种创作艺术的能力就是天才。作为主体心智能力的一种，天才能将自然与自由有机结合起来，使自然体现着自由，使自由暗合着自然。人的目的与物的规律，美的情感与真的逻辑妙合无垠，无迹可求。正是如此，艺术家的创作状态常常是最自由又最自然的事，既如神思飞扬，自由驰骋，又如自然而发，不吐不快。真正的艺术创作过程虽无法用科学的知性方式解释却能生成并显现科学无法昭示的存在真理。

需要明确指出的是，康德所理解的自然不同于西方思想史对自然的传统理解，具有扬弃性。自古希腊以来，自然在西方思想传统中被理解为两种存在：现象的形而下存在与本体的形而上存在。英国经验主义、法国启蒙主义视自然为与文化、社会、心智相对的存在。自然在他们的思想体系中意味着人所生活其中却与之不同的大自然。自然作为物的存在具体而明晰。自然与人的关系呈示着存在与意识、对象与反映、摹本与模仿的基本关系。而自然神论、德国理性主义则相信自然是世界的本体，全部存在的概括，是产生一切实际具体存在之源。在他们的心目中，自然具有本源性、不可经验性和先验设定性。但批判哲学却认为，西方思想史上对自然的两种截然不同的理解却有着静止不动，坚守结果，忽略过程和视其存在为已成之事的共同特性。这些共同的特性又是拉丁词根"nature"所固有的。而康德对自然的阐释在保留了拉丁词根的文化底蕴的同时又复归了希腊人对自然的理解。自然在希腊词根为"φγσδ"，本意为"生长"。一切在自然中敞开。康德所确立的自然正是含有拉丁词根与希腊词根的双重意蕴。一方面，自然是现象，是我们经验到的万物之在。同时，自然又是本体之在，

① ［德］康德：《判断力批判》，牛津大学出版社1957年版，第168页。

219

是物自体，超验而不可穷尽认识。另一方面，自然生生不息，自然的任何结果都不是已成立物而敞向新的未成过程。正是这一本质，使自然在展开中拥有了显现之特征，使自然可以向人类敞开，使自然的规律与人类的目的契应，使自然成为人类生存、发展的终极参照，使自然成为人类历史的一部分或者说使人类历史成为自然的合理延续与展开。正因为此，自然可以成为艺术的基础，艺术在自然中获得裨益、范本。科学知识无法给予艺术以规范。从不听命于人为教条、权威的要求，只能通过天才的创作从自然中找寻规则，这正是康德将天才界定为令自然规范艺术的心智能力的奥妙所在。

经过苦苦思索、孜孜探求，康德最终将创作的主体——天才界定为以下四个方面：（1）天才不是通过模仿或套用规则从事创作，天才的基本特征是创造性。（2）天才所创作的作品具有典范性。富有创造性的东西可能毫无意义，但天才的作品一定具有评判价值。（3）天才不能科学地指出它如何创作作品。天才的创作是所谓自然流露。（4）天才只限于美的艺术领域。

作品意味着审美的艺术实现。作品的真理在于传达美的理想，显现审美意象。

仔细阅读《判断力批判》会发现，康德似乎对作品不重视，而更倾心于艺术本质和艺术创作。也许康德所处的时代还无法真正解析作品的存在，直到20世纪的海德格尔、德里达才最终将此完成。然而，康德要批判艺术家与艺术作品的关系，实现对西方美学传统的解构，就不能不对作品表述自己的看法。康德从未对作品问题作过专章论述，不过在其对美的分析、崇高的分析、天才的分析中表达了对作品的一些看法。

在康德看来，作品意味着审美的艺术实现。艺术正是在作品中最终敞开了审美。换言之，作品不单纯为某种文本，更重要的是，作品是一种方式，是艺术得以将其自身审美本质普遍化的基本存在方式。因而，作品的真理就在于是否能将艺术的审美本质普遍传达。在批判哲学中，审美的最基本属性之一就是审美属个体却又具有普遍有效性。就艺术的基本存在方式——作品来说，将审美本质普遍传达实际意味着艺术的审美本质如何在作品中显现自身。康德认为在作品中，艺术的审美本质以美的理想和审美意象来实现自身的显现，并确立作品的存在。

艺术介于日常与非日常之间，传达着现象与本体的双重意义。美的理想更侧重对经验世界的审美认同。由于审美不能以概念方式存在，又无法明确为范例，美的理想在作品中只能以个别具体的形象来暗含普遍的审美经验。正是在这里，康德发现，所谓美的理想又是由两个基本因素构成："审美的规范意象"和"理性观念"。"审美的规范意象"是每一个人在经验中通过想象力所获得的审美印象，体现着人们日常生活经验中的共同类型。"审美的规范意象"是经验性的，具有极大的相对性、不稳定性，是美的理想在作品中显现的基础条件，而不是美的理想本身。"理性观念"则是美的理想的核质，它指人性的目的通过人自身在作品中的显露。康德认为，"理性观念"只能体现在人的形体上，是人之形象对道德精神的表现。这里可以看出康德在心底深处还是传统的人道主义者，希腊的以人为本的艺术精神支配着他的判断。他甚至说，离开了道德精神，艺术作品就既不能普遍地，也不能正确地给人以快感，而艺术的审美本质也就消解、泯灭了。

如果说，美的理想侧重于作品对审美经验的传达，那么审美意象则是作品对非日常的本质意义的显现。康德发现许多作品无瑕可指却少了灌注灵魂于全身的特质。这种特质就是审美意象。康德认为，审美意象传达着超越经验之外的意义，它以可感的形象呈现不可经验的存在，在日常的具体事物中表征着理性的追求，体现着生命的自由。因而，审美意象是在有限的形象中传达着无限的内涵，在已成的事物中生成着审美的真谛，以有尽之言表无穷之意，将有限的此岸世界投置于无限的彼岸世界，超越自然限制而通达自由之域。显然，康德对审美意象的理解正是后来黑格尔典型理论的雏形。

　　纵观康德对艺术作品的论述，可以看到康德几乎没有涉及诸如内容、形式、结构、语言、传达方式、风格等作品中最本位的问题，而是将目光聚焦在艺术与艺术作品的本源性关系上。一方面这表明康德有意在形而上层面上解决作品的存在问题，但另一方面也透露出康德对作品本位研究的冷漠，这不能不说是一个遗憾。

　　艺术家与艺术作品的关系问题是一个古老的文艺学之谜，困扰理论界达千年之久，直到康德这一谜底才被解开。不是艺术家决定着艺术作品，也不是艺术作品决定着艺术家，以审美为本质的艺术才是艺术家和艺术作品的真正本源，它同时决定着艺术家和艺术作品的存在。这一真理的发现，不能不说是康德对审美现代性的重大贡献。正是康德在存在论层面上对艺术家与艺术作品关系的解构，才导致了海德格尔、德里达等当代思想家对艺术、艺术家、艺术作品的深深思考，形成了超越审美现代性的当代转型。

二、俄国形式主义与审美现代性的嬗变

　　20 世纪初，康德美学在两个方面影响着当代美学走向：一方面，在新康德主义的努力下激荡出 20 世纪人本主义美学洪流。另一方面则通过俄国形式主义美学对康德审美自律原则的深度建构和拓展，产生了在 20 世纪独树一帜、不容忽视的形式主义美学思潮。可以说，在康德精神指引下，20 世纪初的西方文化转型中涌现出许多现代主义美学思潮，但是俄国形式主义的诞生并极盛一时，才使 20 世纪现代性美学转型有了自己的真正标志。尽管俄国形式主义作为一种理论派别活动时间并不太长，它的著名代表人物已相继过世，但形式主义将文学作品的存在归之于文本形式，拒绝文学以外的事实，淡化作品与作者、读者的关系等基本理论使得它突破了审美现代性而成为 20 世纪最不可忽视审美现代嬗变的开始，并影响了 20 世纪几乎所有的文学理论。可以说，当代诗学正是在对形式主义的不断阐释、扬弃中获得了拓展和

演进的。

在今天的审美现代性后现代文化境遇中，形式主义固有的人文困惑已逐渐昭然，形式主义面临着严重的思想危机，但俄国形式主义毕竟是审美现代性在转向语言本位的现代性文化转型中向后现代嬗变的早期典型。

俄国形式主义一开始便被两种美学传统包围着，一是在19世纪民族文化运动中逐渐引入俄国，已成为俄国美学、诗学学术惯势的西欧哲学与美学传统，特别是德国古典哲学与美学实际建构了俄国学界的方法论体系。另一种则源自于俄国民族文化传统而又在别林斯基、车尔尼雪夫斯基、普列汉诺夫等著名思想家的理论中得到极大强化的艺术生活化文艺观念。作为民族文化精神，这种艺术生活化的文艺观念被广泛地运用于美学、诗学、文艺批评之中，造就了俄国美学、诗学的主要观念系统。20世纪初，俄国学界的神话学派、历史文化学派、历史比较学派、心理文化学派等秉承、发扬了这两种文化传统，并在这两种传统下集合起来，号称"学院派"，位居俄国审美文化理论领域的正宗。学院派确信文艺是历史生活或民族文化的反映，其领袖佩平、季洪拉诺夫公开主张应重视作家生平、书信、传记、日记的研究，通过描述作家的时代和作家的生活来阐释作家所创作的作品。这些主张在当时成为学界最典型、最有影响、也最通行的美学阐释话语。而在诗学领域，异军突起的俄国象征主义作为现代派虽也在诸多方面反击以正宗自居的学院派，但在艺术与生活的关系、作品内容与形式的关系等最重要的问题上却互有认同。面对如此态势，俄国形式主义提出了把诗从象征主义手中抢过来，置于科学基础之上的口号，反对象征主义美学，并以此作为突破口，建造自己的形式主义美学理论，抗衡他们最主要的对手学院派，致力于完成颠覆传统美学的历史任务。

形式主义确信，使文学作品成为文学作品的绝不是由于文本运用其语言媒介再现了作者所处的时代，回忆了作者的生活经验和感受，或是借助题材的范式去逼真地描摹某一社会历史状况。在形式主义眼中，文学作品不是历史文献，亦非个人经历调查或个人心态病历。传统美学、诗学包括形式主义的主要对手学院派用哲学、政治学、历史学、社会学、心理学等方式对待文学，使文学作品误为非文学的读本，实质上取消了文学，将文学变成了哲学、社会学、历史学的一个分支。形式主义坚持当代美学、诗学所要解决的根本问题不是"如何研究文学"的方法论问题，而是"什么是文学"的本体论问题。传统美学自以为早已解决的"什么是文学"的问题其实一直悬而未决，在此种情况下，谈论"如何研究文学"毫无意义。与以"模仿说"为核心的古代传统和以"观念显现"为典型的近代传统不一样，形式主义认为使文学成为文学的决定性因素是文学性。形式主义代表人物埃亨巴乌姆就说："文学科学的对象不是文学而是文学性，即那个使某一作品成为文学作品的东西。"① 文学性是文学作品区别于历史文献、哲学著作的最终根据，也是文学具有独立存在权利与价值的终极界定。文学性既非抽象的观念，也不是内容实存，文学性是作为语言艺术的文学作品中的语言形式。由此，在传统美学、诗学中相互断裂，甚至对抗的文学与文学作品这两个概念统一了起来，文学（也可说文学作品，二者在形式主义中是一回事）不再是抽象的观念，不再是泛化的题材，而是具体、独特的语言形式。显然，文学性亦将"什么是文学"与"怎样表现文学"统一起来，文学是语言的艺术，语言是文学存在的本体，文学只有在语言形式中才能存在，才能被称之为文学作品。因而创作文学作品，研究文学作品也只能从语言入手。语言形式所固有的文学价值是绝对的、独立的，传统美学、诗学追求的"反映论"、"传达论"不再重要，相反，"怎样表达"才是文学创作、文学研究的实质。无疑，形式主义在此对以"反映什么"、"传达什么"为根基的传统美学、诗学进行了一次强有力的颠覆，用形式概念突破了传统美学的内

---

① ［美］杰弗森等：《西方现代文学理论概述与比较》，包华富等编译，湖南文艺出版社 1986 年版，第 5 页。

容优先论。

以"反映什么"为主旨的传统美学、诗学自古倡导内容优先论。在古希腊，几乎所有的美学大家都认为艺术本身并无价值，有价值的是艺术所模仿的内容。苏格拉底就曾指出"艺术要模仿自然"，"要传达心灵状态"。柏拉图在其《理想国》第十卷中以哲学家的方式论及理式、生活、艺术的存在关系，指出理式是绝对存在、唯一真理。生活存在的现实性源自于生活对理式的折射，而艺术则为生活的模仿。在《诗学》中，亚里士多德不厌其烦地告诫世人，艺术的本质在于对生活的模仿，无论它"照事物的本来样子去模仿"、"照事物为人们所想的样子去模仿"，还是"照事物的应当有的样子去模仿"，其中模仿的内容决定了不同种类、性质的艺术的功能和价值。亚里士多德之后，内容优先、内容具有决定性的观念主宰了整个西方美学、诗学的历史。贺拉斯的"合式"理论、普诺丁的"太一"理论、文艺复兴时期的"镜子说"、新古典主义时期的"模仿理性说"，皆是古希腊模仿范式中的内容优先论的变体。近代以来，经验主义美学与理性主义美学虽激烈交锋、互不相让，但在论及艺术时却都认为艺术的内容是艺术的根本，只不过洛克、休谟、柏克将快感、经验视为艺术内容的中心，莱布尼兹、夏夫兹别里、鲍姆加登将艺术内容规定为认识完善罢了。德国古典主义美学时期，内容优先论具有了哲学性质。黑格尔干脆将艺术理解为"理念的感性显现"。这种以内容界定艺术的信念又直接影响了俄国大师别林斯基、车尔尼雪夫斯基。别林斯基就曾说："诗是真理取了观照的形式；诗作品体现着理念，体现着可以眼见的观照到的理念。因此，诗也是哲学，也是思维，因为它也以绝对真理为内容。"[①]而车尔尼雪夫斯基更以其"美是生活"来张扬艺术内容优先的观念。

西方强调艺术与生活的关系，突出内容的优先，将艺术所反映、表达的对象视为艺术之本的思想虽然具有历史的必然性和理论发展的

---

① 《别林斯基全集》第 2 卷，苏联科学院 1962 年版，第 305 页。

合理性，但是，对于内容的过分重视已把文学艺术推向了"工具论"的边缘。在古希腊，文学艺术是反映真理或模仿生活的影子。在中世纪，文学艺术是上帝福音和劝诫的媒介。在文艺复兴和启蒙运动时代，文学艺术又是意识形态斗争的武器。而在德国古典主义时代，文学艺术实际上被理解成一个哲学过程。19世纪的俄国学界也将文学艺术看成社会历史或革命斗争的一面镜子。凡此种种，说明文学艺术的独立价值有被取消的危险。形式主义提出文学之本即为文学性，一方面使文学具有了与哲学、历史学、社会学完全异质的存在本体；另一方面也使作者不再被当成社会现象的描述者、社会观念的传达者，读者不再仅仅是为了现实的追求而面对文学、阅读作品。正是在这一点上，形式主义对文学性观念的提出自己也评价极高，称之为"惯性超越"（dafamiliarization）。

俄国形式主义坚持文学性为文学之根，语言形式是文学作品的终极本体的思想对西方当代美学影响极大。文学性理论直接开启了结构主义诗学，形式为文学之本的原则演变为英国形式主义，而重视语言分析的态度及其方法在美国又启迪了新批评派。形式主义将文学与文学作品一体化，使文学作品成为20世纪最重要的美学和美学概念，这无疑对接受美学亦产生了触动。可以说，俄国形式主义赖以突破传统美学内容优先论的文学性理论已成为20世纪现代主义美学、诗学的基石。

站在当代文化的高度审视俄国形式主义提出的文学性理论可以发现，文学性意味着文学是自主独立的学科，其自身的内在根据就是与任何外在因素无涉，不与除语言之外的一切事物发生联系的形式。因此可以肯定地说，俄国形式主义的第一个人文困惑就是其文学性与主体的关系表现为简单的认知关系。

仔细阅读日尔蒙斯基的《诗学的任务》、什克洛夫斯基的《作为程序的艺术》以及其他形式主义代表作都使人感到，形式主义关注的还是从作品中获知什么，如何获知，谁来获知，认知如何确切地把握形

式，形式是如何决定认知过程的，认知形式的界域与极限是什么，却
没有论及当主体与不同的作品相遇时会发生什么，不同体裁的文学作
品在什么境遇下会遭受侵犯，主体以何种方式遭遇作品并建构作品与
读者的非认知关系。可见，俄国形式主义以认知对象为唯一标准，作
品形式是否与主体产生隔膜却不予考虑，形式存在的整体性、客观性、
空间性抹杀了形式价值的多维性、主体性和时间性。所以形式主义所
说的作品形式是可被认知而不可理解的事实。理解不是为了解认事实，
更不是为了产生关于事实的新知识。当代文化已使人懂得，文学与主
体是理解关系而不是认知关系。理解是通过事实的解释来通达我们存
在其间的世界。理解构成了此在主体的呈现方式，而认知只不过是确
认存在的一种方式而已。在当代后现代文化景观中，文学并无恒定不
变、绝对唯一的存在方式，只有通过理解和解释活动，形式才具有存
在的现实性。对对象的理解应被领悟为对自我的解释，对形式的直观
应被看做对自我生存深度的测定。而形式主义如此绝对地强调形式的
建立，客观上使文学自在化，丧失了文学的人文精神，使文学在当代
违背了反抗异化、超越苦难的承诺，成为无视生存困境、冷漠人生价
值的技巧和形式。

俄国形式主义夸张形式的用心是良苦的，但其良苦用心的结果则
使形式主义视野中的文学作品成为一种独白，丧失了对话功能。事实
上，只有理解实现的对话才能真正把握形式。就理解而言，它来自过
去，体现现在，面向未来，既非内容的独白，亦非形式的倾诉。任何
理解都是敞开的过程，是一种历史参与与自我视界的融会。所以理解
属于历史而不能独立。形式主义所说的独立自足的形式也是在理解的
历史过程中生成的，形式作为被理解的对象是由于不断的理解、解释
而逐渐形成、变化着的。就主体而言，对形式的理解并非主观随意，
而受到历史的决定。理解者在与形式相遇时，其主体不是洛克说的
"白板"，在解释前就具有了理解的"前结构"。理解的"前结构"是
理解者在生存过程中拥有的社会历史因素。任何一位解释者都处在特

定现实与历史之中，现实与历史使理解者先行具有了解释形式的各种观念、经验，这就是所谓的"先行具有"、"先行见到"、"先行掌握"。"先行具有"即理解者必定存在于一定的历史文化之中，历史与文化先行占有了理解者。理解者在把握形式时要运用语言观念、语言方式，这些语言观念、语言方式在理解者理解前就已规定了理解者的理解，这就叫"先行见到"。"先行掌握"则是说理解者在理解前就已具有观念、前提，它构成了理解者理解新事物的参照与模态。"先行具有"、"先行见到"、"先行掌握"使理解者拥有形式时具有选择性、目的性。

显然，理解不可能与形式完全吻合。相反理解是人存在的历史活动，每个理解者的历史语境的差异、"前结构"的不同，便会在理解中面对不同的形式。绝对自足，对所有人都保持不变的形式是抽象的、非现实的、虚无缥缈的。由此可见，俄国形式主义要求文学独立，反对对文学的利用的文学自觉是以断绝形式与历史关系为代价的。伽德默尔说得好，形式如果不打算被历史理解，而只是作为一种绝对存在时，它就不可能被任何理解所接受。不被理解接受、历史承认的形式还能是真正的文学作品吗？答案显然是否定的。

以形式抵御内容的文学性理论在否定传统美学、诗学的内容优先论的同时，也拒绝了西方美学史、诗学史长期以来占统治地位的作者中心论。自古希腊始，人们在论述创作评价作品时，总有这样一种思维定势，即作品是由作者创作的，它是作者反映生活、再现现实、表现自我的具体显现。文学作品归根结底不过是作者的思维、情感、想象、感知、语言技巧等各种主体功能的肯定、确证。一部作品的好坏取决于作者。作者作为主宰文学的中心，支配着文学的一切，就像全能的上帝一样。所以，西方传统美学、诗学总是对作家、诗人提出要求而很少直接就作品提出要求，如柏拉图在《理想国》中质问荷马、亚里士多德要求诗人"描述可能发生的事"，贺拉斯劝告诗人"勤于学习希腊典范"，布瓦洛教导作家"让自然作你唯一的研究对象"，黑格尔鼓励作家"创造理想的人物性格"，别林斯基奉告作者严格按典型化方式创作等等。作者中心论使作品失去了第一位的存在意义，作者世界成为理解、解释作品世界的唯一回答。在从事阅读与批评时，人们与其说面对作品，不如说面对作者。作者成为鉴赏作品的标准，评品作品的真理，从而失去了作品作为独立审美对象的艺术价值。文学性理论对作品的高度关注和重视，彻底消解了作者居于创作与批评中心的观念，作品地位得以凸现。面对读者的不再是作者，决定创作的不再是作者的形象思维、想象能力和灵感，而是语言自身。文学作为语言的艺术真正与其他艺术区别开来，这种文学性理论对作者中心论的粉碎确实是对现代主义美学、诗学的巨大贡献。

然而，形式主义毕竟属于现代主义美学、诗学，因而无法完全摆脱传统美学的先验性和现代主义美学的终极性。就文学性理论而言，形式主义对形式的把握是将一个先验的抽象的形式设定置换为对作品的确定，并进一步等同于被把握的文学。于是，形式本身是个悖论，一方面它试图使文学作品成为一个完满的世界，另一方面它又完全拆除了建造这个完善世界的前提：内容与作者。正是在这一点上，形式主义常被后现代文化称之为反历史、反主体、反社会的"农业主义"（agriculturianism）。形式的先验性、终极性导致了形式主义另一难以挥去的人文困惑：主宰文学作品的形式并不能支撑文学作品的全部，形式实际处于在场的匮乏状态中。其表现有以下两个方面：

其一，中心主义。形式主义的形式概念是在逻辑中被设定的，因而它集中地体现着一种逻各斯中心主义，它认为存在着一种关于文学作品的客观真理，这就是形式。形式主义的形式概念包含着对"中心"的固持，具有着返回本源，永恒、本真地直面真理的希冀。作为中心的形式以语言为核心，语言既制造着中心，又产生着作品与生活、形式与内容、认识与理解的二元对立。由于语言的调节，形式作为中心，以等级方式控制着作品的各个构成方面，形成所谓的作品整体性。在这个统摄于形式的整体中，各构成因素的差异性受到同一性的中心原则所支配，使作品变成一个平面的、脱离实际的、远离生活的、与外部不发生联系的自洽系统。对此德里达批评道：形式主义还处于形而上学的迷误中，它将形式设定为文学世界的中心，人们对这个中心的认识只能通过语言的呈现。形式这个似乎在场的统治者将语言作为必要的透镜，透过它否弃了有关属于文学的一切活生生的东西。不过，文学的历史和现实都已证明，在作品中终极意义和恒定不变的本体是不存在的，意义和本体只产生于理解的过程之中。

其二，整体主义。形式中心论必然使形式概念具有整体主义特征。形式的整体性拒斥差异性，同一性排除了矛盾性。在形式主义那里，作品的存在被先验地设定，作品的价值、意义被先行预见、给定。所有这一切正是形式的整体性所造成的。其实，形式的意义并非模块，语言不具有统一不变的意义。形式也好，语言也罢，都是在流动着、变异着的不确定中产生意义的。换句话说，对作品形式的一切形而上学追问都不可能固化为整体的、不变的意义，只有无尽的解释才能得到对形式的有差异的界定，正是如此，才有"说不完的莎士比亚，道不尽的哈姆雷特"这句老话。

当代文学实践证明，没有一成不变的作品，也没有先验设定的整体形式，更没有唯一确定的语言解读方式。作品构成无限多样，形式亦异彩纷呈，其意义、价值不可言尽。像形式主义追求中心、整体、终极、唯一的做法，除了陷入形而上学的"二律背反"外，一无所获。应该明白，文学作品中每一个词语都不是自足的，它与过去、现在、将来相联系，形式在语言之中又在语言之外，作品在形式之中又超越形式。

传统美学、诗学对文学的界定无非是在生活事实与想象虚构之间进行选择，形式主义的文学性理论则坚持了完全不同的立足点，既不以生活事实为依据，也不以想象虚构为着眼点，而将形式视为文学作品的本源和基点，建立了与传统美学、诗学大相径庭的文学观。新的文学观必以其新的方法论为支撑，同时新的文学观也必导致新的方法论的出现。形式主义的方法论就是其反常化原则。关于反常化，什克洛夫斯基在他的《作为程序的艺术》一文中给予了精辟的表述："那种被称之为艺术的东西之存在，就是为了唤回人对生活的感受，使人感觉到事物，使石头作为石头被感受。艺术的目的就是把对事物的感觉作为视象，而不是作为认知提供出来；艺术的程序是事物的'反常化'程序，和予其以复杂化形式的程序，它增加了感受的难度和时间，因为艺术中的接受过程是以自身为目的，所以它理应延长；艺术是一种体验事物创造的方式，而被创造物在艺术中已无足轻重。"① 这段文字看似无惊人之处，内涵却十分丰富，与传统美学、诗学的观念完全不同。文中"唤回人对生活的感受"并不是传统美学、诗学的模仿、再现，这里指的是非日常的、形式化的存在。什克洛夫斯基认为，通常所言的生活是日常生活，日常生活最大的特征就在于包括言谈举止的一切内容都是习惯性的，因而不受人的关注。艺术要"唤回"的生活绝不是这种可认知的、可泛化的日常生活，而是"作为现象"的、可感觉的反常化生活，反常化正是艺术的程序。艺术一旦进入反常化程序之中，反倒使人能真正地、切身感受到生活对象，而且增加了感受的曲折性、丰富性和时间性，从而使人精力集中、生机勃勃。

作为形式主义方法论原则的反常化与文学性密不可分，其目的亦是在具体的艺术方法、程序中将艺术与历史文献、哲学论著区别开来，使艺术与现实生活相分离。反常化说到底就是要求艺术创作应具有一种反抗日常的感觉方式、语言方式，使艺术摆脱平时的麻木状态。从而造成艺术存在对生活存在的超越。正因此，许多人将反常化释读为"陌生化"。

俄国形式主义是第一个主动放弃典型化方法论的现代主义美学流派，这在西方美学方法论史上意义重大。典型化自古希腊就是西方指导艺术创作的方法论原则。"典型"（tupos）的希腊词原意为"模子"，

---

① ［俄］维克托·什克洛夫斯基等：《俄国形式主义文论选》，方珊等译，三联书店1989 年版，第 6 页。

模子铸造的东西皆具有共同性。典型化的基本含义就是通过创作过程实现某种共同性、普遍性或本质性。那么，这种共同性、普遍性、本质性从哪里来呢？来自于生活，是对生活的抽象或经验归纳。亚里士多德就说，普遍性指某一类型的人，按照可然律或必然律，在某种场合说什么话，做什么事。由于典型化的核心是追求普遍性、共同性，罗马诗学家贺拉斯干脆将典型解释为类型，把典型化表述为如何符合经验地将人物类型完满地传达出来的过程。17 世纪的布瓦洛又进一步把类型化简化为定型化，既然典型是具有共同性的模式，那么把每一种共同性模式的特征确定下来，以此要求作家创作大概是最明确、最简捷的办法了，当然这也是最糟糕的办法。19 世纪的黑格尔、别林斯基虽在论述典型化时提出了"共性与个性的统一"，但在共性与个性之间，共性还是决定个性的、首要的。因为在他们看来，共性意味着本质、普遍性，是典型的根基。别林斯基就说过："即使在描写挑水人的时候，也不要只描写某一个挑水人，而是要通过他这一个挑水人写出一切挑水人。"[1]强调共同性就是突出生活的经验性，弘扬普遍性为的是以生活为艺术的原型、基本。而形式主义对日常生活的拒绝，对经验普遍性的回避，为艺术创作找寻独立自治的道路作出了贡献。的确，如果艺术创作过程与生活过程一致或相似的话，艺术创作还有什么意义？

　　然而，形式主义将反常化标举为方法论原则也同样存在着严重局限。首先，反常化使艺术作品之间的差异缩小，艺术的不确定性和流动性被固定化，文学艺术的价值物化为限定了的语言，这违反了过程大于形式、行动大于文本、不确定性大于语言规范的艺术作品实际。其次，在具体的作品中，语言只以一种方式呈现自己，即语言言说。当语言言说时，语言已经给予了我们，所以语言不可能绝对以反常化的方式与我们联系。否则，语言将不被理解。再说，任何一种真正的

---

　　① 朱光潜：《西方美学史》下卷，人民文学出版社 1979 年版，第 546 页。

语言都包含着高度复杂和广泛的层次，表达出多样的社会文化内涵，绝不可能被干干净净地归于反常化的简单模式中。语言只有被理解后才是语言，反常化的极致却使语言处于不可理解的处境中，这实际引发了人在面对作品时的生存困境。如果说，反常化的语言可以被理解，也只能被理解为偶然的、荒谬的、怪诞的，既不具人类性，又不具个体性。再次，语言假如真是作品的本体的话，它应将真理自行设定于作品中，并开启读者的存在，作为敞开的世界将一切主题呈现于历史之中供人类审视、裁决。而形式主义却将文学语言置于反常化状态中，这种反常化的语言对读者来说只能是冷漠的、否决的，它又如何为读者呈示真理并为读者唤回生活的感受呢？所以，反常化只能是造成文学与生活暂时隔离的一种操作手法而不能当做方法论原则来对待。一旦真像形式主义那样，将反常化视为方法论原则，把文学筑于反常化之上，人类对真理、良知、美好的追求将被消解，生命的价值和世界的意义也将泯灭，文学艺术将和通俗读物一样沦为生活的边缘，艺术将真正陷入异化困境的历史灾难之中。

俄国形式主义的自律本位思想溯其根源来自康德所建的审美现代性。康德将美视为独立的文化领域，将审美确立为人的独特的文化活动，将情感界定为主体不同于认知、意志的独立主体能力就是一种自律本位意识，这种自律本位意识是审美现代性的核心意识。但是，审美现代性的自律本位之本体不是别的，正是主体的人。而俄国形式主义的形式本位则故意远离主体的人，从这点看，俄国形式主义是后现代的先声。不过俄国形式主义以形式为中心并将形式确立为具有全面统摄能力的逻各斯，在这个意义上，俄国形式主义还拥有近现代审美现代性的传统。

三、海德格尔与审美现代性的转向

如果说，当今世界向后现代转向的审美文化有流派的话，那么可以肯定地说有两种当代审美文化并存于审美现代性的转向之中。一种流派是以德、法为中心，以存在主义为主流的在欧洲大陆有重大影响的人本主义审美文化；另一种流派则是以英、美为中心，以逻辑分析与语言分析为主体的分析主义审美文化。这两种审美文化各有其源泉。前者的文化根源是近代以笛卡尔、莱布尼兹、伍尔夫为正宗的欧洲理性主义哲学与以康德、黑格尔为代表的德国古典主义美学。后者的传统则是英国以培根、洛克、休谟为祖师的经验主义哲学与近代现实主义文艺思潮。这两种审美文化的精神旨趣不尽相同。前者是人本的，后者是科学的；前者是直觉的、内省的，后者是经验的、逻辑的；前者基于主体意志力功能，后者基于主体知解力功能。

美国学者考夫曼曾指出，现代存在主义严格讲不是一种思想逻辑体系，存在主义一词并不代表任何特殊的哲学系统。而且在被指认的存在主义思想家中，只有萨特才自觉地称自己是存在主义者。存在主义的主要缔造者克尔凯郭尔、海德格尔、雅斯贝尔斯、加缪、萨特，他们所要解决的问题不完全一样，他们所运用的解释人生的方法亦不尽相同，个人的世界观、政治信仰、生活方式大相径庭，但是他们却都极力在广义的审美文化领域解决人的生存和生命价值的问题。可以说，存在主义是一种具有世界性广泛影响的文化思潮，是与18世纪启蒙运动相类似的社会运动。如20世纪60年代中末期，欧美各国，特别是法国发生了一系列大规模反对现行社会的运动就是存在主义性质的，其中，法国的"五月风暴"最具典型性。1968年3月22日，巴黎大学农泰尔学院学生为抗议当局逮捕因反越战而向美国在巴黎的产业机构投掷炸弹的学生集会示威，巴黎大学的左翼组织、反对阿尔及利亚战争的老研究会组织纷纷行动。3月29日，农泰尔学院的学生抵制考试。5月3日，巴黎大学训导处把农泰尔学院领头闹事的左翼学生领袖邦迪等人召至训导处谈话。邦迪的战友当即在校园里集会以显示自己的力量。学校当局呼吁学生解散集合，未成而向警方求援。由于警察想逮捕学生，双方动武。于是，几分钟之内，酿成群众运动，数

234

以千计的学生加入了左翼学生的搏斗，结果六百多人被捕，数十人受伤。不日，整个巴黎成为战场，警察动用了警棍、水炮、瓦斯，学生则用石头、火把还击。数万名大学生和教师上街战斗，外省的学生也进行了强有力的支援。5 月 13 日，巴黎八十万市民声援学潮。5 月 22 日，法国全国总罢工，所有产业停顿，人们则如过节一般兴高采烈。此次运动的政治口号是"权力归于想象"，"我越谈恋爱就越要造反，因而我就越谈恋爱"。当时的法国左翼政党和法国共产党都坚决反对学生的这次运动。只有存在主义坚持并领导了这场大规模学生运动。此次运动的学生领袖基本上是存在主义哲学家列斐伏尔的学生。而另一位存在主义思想家萨特则在卢森堡电视台发表讲话，号召学生不仅要论战，还要巷战。他亲率数万大学生佩戴写着"红卫兵"字样的红袖标上街游行。后来又贴出法国历史上第一张大字报《我控诉共和国总统》，并撰写题为《造反有理》的文章，为学生运动进行理论指导。存在主义对西方政治实施影响的同时，在 20 世纪 40 至 70 年代中，基本上占领了文学艺术的主阵地。从绘画到雕塑，从音乐到影视艺术，无不看到存在主义的身影。而文学更是存在主义的天下，重要的存在主义思想家萨特、加缪都曾因其存在主义小说的巨大影响和开创性价值获诺贝尔文学奖。不过，萨特拒绝了诺贝尔委员会授予他的诺贝尔文学奖，理由是他拒绝一切来自官方给予的荣誉。我们从这里似乎也看到了存在主义的某种特点。

存在主义译自德文"existenzo"，这个词最早源于德国古典哲学，被黑格尔最富有创造性地运用过。黑格尔哲学中有两个词皆译成汉语的"存在"，一个是"sein"，另一个是"existenz"。黑格尔在《小逻辑》的第一篇"存在论"中说，"sein"只是一种潜在的概念，它意示着"be"（是）为一个无所不包、最为抽象的"存在"（有），是思维的纯有，思维中的纯有在现实中为实存的"纯无"（no be）。所以"be"是绝对的，作为绝对存在，它没有任何限制和规定性，它是无本质、无结构、无功能的，仅仅是"存在"。也正因为此，黑格尔在

"存在篇"中论述"sein"。而"exist"（存在）则在《小逻辑》"本质篇"中被论及。"existenz"，指的是现实的、具有具体规定性的"存在"，它不仅是思维的，也是可被经验的。它不是绝对的、无本质、无结构、无功能的"be"，而是有性质、有规定性的相对存在，是 is 或was 或 will be，即"exist"指的是在世界中具体存在着的万事万物，又称实存、定在。19 世纪，克尔凯郭尔转变了"existenz"的内涵，认为实存的本义并不指称世界上的万事万物，而是意味着现实的、具体的个体生存。克尔凯郭尔将这个"existenz"含蕴的生存个体视为文化的主题。所以，存在主义严格的译法为"实存主义"或"生存主义"。毋庸讳言，存在主义就其概念的内核来看，克尔凯郭尔的"孤独个体"是其原生基态。克尔凯郭尔，丹麦人，兄弟七人。他的一生为两件事所决定着。其一，他天生聪慧却患有严重的佝偻病，灵与肉、物与心处于长期的失衡、矛盾、冲突的状态中。其二，克尔凯郭尔 24 岁时爱上了一个叫爱尔森的女子，苦恋十七年才与爱尔森订婚，两年后，爱尔森移情别恋，嫁做他人妇。这一次打击对克尔凯郭尔来说是终生的。克尔凯郭尔认为，传统哲学是无用的哲学，它忽视个人的存在。哲学应是人生的导师，应表述人与人生存、关联的真谛。在这个意义上，历史上只有基督教才是真正的哲学，它面对每一个人，而这个个人则是被上帝抛弃的"孤独个体"。孤独本质上是一种非理性的主观体验，而且只有在个体与上帝发生联系时，你才能领会与意识到孤独。换句话说，孤独使人成为"存在"，也因为此，"存在"也才真正能够存在，所以个体的具体人才是存在之本意。作为存在之本的"孤独个体"的基本状态是什么呢？克尔凯郭尔认为，"孤独个体"的基本状态是恐惧。这里，恐惧不是怕与畏。怕与畏都是有对象的、有限的，而恐惧则是无对象的、绝对的、无限的。它生自于内在，弥漫于全身心，无法躲避，无法防卫。但恐惧又具有巨大的生存价值。恐惧是个体醒悟的早期体验，是个体对自我存在的原初认识。人越是恐惧，他就越醒悟，越生发自我，从而开创了选择自我、逃避恐惧的行为，这就是自由。不过，由恐惧导致的自由需要选择来实现，而选择总是非此即彼的。所以，恐惧引发选择，选择意味着自由，而其结果却是不自由。劳而无功的挣扎产生人生苦恼，苦恼又使人进入生存价值虚无的状态，这种生存状态让人忧郁，让人绝望，绝望的终极即死亡。克尔凯郭尔对人的生存状态的悲观主义态度奠定了存在主义的基调，也奏响了现代以存在主义为主潮的人本主义审美文化主旋律。我们在毕加索的《格尔尼卡》、加缪的《局外人》、安东尼奥的《放大》……在几乎所有的现代艺术中都能聆听到这种声音。

如果说克尔凯郭尔奠定了以存在主义为主潮的现代西方人本主义审美文化精神基调的话，那么，海德格尔的哲学思想则为这种人本主义审美文化灌注了深刻的哲学底蕴。

海德格尔的哲学追求是解决在西方哲学史上一直争论不息的基本问题：存在与意识的关系问题。但是他的解决与传统完全不同，既不同于唯物主义设定存在来探讨意识，也不像唯心主义那样肯定意识，由此来谈存在，而是运用先验还原法对存在和意识进行全面的开创性的界定。海德格尔认为，德文中 sein（存在）的希腊文的词源是 oinai，其复数 onto 就是后来西方本体论的词根 ontolagia。海德格尔认为，在哲学史上，人们历来认为 sein 等于 ontao。所以，本体就是存在 sein，就是整个世界。因而，在古代，本体论就是探索宇宙世界的本质和根源的学问。宇宙世界的发展过程和意识的本质与发生过程是同一的。把本体看成一种物质、一种物，这样 "sein = onta = woled = thing"。但是海德格尔认为，sein 作为存在是一种抽象的 "物" 的存在，它既不是本体，也不是现象，仅仅是存在。

海德格尔认为，哲学研究存在而不是非存在，但是存在总是存在者的存在。离开了存在者，就无从捕捉存在，要捕捉存在，关键在于找到这样一种存在，它的本质在于 "去存在"。这种承受存在的存在被海德格尔表述为 "dasein"，"da" 指某个确定的地点、时间或状况，在德国古典哲学中 "dasein" 指某种确定的存在物，即存在于这个或那个具体时空中的存在，黑格尔称为"限存"、"定在"。但海德格尔认为，"dasein"的"da"不是指在存在这儿或存在那儿，而是"存在本身"。这就是说，"dasein"把它的"da"带到随处之所在。"dasein"把所到之处皆变成"da"，"dasein"真正的"da"既不在"这儿"，又不在"那儿"，而是使"这儿、那儿"成为可能的前提。和德国古典哲学家的理解不同，唯有人这种随时随地对自己的存在有所作为的存在者才能称得上"dasein"，就是说"dasein"指的是人，并且指人的存在而不是存在者身份。"Dasein"总是对自己有所确定，但无论"dasein"把自己确定为什么，作为确定者"dasein"总是超出了被确定的东西，这就是所谓"existenz"或"existentia"（现实地去存在）。这一点与萨特不一样。萨特认为本质超越存在，这二者的区别是：一个是以存在为基础的，一个是以选择为基点的。前者将存在看成本体，后者把行为作为本质，对 sein，dasein 和 existenz 的界定不仅是存在本体论的，也是现象学的。因为存在只能被意识直觉，逻辑和经验无法提供存在。海德格尔仔细区分了 phanomen 和 erscheinung 这两个概念。他认为 phanomen 指"自身显现"。而 erscheinung 指通过自身的显现呈报出某种自身不显现的他物，即 erscheinung 在其自身中暗含着 phanomen 作为自身存在的前提，因为只有通过这种"自身显现"，某种并不自身显现的东西才能呈报出来。海德格尔又将 erscheinung 称为"流俗的现象概念"，这是各种具体科学研究的对象。而将作为"自身显现"的 phanomen 称为"形式的现象概念"，将决定这一种显现，并且即为这种显现本身的东西称为"现象学的现象概念"，这就是存在者的存在"dasein"，是存在哲学探究的真正目标。从"流俗的现象概念"到"形式的现象概念"再到"现象学的现象概念"，这是一个不断祛除"晦蔽"达到无前提的明证性的过程，同时也是对"现象"解释的过程，在本质上就是对 dasein（此在）的解释过程，因而，海德格尔又认为"现象学就是阐释学"。Hermeneutik（阐释）是个古词，又称诠释，与真理有关。

但是，此在（人）生存于一种"日常状态"中，这种状态，海德格尔认为是"遮蔽状态"（verborgenreit）。日常状态的根本特点就在于"常人"（das man）统治着一切。遮蔽有两种，一种是存在者状态上的晦蔽"verdecktheit"，称为"遮蔽状态"。另一种是存在的遮蔽，即"verschlosoenheit"，又叫"封闭状态"。阐释的目的就是祛除遮蔽，以达到真理，真理的领域就是"无遮蔽状态"。"无遮蔽状态"也有两类：存在的真理与存在者的真理。前者是第一位的，称为"展开状态"。后者是第二位的，称为"被揭示状态"。海德格尔认为人类的历史就是从遮蔽走向无遮蔽，又从无遮蔽走向遮蔽，这个历史过程显现为"verstehen"。"Verstehen"即"领会"，指某种在相互约定的基础上产生的较为明确，同时较为固定化的理解。在海德格尔看来，这种理解是此在"dascin"（人）在世过程中走向遮蔽的渊源。走向真理归根结底就是存在的展开，展开的关键是对此在"dascin"（人）的领会，而领会就其根本而言是"痛苦"、"死亡"的领会。人只有领会"痛苦"、"死亡"才能领会世界，唤醒"良知"，而这恰恰使人进入遮蔽。因为痛苦、死亡正是存在的丧失，因而这个"良知"也是无望的。所以，人的根本是绝望的、孤独的、苦难的，人的这种状态又表现为"sorge"，即"忧虑"、"担心"、"操心"，准确地说是"烦"，即人生在世过程中面对无限烦杂多样的可能性进行选择的一种基本忧虑。这个"烦"有两个层次：人与物打交道叫"besorger"（烦忙）；人与他人打交道叫"fursorge"（烦神）。在"烦忙"中有两个形式：（1）将物摆在自己面前的现成的固定的东西，即通常讲的"物"（ding）。（2）将之视为在自己手头使用着、交往着的"用具"（zeng）。前者是"现成状态"，后者是"手上状态"。"烦神"又有两种状态：（1）为他人设想生活，料理一切"einspringer"（代庖）。（2）把决定权交给他人"vorausspringen"（原意跳出来），即"争先"。但是，烦忙也好，烦神也罢，都是在与"存在者"（他物、他人）打交道，归根结底都是烦本身的日常现世中的表现方式。烦本身不是指某种存在者状态上的存在者，某种忧烦的心理事实，而是人在世界之中存在本身。它不

239

是为一个"他人"或"他物"而烦，就是说，烦本身没有"对象"，也没有什么烦的心理主体，烦先于"对象"和"主体"的此刻的纯情绪状态，这种烦就是"befind lichkeit"，"现身情态"的生命形式。

既然烦是一种"现身情态"，它自身就有要"现自身"的冲动，这种冲动就是"站起来"，其实就是"领会"。严格讲，"领会"本身是可能性的"筹划"（entwurf）。"筹划"的方式就是"解释"。"解释"必须借助"言谈"。但每个人言谈本意不同，所以走向"沉沦"。于是人的烦体现在一切事物上。人即是孤独的。在海德格尔看来，"烦"与其说是一种道德的消极意义，不如说是烦本身的根本结构。这个结构就是现身、领会、沉沦。由现身、领会、沉沦形成的结构必须在时间中展现，也就是说在存在时间中展现。时间也由三个过程组成：曾在、将在、现在。"现身"是"曾在"，"沉沦"是"现在"，"领会"是"将在"。相对于"现在"而言，"曾在"、"将在"都包含在"现在"之中，"现身"、"领会"也就包容于"沉沦"之中，"沉沦"是永恒的此时此刻，人永远无法逃脱。

作为途中之思的哲学家，海德格尔在其重构的哲学体系中提出的人生存在的价值是什么、人生如何对待理想和愿望、人生的极限与所追求的理想之间的差距所引发的焦虑与困惑意味着什么等一系列问题，以及他关于存在的悲哀和追求的绝望的理论观念深刻地影响着他对审美文化的理解。海德格尔以为，此在所经历的审美文化是以文学艺术的方式出现的，而他对文学艺术论述的本旨又不在于界定什么是文学艺术，应该怎样创作文学艺术。他对文学艺术的领悟是文学艺术是什么，如何用文学的态度、艺术的立场去生活。这一切又由海德格尔的艺术之思所决定。海德格尔认为，如果承认创作或欣赏艺术作品是一种人生存在之经历的话，那么就必须清楚艺术作品的本源。本源的底蕴即某在由此而来，并因此而成为在，以及现实中应如此在。当我们追问艺术作品的本源时，就是在要求回答艺术作品从何而来，为何而来，如何而来。在近代审美文化中，对艺术作品的本源解答是不证自明的。艺术家创作了艺术作品，所以艺术家是作品的本源。那么，艺术家的本源是什么呢？近代审美文化的回答亦十分简单：艺术作品是艺术家的本源，艺术家正是凭着作品而成为艺术家的。因而，在近代审美文化中，艺术作品与艺术家互为条件、互为前提、互为因果。但在沉思之中，人们会发现在互为条件、互为前提、互为因果之中，艺术作品和艺术家的本源都是巨大的虚无和荒谬。海德格尔直觉到艺术作品和艺术家如果说有本源的话，那它们的本源是共同的，这个共同的本源就是艺术。然而，海德格尔必须在理论上论证两个问题：艺术能够作为艺术家、艺术作品的本源吗？作为本源的艺术是从哪里生成并如何来到的呢？海德格尔指出，艺术是一个没有任何实在之物与它相对应的存在。诗是体验、欣赏、领悟所阐释的对象，它完全不同于它的物质所居（如音乐居于音响，绘画居于色彩，文学居于话语），它是属于自身的所居显现、昭示出来的某种比喻、象征。比喻、象征为人们提供了一个理解、界定艺术的框架、参照。在这个框架、参照之中的"在"即为艺术。换句话说，在这个比喻、象征的框架、参照中，我们进入到一个不同于日常世界的另一世界之中。这个世界中，"在"以其无遮蔽状态完全地呈现着，这种"在"的无遮蔽呈现正是"真理"（希腊词根为 aletheia）的本来意义。"在"的真理于作品（比喻、象征的框架、参照）中的无遮蔽呈现就是艺术之本源。但是，长期以来，近代审美文化却将艺术本源假定为美，而忽略了真理。将艺术称之为美的作品，以此想将艺术作品与工艺产品区别开来。其实，在美的艺术中，艺术本身并不是美，被人们称之为美的艺术是因为它产生了美，而真理产生艺术。不过，海德格尔严肃地告诫人们，他所说的真理绝不是亚里士多德以来西方人所习惯理解的那种含义。传统认为与实存的东西一致即为真理，因此逼真地模仿、复制、反映、再现了某种实存的东西就是显现了真理。海德格尔否认这种传统观点，他指出，艺术绝非是对某一具体的、偶尔出现在特定时空中的实存的复制、反映。他所讲的艺术中呈现的真理具有某种无时间性和超时空性，只能被领悟。他曾以《罗马喷泉》一诗为例：

> 向上喷涌又倾下的水柱，
> 满盈圆形的大理石基池；
> 它累纱遮掩，池水四溢，
> 落入第二级基池。
> 第二级基池池水丰盈，
> 第三级基池水珠四溅，
> 而每一级都在顷刻间接收着，给予着，
> 涌流着，停息着。

这首诗既不是对某座具体实存的罗马喷泉的模仿、反映，也不是对所有罗马喷泉的一般性质的再现、描述。它呈现了某种喷泉的真理。那么，海德格尔所指的真理究竟是什么呢？对此，海德格尔未予明言。但他曾说，也许真理就是在作品中呈现出的不同于日常生活的应被敞开的存在，这被敞开的存在即是将万物的外观给予万物，将人对自己的观照给予人。不过，海德格尔对这一切并不乐观，甚至是灰心的。因为，艺术作品毕竟经历着时空的流转，世界的变化和衰微无可挽回，一件艺术作品一旦从它所具有的时空中走向历史，它不再是它曾经所是的同一件作品，这件作品已成过去的东西。当它再同我们照面儿时，它只是一个存在者，一个被遮蔽的客体。艺术的敞开之门关闭了，真理隐退了，它不再能够赋予此时此刻的万物以存在，不能够使此时此刻的人成为"此在"（dasein）。更使人沮丧的是，一切文学艺术的本质皆为诗，而语言本身即为诗，诗离不开语言。但语言又是遮蔽真理，导致人的生存沉沦的本因之一。这正像海德格尔比喻的那样，人类像一个迷途于一望无际、遮天蔽日的大森林中的孩子，他被黑暗所包围，四周响彻着野兽的嚎叫。他感到恐惧，他想走出森林，回到他熟悉的家园，回到他母亲的怀抱之中。正当他万分焦虑，慌不择路之时，他看到了前方有一片光亮。他怀着兴奋、解救之感奔向那片光亮，沐浴着那灿烂的光亮，充满着欣慰和快感。他认为他终于走出这令他恐惧的森林，即将回到家园，回到母亲的身旁。然而这光亮之处却正是森林的中央。那使孩子欣慰、欢悦、振奋的光亮不是别的，正是文学艺术。

海德格尔对存在、人的存在状态以及艺术的独特理解，实际建立了一种与现代性相异的解释学。在这种解释学中，理性已失去了中心地位，必然性和普遍性不再是解释范式的决定性前提。可以说，海德格尔开始了审美现代性向后现代的全面转向，激发了以德里达为代表的后现代主义思想对包括审美现代性在内的西方现代性的全面颠覆。

四、日常活动与审美现代性的再释

在 A. 赫勒之前，西方传统性与现代性，甚至后现代思想家们都有通过将艺术与日常生活隔离或对立，以实现他们对艺术的理解的强烈倾向。然而卢卡奇的学生、当代马克思主义"布达佩斯学派"代表 A. 赫勒则认为，在艺术与日常生活的隔离或对立中理解艺术，恰恰造成了西方思想家理解艺术的矛盾态度：亚里士多德视艺术为或然律的认识；圣·奥古斯丁以艺术为上帝之美的昭示；海德格尔将艺术喻为"在者之在"，解救凡人沉沦的希望所在，艺术被视为崇高的、神圣的、超凡出尘的；而柏拉图、卢梭、尼采、马尔库塞又将艺术解读为迷狂、异化，说它是生命的挽歌、超常规压抑。A. 赫勒指出，两种截然相反的态度源自对日常生活的拒绝。事实上，日常生活生成了艺术，艺术是日常生活的一部分，它构成了日常生活中日常与非日常的对话。人们只有在日常生活的视界与构架中才能发现艺术的真正性质，理解艺术的真实功能。赫勒的日常生活批判是对当代审美现代性的一种积极重释。

个体再生产要素的集合即为日常生活。个体的再生产一方面自在地生产出个人自身的生活，另一方面，个体又以此为基础，塑造他有目的的世界，与社会发生自为的联系。前者，A. 赫勒称之为"自在对象化"，后者则称为"自为对象化"。艺术正是自在对象化通向自为对象化的重要桥梁。

A. 赫勒承认马克思经济基础、上层建筑和意识形态组成人类社会基本结构的理论。在这一理论统摄下，她借助卢卡奇"类属性"观念，对人类社会进行了更具当代意义的探讨。她把人类社会结构划分为三个最为基本的层面：（1）日常生活层。它是以衣食住行、饮食男女、婚丧嫁娶、言谈交往为主要内容的个体生活领域。（2）制度化生活层。这是个人所参与的政治、经济、技术操作、公共事务、经济管理、生产制造等社会生活领域。它受社会体制、法律、政治的约束、规范。（3）精神生活层，即由科学、艺术、哲学等构成的人类精神和知识生活领域。日常生活层、制度化生活层、精神生活层共处于个体的生存空间。日常生活层是典型形态的日常生活，而制度化生活层、精神生活层则属非日常生活，总是同社会整体或人的类存在相联系，旨在维持社会再生产或类的再生产。对于一个活生生的、完整的个人而言，日常生活和非日常生活都属于他不可缺少、亦无法回避的生活。但是，由于日常生活与非日常生活性质、功能的差异，彼此间必然产生一定的矛盾、冲突，甚至还会出现日常生活完全压倒非日常生活或非日常生活取代日常生活的不合理状态。而艺术作为个体的情感、态度的充分显现，反映着个体日常生活的真实样态，又是"人类的自我意识"，"是自为的类本质的承担者"[①]，因而在个体生活中，艺术最现实地调解着日常生活与非日常生活的矛盾、冲突，促使它们以一种相对合理、完善的关系共存于个体的现实生存空间中。同时，与政治、法律等客观社会力量不一样，艺术的调解、协作功能又最实在而又最自觉地提升了个体的日常生活质量，使日常生活的自在性在自愿的状态下趋向

---

① ［美］A. 赫勒：《日常生活》，衣俊卿译，重庆出版社 1990 年版，第 114 页。

自为，使个体的再生产活动具有类的再生产的性质。

与胡塞尔的"生活世界"理论、海德格尔的"日常共存的世界"理论不一样，A. 赫勒认为日常生活不是先验的、不可改变的。相反，日常生活是流动的，它通过一系列的介质与非日常生活发生着内容互换，如宗教在古代完全是非日常的，而在当代就具有很大的日常生活性质。A. 赫勒也不同意马尔库塞、列斐伏尔对日常生活的态度。作为当代"西马"的代表，马尔库塞、列斐伏尔都将日常生活等同于异化的生活，对日常生活全然排斥、否定，而 A. 赫勒则坚持康德《纯理性批判》和《〈政治经济学〉批判·导言》的思想，认为人首先必须满足作为生物物种的存在需要，才能进一步实现作为社会的类的需要，因而"日常生活是总体的人在其中得以形成的活动"①。马克思在谈到人的存在方式时指出，与动物不同，人的存在方式即是对象化。既然日常生活是人的基本存在方式，所以"日常生活本身毫无保留地是对象化"②，而不是单纯的异化，它在很大程度上是合理的。日常生活与非日常生活相比，又有极大的缺陷。日常生活的对象化用 A. 赫勒的话来说是"自在对象化"，主要表现为：（1）日常生活的空间具有固定、狭隘和相对封闭的特点。其空间维度一般展开为个人的直接生活环境，家庭和天然共同体常常决定着日常空间维度的广度与深度。日常生活的时间基本上处于均匀分布状态。个人的日常时间即是由生至死的自然生命流程，群体的时间则为世世代代循环往复的过程。（2）由日常生活的空间与时间性质所决定，日常生活必定以重复思维和重复实践为特征，给定的规则和归类模式理所当然地成为其构成原则，经验性和实用性在其间具有决定性。

A. 赫勒看到日常生活存在的合理性，又意识到它的缺陷。她指出，在现实的个人生活中，自在对象化的提升并不以理性批判或理想

---

① ［美］A. 赫勒：《日常生活》，衣俊卿译，重庆出版社 1990 年版，第 51 页。
② ［美］A. 赫勒：《日常生活》，衣俊卿译，重庆出版社 1990 年版，第 51 页。

建构为基本样式。相反，常常以某种无目的、无功利的活动促使自在的日常生活向自为的非日常生活靠近或自为的对象化在自在的对象化中的渗透来实现。其中，作为非日常生活的艺术，由于生成于日常生活，与日常生活有着血脉联系，使得它在日常向非日常靠近，自在对象化向自为对象化转向，从而在提升日常生活的质量方面起到了不可取代的桥梁作用：

第一，日常生活的自在性源自日常生活中个体对自己所经历、遭遇的日常生活缺乏价值判断和普遍领悟。艺术则往往使面对艺术的人对自己的日常生活有所发现、有所评断。艺术拥有这样的功能是因为艺术的价值尺度反映了整个人类社会的价值发展。在艺术作品中，世界被描绘为人的世界，描绘成人所创造的世界。当人们真正理解艺术作品时，他个人就与人类发生着普遍的联系，他的日常生活也在情感判断和审美愉快中获得了一次价值换位。

第二，艺术能在某种程度上影响日常生活的时空效应，使人们有机会超越直接生活的重复性、经验性和实用性。首先，艺术的空间是审美的空间，它总以开放、变动、自由的方式和形态展示着代表人类本体意义的真、善、美。在审美的空间中，现实的人可以暂时忘却充满功利目的、封闭狭隘的日常生活，而在其情感世界与想象世界中进行自由的创造。其次，艺术的时间是可逆的、超越的，具有创造性、飞跃性，这就消解了日常生活时间的单向度、不可逆和恒长死寂。在艺术的时间中，人与人之间相互沟通，个人的世界向他人敞开，人们不仅作为个人生存在属于自己的生命中，而且也作为人类，领悟着历史的过去、现在和将来。于是，在日常生活中，生命的高峰体验不只是在婚丧、节日中，更多地出现在一次又一次对世界的发现和拥有之中。

排他主义是日常生活的特性，集中体现了自在对象化所造成的个体尚未同类本质建立起自觉关系的存在状态。艺术则能通过自身富于个性的特征，帮助日常生活摆脱排他主义特征，使个体的日常生活趋向类的发展与类的价值。

A. 赫勒在《日常生活》一书中指出："我们的日常行为基本上是实用主义的。"① 实用主义意味着个体在日常生活中理念与实践的直接统一，自在对象化的意义直接呈现在它的用途之中。实用主义使人只能凭着给定的性质、能力和特征，才进入世界之中，他最为关心的是他在生存中的个人利害。他对世界的理解、判断以自我为中心，这便形成了日常生活中的排他主义性。A. 赫勒将这种排他主义性界定为日常生活的特性，并深信，日常生活的排他主义特性源自于日常生活自身的封闭结构：

首先，排他主义性的基础是个体的生存本能、血缘关系。人的生存本能涉及各种非理性的生理欲求，其中最基本的是消费本能和性本能。消费本能和性本能的共有特点即是非社会、自私。而血缘关系则为日常生活中个体最重要的人际关系，它是由男女性爱及其所导致的生殖活动而形成的社会关系，因此具有很大的排他性、封闭性。

其次，排他主义性面对世界的方式是传统习俗、经验、常识。传统习俗是长期的历史实践积淀下来的世代相袭的行为规范和心理定势，缺乏创造性和超越性。经验则是个体在实践中获得的感性认识，具有直接性、自发性。而常识，一部分起源于传统习俗和经验的普遍化，另一部分起源于非日常知识的日常化。常识也有很大的自在性、狭隘性。

最后，排他主义性在日常生活中的自我调控系统是家庭、道德。家庭是日常生活最稳定的寓所，也是日常生活最主要的组织者和调控者，因为家庭是以性爱和血缘为其最根本的结构。道德是人们共同生活及其行为的准则和规范。在日常生活中，对人们起着现实规范作用的道德，本质上都是从"己所不欲，勿施于人"的自我主义出发的，在为他人的背后实际上为着自己。

① ［美］A. 赫勒：《日常生活》，衣俊卿译，重庆出版社1990年版，第179页。

　　日常生活的封闭结构内在地表示出日常生活中的个体未处于同人类社会类本质建立起自觉自为关系的存在状态。正如马克思在 1844 年指出的那样，"由于到处否定人的个性，只不过是私有财产的彻底表现，私有财产就是这种否定"①。因而，在马克思看来，人的解放的基本标志之一就是看其个性是否摆脱了束缚，是否成为"通过人并且为了人而对人的本质的真正占有"②。受马克思这一思想的启迪，A. 赫勒发现了艺术不同于其他非日常的精神形式的秘密所在：当艺术渗入日常生活之中时，它能够将个体从自在自发、浑浑噩噩的无个性生存状态中唤醒，使个体与自己、他人和整个社会建立某种非功利、个性化的审美观照关系，为个体营造一个丰富多样、个性自由的情感世界，并通过这个情感世界确证个体的本质力量与生存意义。

　　A. 赫勒相信，艺术建立在人的个性实现的基础上，它"直接体现他的个性对象如何是他自己为别人的存在，同时是这个别人的存在，而且也是这个别人为他的存在"③：

　　第一，艺术创作既是对个体自身生活的再现，也是对他人生活的反映。一方面艺术在其创作过程中，渗透并表达了创作个体的生活境遇、人生经验和生命体悟，集中体现出个体以其个性化方式对所在其中的日常生活的真实描述。同时，艺术创作也意味着创作者能够站在超越自己所处的日常生活之上，以一种非日常的态度、情怀审视自己所处的日常生活。在此时此刻，创作个体已不再居于狭隘、自私、封闭的日常生活之中，排他主义特性完全中止。相反，创作的创造性、自由性、超越性则成为创作过程的基本性质，个性成为主体的本体论规定，正像 A. 赫勒所说："在艺术的世界中，即在这一独特的对象化中，同样没有纯粹特性的空间，即没有那种尚未被塑造为个性的空

---

① ［德］马克思：《1844 年经济学哲学手稿》，人民出版社 1980 年版，第 75 页。
② ［德］马克思：《1844 年经济学哲学手稿》，人民出版社 1980 年版，第 77 页。
③ ［德］马克思：《1844 年经济学哲学手稿》，人民出版社 1980 年版，第 78 页。

间。"① 另一方面，艺术创作不仅在传达创作者的生活，也显现着他人的生活，不只是对创作者生活的超越，也是对他人生活的提升。因而，创作者在创作中成为他自己的同时，也成为他人，创作者的个性就具有了类的性质，他与世界便发生着主体的、开放的联系，他在人类社会中确立了属人的本质。所以 A. 赫勒说："在艺术创造过程中，特性的中止是完全的和毫无保留的，特殊艺术的同质媒介把创作代理人提升到类本质的领域。"②

第二，不仅在艺术创作中排他主义的特性被弃置，在艺术欣赏中，排他主义的特性也被废弃。在 A. 赫勒看来，人们确实是从日常经验和感受出发来欣赏艺术品的，欣赏者在鉴赏、品评作品时不可避免地带着他自己的情感与意念。不过，与艺术品相遇的个体情感、意念包含着强烈的非日常性的价值判断，它作用于欣赏者，使其获得心灵的震颤、共鸣，被提升到类本质的水平。A. 赫勒确信，"一个艺术品可以改变我的生活和我同世界的关系"③，虽然有些人在欣赏完艺术作品后仍旧回到日常生活中，没有任何改变，但是艺术还是使更多的人挣脱了排他主义的特性。可见，在日常生活中，艺术是个体生活人道化的渴望之处，是个体日常生活趋向类的价值和类的发展的情感与意蕴的支持。

日常生活中的艺术目的在于通过自由自觉的个体的形成，使日常生活成为"为我们存在"的生活。在日常生活中，艺术所追求的并不是日常生活幸福化，而是让日常生活成为"真正有意义的生活"。

日常生活具有保守性和惰性，它的图式、结构带有阻碍个体全面发展和社会进步的倾向。但是，人又不可能完全抛弃日常生活，不可能彻底告别日常生活的图式和结构，超越所有的排他主义特性和自在的对象化性质。在这种已被历史证明现正在被现实继续证明着的事实面前，A. 赫勒

---

① ［美］A. 赫勒：《日常生活》，衣俊卿译，重庆出版社1990年版，第115页。
② ［美］A. 赫勒：《日常生活》，衣俊卿译，重庆出版社1990年版，第115页。
③ ［美］A. 赫勒：《日常生活》，衣俊卿译，重庆出版社1990年版，第117页。

清醒地意识到，无视日常生活存在的必然性或否定日常生活存在的合理性，其结果不是日常生活的泛滥，就是个人生活的取消。日常生活既不能泛滥，也不能取消，而应对之加以自觉地引导和重建。用 A. 赫勒的话来说，就是使日常生活从"为我的存在"改变为"为我们的存在"。"为我的存在"以自我为中心，个人不能与社会构成合理、全面的个性化关系，本质力量的对象化缺乏类属性，自在是这种生活存在的基本样态。然而"为我们的存在""意味着事态、内容、规范被内在化和被视作是恰当的"①，它并非标识着日常生活完全非日常化而是指日常生活具有真理内涵，生存在日常生活中的个体，其行为、举止拥有社会的普遍价值意义，即"具有行为者的人本学单一性的恰当"②。

将日常生活从"为我的存在"建构为"为我们的存在"，反映了艺术成为人们对象化方式的程度。艺术用形象和想象的方式，表现着个体的生命要求，再现着社会的现实规范。个体的渴望、呼唤在艺术中潜移默化地被社会接受，成为社会普遍的需求，在生活的某时某刻确立为传达社会类本质的真理。而社会的需求与规范又通过艺术影响着日常生活，充满历史意蕴与现实内涵的艺术内容与形式为个体提供了一个能反映自我的对象。面对这对象，个体可能在情感方面感悟到"为我的存在"的狭隘，可能由于艺术的典型与示范功能使个体受到心灵净化，自觉不自觉地提升自己生活的境界，产生一种改变以利害、实用为主要价值标准的冲动，唤起个体摆脱只能屈从于日常生活规范的热情，使自己的日常生活内含了人类普遍意义和真、善、美的理想和追求。

A. 赫勒认为，将日常生活变为"为我们的存在"是自古以来许多思想家的奋斗所在。但对于"为我们的存在"存在着两种差距很大的理解。一种是将"为我们的存在"把定在幸福主义框架中，另一种则视"为我们的存在"为有意义的生活。

---

① ［美］A. 赫勒:《日常生活》，衣俊卿译，重庆出版社 1990 年版，第 129 页。
② ［美］A. 赫勒:《日常生活》，衣俊卿译，重庆出版社 1990 年版，第 129 页。

　　自古希腊至近代，人们大多将"为我们的存在"等同于幸福生活，即是说，幸福是"为我们的存在"的终极目标和极限。然而，A. 赫勒发现，幸福只是一种单向度状态，其界限不是克服障碍而是终点。因而，古代和近代的思想家每每谈及艺术功能时，总不厌其烦地强调艺术可以一劳永逸地使人们的生活达到至善至美的境界。A. 赫勒所理解的"为我们的存在"则是有意义的生活，是日常生活的人道化，是"使所有人都把自己的日常生活变成'为他们自己的存在'，并且把世界变成所有人的真正家园"①。因此，在 A. 赫勒那里，对现代人而言，实现"为我们的存在"包含着勇敢地面对生活的冲突，持续地超越历史，不断地迎接挑战，甚至包含着个人在这一进程中所遭受到的损失与伤害。一言以蔽之，当代的"为我们的存在"是以持续的应战与发展为前景的有意义的日常生活，如 A. 赫勒所言，"如果我们能把我们的世界建成'为我们的存在'，以便这一世界和我们自身都能持续地得到更新，我们是在过着有意义的生活"②。换言之，有意义的生活不是封闭实体，而是不再压抑个性，敢于面对新挑战，在应战中展示自己个性发展的过程。在这一过程中，艺术不再是与日常生活相左的"迷狂状态"或实现人类永恒幸福的手段，艺术将被理解为能够在个体与自为的类本质对象之间建立自觉的关系，使个体能够在自己内心世界中知道怎样凭借日常生活的图式和结构，中止实用主义、重复思维和功利态度而追求自由的个性与创造性行为的力量。艺术将成为当代人寻找有意义的生活，使日常生活人道化的居所之一。

　　作为 20 世纪后现代文化语境中的西方马克思主义代表人物，A. 赫勒的日常生活批判美学调整了对审美、艺术活动的现代性理解，极大地发展了马克思主义的实践美学，是马克思艺术思想在当代的又一次延伸和深化。她关于艺术是自在对象化通向自为对象化的重要桥梁，艺术使个体的日常生活趋向类的发展与类的价值，艺术让日常生活成为有意义的生活等

---

① ［美］A. 赫勒：《日常生活》，衣俊卿译，重庆出版社 1990 年版，第 292 页。
② ［美］A. 赫勒：《日常生活》，衣俊卿译，重庆出版社 1990 年版，第 291 页。

论断，对转向后现代的审美现代性中关于当代艺术与当代生活的关系建设性整合产生了深刻的影响。

后　记

　　西方对审美现代性有许多探讨和对话，而在中国当代文化语境中，对审美现代性的探讨和对话更多地以争辩的方式出现，也许审美现代性触及包括本人在内的中国当代知识分子灵魂深处的焦虑。为释解这种焦虑，我曾在十年前将对西方审美现代性的思考汇成题名《西方近现代审美文化论》的小册子出版。此后十年间，我主要关注的是德国古典哲学与美学的现代性问题。但由审美现代性引发的焦虑并未因出版《西方近现代审美文化论》而减轻，相反，伴随着对德国古典哲学与美学现代性的研究，对审美现代性的焦虑愈重。可以说，拙著《西方审美现代性的确立与转向》是本人以现代性为视阈、以文化批判为范式对十年前的《西方近现代审美文化论》的重写和超越，以期对自己由审美现代性引发的思想焦虑作一次疗治。

　　在写作过程中，我的博士研究生施锐就写作策略提出了十分有益的建议并做了相关的工作，感谢的同时更深刻地领悟到教学相长的真谛。

张政文

2008 年 6 月 6 日